5G Mobile Communication Network Planning and Design

5G移动通信网络规划与设计

张传福　赵燕　于新雁　林善亮　孙辉◎编著

人 民 邮 电 出 版 社
北 京

图书在版编目（CIP）数据

5G移动通信网络规划与设计 / 张传福等编著. -- 北京 : 人民邮电出版社, 2020.8（2022.3重印）
ISBN 978-7-115-54440-7

Ⅰ. ①5… Ⅱ. ①张… Ⅲ. ①无线电通信－移动通信－网络规划 Ⅳ. ①TN929.5

中国版本图书馆CIP数据核字(2020)第125391号

内 容 提 要

本书回顾了移动通信技术的发展历史以及5G商用所面临的挑战，概述了5G的网络结构及关键技术，介绍了5G无线网络、5G超密集组网、5G毫米波网络、5G室内分布系统、5G核心网以及5G传送网的规划与设计。

本书适合从事5G技术研究的人员阅读，也适合从事5G移动通信网络规划与设计、维护工作的工程技术人员、应用技术开发人员和管理人员，高等院校相关专业师生，以及所有关心5G移动通信的读者阅读。

◆ 编　　著 张传福　赵　燕　于新雁　林善亮　孙　辉
责任编辑 李　强
责任印制 彭志环

◆ 人民邮电出版社出版发行　　北京市丰台区成寿寺路 11 号
邮编　100164　　电子邮件　315@ptpress.com.cn
网址　https://www.ptpress.com.cn
北京天宇星印刷厂印刷

◆ 开本：800×1000　1/16
印张：20.75　　　　2020 年 8 月第 1 版
字数：332 千字　　　2022 年 3 月北京第 4 次印刷

定价：119.00 元

读者服务热线：(010) 81055493　印装质量热线：(010) 81055316
反盗版热线：(010) 81055315
广告经营许可证：京东市监广登字20170147号

前言

从 1G 到 4G，移动通信已经深刻地改变了人们的生活，但人们对美好生活的追求从未停止，因此，需要更高性能的移动通信。为了满足未来爆炸性的移动数据流量增长、海量的设备连接、不断涌现的各类新业务和应用场景，第五代移动通信（5G）应运而生。

依托移动通信、大数据、云计算和人工智能等技术的发展，人类社会正从信息时代跨入智能时代，开始了第四次工业革命，这一切将驱动人类社会迈向发展的新纪元。5G 已经成为全球移动通信新一轮信息技术变革的重点，不同于以往的移动通信系统，5G 将超越移动通信的传统范畴，将渗透到未来社会的各个领域，以用户为中心构建全方位的信息生态系统；5G 将使信息突破时空限制，提供极佳的交互体验，为用户带来身临其境的信息盛宴；5G 将拉近万物的距离，通过无缝融合的方式，便捷地实现人与万物的智能互联；5G 将为用户提供光纤般的接入速率、“零”时延的使用体验、千亿设备的连接能力、超高流量密度、超高连接数密度和超高移动性等多场景的一致服务，实现业务及用户感知的智能优化，同时为网络带来超百倍的能效提升和比特成本降低，最终实现“信息随心至，万物触手及”的总体愿景。

5G 网络将会满足高速移动和全面连接的要求，随之带来的连接对象和设备总量的激增，将会为各种新型服务和相关业务模式铺平道路，从而在能源、移动医疗、智慧城市、车联网、智能家居、工业制造等行业中实现自动化和智能化。除了更普遍的以人为中心的应用（如虚拟现实和增强现实、4K 视频流等），5G 网络还将满足机器对机器（M2M）和机器对人类（M2H）应用的通信要求，将会为人类生活带来更多的安全和便利。与人与人之间的通信相比，自动通信的设备之间创建的移动数据必将具有明显不同的特征。以人类为中心的应用和机器类型的应用的共存要求5G网络必须具有非常多样化的功能，并满足多维度的关键性能指标（KPI）。为满足上述需求，需要5G网络整体架构具有极高的灵活性。

5G通信技术为应对三大通信场景（eMBB、mMTC、uRLLC）提出了切实有效的实现方案，距离实现通信终极愿景[任何人（Whoever）在任何时间（Whenever）、任何地点（Wherever）与任何人（Whomever）进行任何类型（Whatever）的信息交换]又近了一步。

为满足5G多场景和多样化的业务需求，5G无线网络在MIMO-OFDM的架构上进行了全新的设计，具备新架构、新设计、新频段、新天线四大关键技术特征。

新架构——由于5G时代提出了新的组网需求，包括多基站协同、网络能力开放以及超低时延传输等，5G引入了CU-DU网络架构。

新设计——5G无线网引入灵活的帧结构，使用统一的空中接口设计满足了不同频段（中低频和毫米波）、不同场景（eMBB和uRLLC）以及不同双工方式（TDD和FDD）的需求，即相比于4G的固定帧结构，5G帧结构可以采用多种参数（如上下行配比、子载波带宽、系统带宽等），灵活适配不同的需求。

新频段——主要包含3个方面：高、中、低频段联合组网；5G与4G频段之间的交互，即独立与非独立的组网方式；使用多频段联合传输，确保上行覆盖。

新天线——大规模天线是5G系统的一个重要特征。相比于4G系统2～8通道的设计，5G系统的16～64通道的设计在中频段成为主流。

5G的这些新特征使5G网络的规划与设计更复杂、更具有挑战性。

2019年是5G起航年，未来几年将会是5G建设的高峰期。一个完整的通信网络的建设过程是规划、设计、施工、优化，体现了由大到小、由粗到精、由概括到具体的调整过程，是一个设计、调整、再设计、再调整的循环过程。

通信网络规划与设计的目标就是在满足业务需求的前提下，平衡网络覆盖、质量和成本之间的关系。通信网络规划与设计包括无线网络、传输网络、核心网络以及电源配套的规划与设计，是通信工程建设和运行的重要环节。

本书共分为 8 章。第 1 章概述移动通信系统的发展、5G 标准化现状以及 5G 商用面临的挑战。第 2 章介绍 5G 的网络结构及关键技术，包括 5G 网络的整体结构、5G 网络的协议架构、5G 核心网架构以及 5G 物理层技术、多天线技术、双连接技术、网络切片技术、MEC 技术。第 3 章阐述 5G 无线网络的规划与设计，包括网络规划流程、传播模型、链路预算、覆盖规划与设计、容量规划与设计、5G 网络组网与部署策略、5G 网络语音解决方案。第 4 章介绍 5G 超密集组网，包括 5G 超密集组网概述、关键技术、策略、干扰的管理和抑制。第 5 章介绍 5G 毫米波网络的规划与设计，包括毫米波概述、毫米波通信的关键技术、毫米波传播特性分析、5G 毫米波网络的部署。第 6 章介绍 5G 室内分布系统的规划与设计，包括 5G 室内分布系统的概述、关键技术、规划与设计、应用及演进、数字化室内分布实例。第 7 章介绍 5G 核心网的规划与设计，包括 5G 核心网的网络架构、关键技术、部署、演进。第 8 章介绍 5G 传送网的规划与设计，包括 5G 技术需求及传送网面临的挑战、5G 传送网架构及关键技术、组网方案、部署策略。

本书的作者张传福、赵燕、于新雁、林善亮、孙辉是北京中网华通设计咨询有限公司的专业技术人员，他们长期从事移动通信网络技术的研究、追踪以及移动通信网络的规划与设计工作，拥有深厚的理论知识与丰富的实际工作经验。其他参与编写本书的作者还有刘太蔚、张建侠、赵立英、郭祥明、杨书、夏巍、蒋明。本书的编写还得到了中国联通、中国铁塔等公司的大力支持，特此表示感谢。

由于作者的知识和视野有一定的局限性，书中难免存在不准确、不完善之处，敬请同行专家和广大读者批评指正。

目录

第1章 5G概述

| 1.1 | 移动通信系统的发展概述

1.1.1 移动通信的发展

通信是衡量一个国家或地区经济、文化发展水平的重要标志，对推动社会进步和人类文明的发展有着重大的影响。随着社会经济的发展以及人类交往活动范围的不断扩大，人们迫切需要交往中的各种信息，这就需要移动通信系统来提供这种服务。移动通信系统由于综合利用了有线和无线的传输方式，满足了人们在活动中与固定终端或其他移动载体上的对象进行通信联系的要求，因此，成为20世纪70年代以来发展最快的通信领域之一。目前，无论是在网络规模方面，还是在用户总数方面，我国都已跃居世界首位。

无线通信的发展历史可以追溯到19世纪80年代海因里希·鲁道夫·赫兹（Heinrich Rudolf Hertz）的基础性实验，以及伽利尔摩·马可尼（Guglielmo Marconi）的研究工作。移动通信的始祖马可尼首先证明了在海上的轮船之间进行通信的可行性。自1897年马可尼实验室证明了运动中无线通信的可应用性以来，人类开始了对移动通信的追求。也正是20世纪20年代末哈利·奈奎斯特（Harry Nyquist）提出了著名的采样定理，成为我们迈向数字化时代的金钥匙。

移动通信是指通信双方或至少有一方处于运动中，在运动中进行信息交换的通信方式。移动通信的主要应用系统有无绳电话、无线寻呼、陆地蜂窝移动通信、卫星移动通信、海事卫星移动通信等。陆地蜂窝移动通信是当今移动通信发展的主流和热点。

个人通信（Personal Communication）是人类通信的最高目标，它利用各种可能的网络技术实现任何人（Whoever）在任何时间（Whenever）、任何地点（Wherever）与任何人（Whomever）进行任何种类（Whatever）的信息交换。个人通信的主要特点是每一个用户有一个属于自己的唯一的通信号码，它取代了以设备为基础的传统通信号码。电信网能够随时跟踪用户并为其服务，无论被呼叫的用户是在车上、船上、飞机上，还是在办公室、家里、公园，电信网都能根据呼叫人所拨的个人号码找到这个用户，然后接通电路提供通信，用户通信完全不受地理位置的限制。实现个人通信，必须要把以各种技术为基础的通信网组合到一起，把移动通信网和固定通信网结合到一起，把有线接入和无线接入结合到一起，才能综合成一个容量极大、无处不通的个人通信网，我们称之为“无缝网”，形成所谓的万能个人通信网（UPT）。这是 21 世纪电信技术发展的重要目标之一。

移动通信是实现个人通信的必经之路，没有移动通信，个人通信的愿望是无法实现的。

1.1.2　第一代移动通信系统（1G）

D.H.Ring 在 1947 年提出蜂窝通信的概念，在 20 世纪 60 年代对此进行了系统的实验。20 世纪 60 年代末、70 年代初开始出现了第一个蜂窝（Cellular）系统，蜂窝是指将一个大区域划分为几个小区（Cell），相邻的蜂窝区域使用不同的频率进行传输，以免产生相互干扰。

随着大规模集成电路技术和计算机技术的迅猛发展，困扰移动通信的终端小型化和系统设计等关键问题得到解决，移动通信系统进入了蓬勃发展阶段。随着用户数量的急剧增加，传统的大区制移动通信系统很快达到饱和状态，无法满足服务要求。针对这种情况，贝尔实验室提出了小区制的蜂窝式移动通信系统的解决方案，1978 年开发了 AMPS（Advance Mobile Phone Service）系统，这是第一个真正意义上的具有随时随地通信的大容量蜂窝移动通信系统。它结合频率复用技术，可以在整个服务覆盖区域内实现自动接入公用电话网络，与以前的系统相比具有更大的容量和更好的话音质量。因此，蜂窝化的系统设计方案满足了公用移动通信系统的大容量要求并缓解了频谱资源受限的矛盾。欧洲也推出了可向用户提供商业服务的通信系统 TACS（Total Access Communication System），其他通信系统包括法国的 450 系统、北欧的 NMT-450（Nordic Mobile Telephone-450）系统。这些系统都是双工的 FDMA 模拟制式系统，称为第一代蜂窝移动通信系统。这些系统提供相当好的质量和更大的容量。在某些地区，它们获得了非常大的成功。

第一代移动通信系统所提供的基本业务是话音业务（Voice Communication）。在这项业务上，上面列出的各个系统都是十分成功的，其中的一些系统直到目前还仍在为用户提供第一代通信服务。

1.1.3 第二代移动通信系统（2G）

随着移动通信市场的迅速发展，对移动通信技术提出了更高的要求。由于模拟系统本身的缺陷，如频谱效率低、网络容量有限、保密性差、体制混杂，无法国际漫游、无法提供 ISDN（综合业务数字网）业务、设备成本高、手机体积大等，模拟系统无法满足人们的需求。因此，在 20 世纪 90 年代初开发出了基于数字通信的移动通信系统，即数字蜂窝移动通信系统——第二代移动通信系统。

数字技术最吸引人的优点之一是它的抗干扰能力和潜在的大容量，也就是说，它可以在环境恶劣和需求量更大的地区使用。随着数字信号处理和数字通信技术的发展，开始出现一些新的无线应用，如移动计算、移动传真、电子邮件、金融管理、移动商务等。在一定的带宽内，数字系统良好的抗干扰能力使第二代蜂窝系统具有比第一代蜂窝移动通信系统更大的通信容量和更高的服务质量。采用数字技术的系统在以下几个方面有优势。

（1）系统灵活性。由于各种功能模块，特别是数字信号处理（DSP，Digital Signal Processing）、现场可编程门阵列（FPGA，Field Programmable Gate Array）等可编程数字单元的出现和成熟，系统的编程控制能力和增加新功能的能力与模拟系统相比大大提高。

（2）高效的数字调制技术和低功耗。采用数字调制技术的系统，频谱利用率和灵活性等都超过了同类的模拟系统。另外，采用数字调制技术，系统的功率消耗降低了，从而延长了电池的使用寿命。

（3）系统的有效容量。在这方面，模拟系统是无效的，比如在配置给 AMPS 的 333 个信道中，大约有 21 个用于呼叫接通。这 21 个信道降低了有效带宽系统的通信能力。通过数字技术，用于同步、导频、传输控制、质量控制、路由等的附加比特位大大降低。

（4）信源和信道编码技术。相比于有线通信，无线通信的频率资源是极其有限的。新一代的信源和信道编码技术不仅实现了数字语音和数据通信的结合，降低了单用户的带宽需求，使多个用户的语音信号复用到同一个载波上，还改善了移动环境中信号传送的可靠性。如速率为 13.2 kbit/s、应用于 GSM 系统的 RPE-LTP（Regular Pulse Excited Long Term Prediction）语音压缩技术；速率为 8 kbit/s、应用于 IS-54 系统的 VSELP（Vector Sum Excited Linear Predictions）语音压缩技术，以及目前受到广泛重视的 Turbo 信道编码技术等，不仅提高了频谱效率，还增强了系统的抗干扰能力。

（5）抗干扰能力。数字系统不仅有更高的抗同信道干扰（CCI）和邻信道干扰（ACI）的能力，还具有更高的对抗外来干扰的能力。同时，采用数字技术的系统能够利用比特交织、信道编码、编码调制等技术进一步提高系统的可靠性和抗干扰能力。这也是第二代、第三代和第四代蜂窝移动通信系统采用数字技术的重要原因之一。由于数字系统有可能在高 CCI 和 ACI 的环境中工作，因此，设计者可利用这个特征降低蜂窝尺寸，减少信道组的复用距离，减少复用组的数量，从而大大提高系统的通信容量。

（6）灵活的带宽配置。由于模拟系统不允许用户改变带宽以满足对通信的特殊要求，因而对于一个预先固定了带宽的通信系统，频谱的利用率可能不是最有效的。从原理上讲，数字系统更容易灵活地配置带宽，从而提高利用率。灵活的带宽配置虽未在第二代系统中得以充分体现，但它是采用数字技术的又一大优点。

（7）新的服务项目。数字系统可以实现模拟系统不能实现的新服务项目，比如鉴权、短消息、WWW 浏览、数据服务、语音和数据的保密编码以及增加 ISDN、宽带综合业务数字网（B-ISDN）等（这些应用在第二代移动通信系统中未能全部直接实现）。

（8）接入和切换的能力和效率。对于固定数量的频谱资源，蜂窝系统通信容量的增加意味着蜂窝尺寸的相应减小，这同时意味着更为频繁的切换和信令活动。基站将处理更多的接入请求和漫游注册。

由于数字系统具有上述优点，所以第二代移动通信系统采用数字方式，因此，也称为第二代数字移动通信系统。

在第一代移动通信系统中，欧洲各个国家使用的制式各不相同，技术上也未占很大优势，并且不能互相漫游。因此，在开发第二代数字蜂窝通信系统中，欧洲许多国家联合起来研制泛欧洲的移动通信标准，提高竞争优势。为了建立一个全欧统一的数字蜂窝移动通信系统，1982年，欧洲邮电管理委员会（CEPT）设立了移动通信特别小组（GSM，Group Special Mobile）协调推动第二代数字蜂窝通信系统的研发。1988年提出了主要建议和标准，1991年7月，双工TDMA制式的GSM数字蜂窝通信系统开始投入商用，它拥有更大的容量和良好的服务质量。美国也制定了基于TDMA的DAMPS、IS-54、IS-136标准的数字网络。

美国的Qualcomm公司提出了一种采用码分多址（CDMA）方式的数字蜂窝通信系统的技术方案，成为IS-95标准，它在技术上有许多独特之处和优势。

日本也开发了个人数字系统（PDC）和个人手持电话系统（PHS）技术。第二代移动通信系统使用数字技术，提供话音业务、低比特率数据业务以及其他补充业务。GSM是当今世界范围内普及最广的移动无线标准。

1993年，我国第一个全数字移动电话系统（GSM）建成开通。当前我国主要使用的移动通信网络有GSM和CDMA两种系统。

在市场方面，主要有3种技术标准获得较为广泛的应用，即主要应用于欧洲和世界各地的GSM、北美的IS-136和日本的JDC（Japanese Digital Cellular）或PDC（Pacific Digital Cellular）。第二代无绳电话标准则有CT-2和DECT（Digital European Cordless Telecommunications）。

1.1.4 第三代移动通信系统（3G）

由于第二代数字移动通信系统在很多方面仍然没有实现最初的目标，比如统一的全球标准；同时也由于技术的发展和人们对于系统传输能力的要求越来越高，几千比特每秒的数据传输能力已经不能满足某些用户对于高速率数据传输的需要，一些新的技术如IP等不能有效地实现，这些需求是高速率移动通信系统发展的市场动力。在此情况下，通用分组无线业务（GPRS，General Packet Radio Services）系统和其他系统开始出现，并成为向第三代移动通信系统过渡的中间技术。

第二代系统没有实现的主要目标包括以下几个方面。

（1）没有形成全球统一的标准系统。在第二代移动通信系统发展的过程中，欧洲建立了以 TDMA 为基础的 GSM 系统，日本建立了以 TDMA 为基础的 JDC 系统，美国建立了以模拟 FDMA 和数字 TDMA 为基础的 IS-136 混合系统，以及以 N-CDMA 为基础的 IS-95 系统。

（2）业务单一。第二代移动通信系统主要是语音服务，只能传送简短的消息。

（3）无法实现全球漫游。由于标准分散和经济保护，全球统一和全球漫游无法实现，因此，也无法通过规模效应降低系统的运营成本。

（4）通信容量不足。在 900 MHz 频段，包括扩充到 1800 MHz 频段以后，系统的通信容量依然不能满足市场的需要。随着用户数量的上升，网络未接通率和通话中断率开始升高。

第二代移动通信系统是主要针对传统的话音和低速率数据业务的系统。而“信息社会”所需的图像、话音、数据相结合的多媒体业务和高速率数据业务的业务量超过传统的话音业务的业务量。

第三代移动通信系统需要有更大的系统容量和更灵活的高速率、多速率数据传输的能力，除了话音和数据传输外，还能传送高达 2 Mbit/s 的高质量的活动图像，真正实现“任何人在任何地点、任何时间与任何人”都能便利通信这个目标。

在第三代移动通信系统中，CDMA 是主流的多址接入技术，CDMA 通信系统使用扩频通信技术，扩频通信技术在军用通信中已有半个多世纪的历史，主要用于两个目的：对抗外来强干扰和保密。因此，CDMA 通信技术具有许多技术上的优点：抗多径衰减、软容量、软切换，其系统容量比 GSM 系统大，采用话音激活、分集接收和智能天线技术可以进一步扩大系统容量。

由于 CDMA 通信技术有上述优势，第三代移动通信系统主要采用宽带 CDMA 技术。当前，第三代移动通信系统的无线传输技术主要有 3 种：欧洲和日本提出的 WCDMA、北美提出的基于 IS-95 CDMA 系统的 cdma2000 以及我国提出的具有自己知识产权的 TD-SCDMA 系统，之后 WiMAX 也成为 3G 标准。

IMT-2000 是自从 20 世纪 90 年代初期数字通信系统出现以来，移动通信取得的最令人鼓舞的发展，它也代表了在 20 世纪过去的 10 年 ITU 所取得的最重要的成就之一。

第三代移动通信系统的重要技术包括地址码的选择、功率控制、软切换、RAKE

接收、高效的信道编译码、分集、QCELP 编码及话音激活、多速率自适应检测、多用户检测和干扰消除、软件无线电和智能天线。

1.1.5 第四代 LTE 移动通信系统

第四代移动通信技术的概念可称为宽带接入和分布网络，具有非对称的超过 2 Mbit/s 的数据传输能力，包括宽带无线固定接入、宽带无线局域网、移动宽带系统和交互式广播网络。第四代移动通信标准有更多的功能，可以在不同的固定、无线平台和跨越不同的频带的网络中提供无线服务，可以在任何地方用宽带接入互联网（包括卫星通信和平流层通信），提供定位定时、数据采集和远程控制等综合功能。此外，第四代移动通信系统是集成多功能的宽带移动通信系统，是宽带接入 IP 系统。4G 的下载速率能够达到 100 Mbit/s 以上，能够满足几乎所有用户对无线服务的要求。

长期演进（LTE，Long Term Evolution）是由第三代合作伙伴计划（3GPP，The 3rd Generation Partnership Project）组织制定的通用移动通信系统（UMTS，Universal Mobile Telecommunications System）技术标准的长期演进，于 2004 年 12 月在 3GPP 多伦多 TSG RAN#26 会议上正式立项并启动。LTE 系统引入了正交频分复用（OFDM，Orthogonal Frequency Division Multiplexing）和多输入多输出（MIMO，Multiple-Input Multiple-Output）等关键技术，显著提高了频谱效率和数据传输速率（20 MHz 带宽，2×2 MIMO，在 64QAM 情况下，理论下行最大传输速率为 201 Mbit/s，除去信令开销后大概为 140 Mbit/s，但根据实际组网情况以及终端能力限制，一般认为下行峰值速率为 100 Mbit/s，上行峰值速率为 50 Mbit/s），并支持多种带宽分配：1.4 MHz、3 MHz、5 MHz、10 MHz、15 MHz 和 20 MHz 等，且支持全球主流 2G/3G 频段和一些新增频段，因而频谱分配更加灵活，系统容量和覆盖也显著增加。LTE 系统网络架构更加扁平化、简单化，减少了网络节点，降低了系统复杂度，从而降低了系统时延以及网络部署和维护成本。LTE 系统支持与其他 3GPP 系统互操作。LTE 系统有两种制式：FDD-LTE 和 TD-LTE，即频分双工 LTE 系统和时分双工 LTE 系统，两者的主要区别是空中接口的物理层（如帧结构、时分设计、同步等）：FDD-LTE 系统空中接口上下行传输采用一对对称的频段接收和发送数据；而 TD-LTE 系统上下行则使用相同的频段在不同的时隙上传输，相对于 FDD 方式，TDD 有着较高的频谱利用率。

LTE 的演进可分为 LTE、LTE-A、LTE-A Pro 这 3 个阶段，分别对应 3GPP 标准的 R8 ～ R14，如图 1.1 所示。LTE 阶段实际上并未被 3GPP 认可为国际电信联盟所描述的下一代无线通信标准 IMT-Advanced，因此，在严格意义上其还未达到 4G 的标准，准确来说应该称为 3.9G，只有升级版的 LTE-Advanced（LTE-A）才满足国际电信联盟对 4G 的要求，是真正的 4G 阶段，也是后 4G 网络演进阶段。

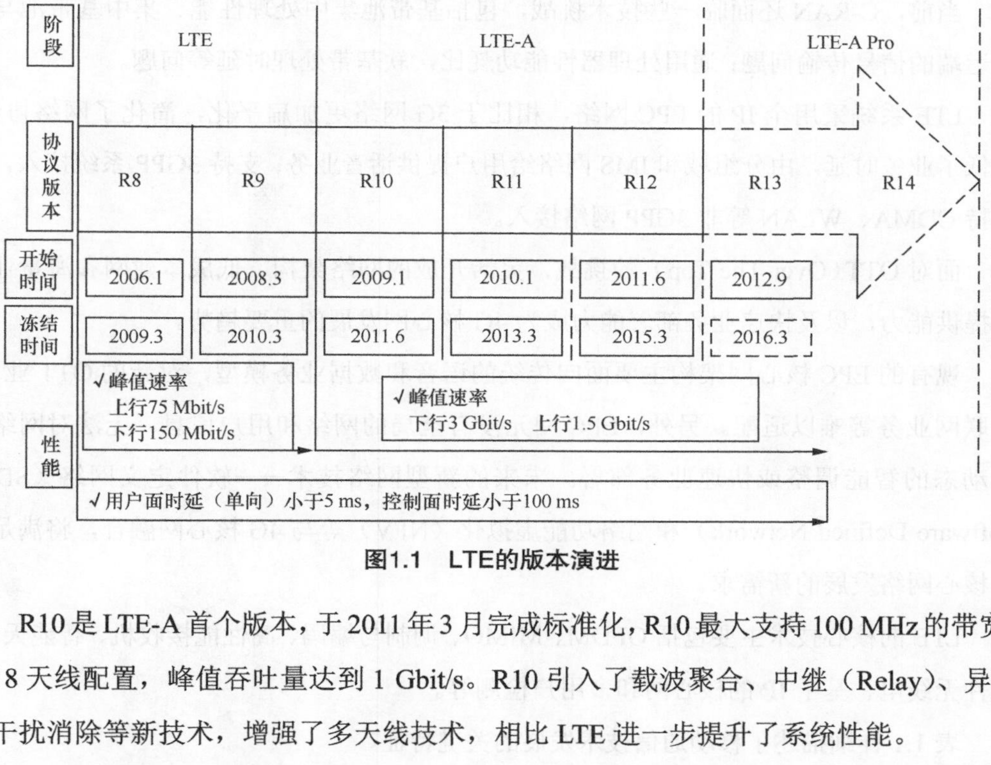

图1.1　LTE的版本演进

R10 是 LTE-A 首个版本，于 2011 年 3 月完成标准化，R10 最大支持 100 MHz 的带宽，8×8 天线配置，峰值吞吐量达到 1 Gbit/s。R10 引入了载波聚合、中继（Relay）、异构网干扰消除等新技术，增强了多天线技术，相比 LTE 进一步提升了系统性能。

R11 增强了载波聚合技术，采用了协作多点传输（CoMP）技术，并设计了新的控制信道 ePDCCH。其中，CoMP 通过同小区不同扇区间协调调度或多个扇区协同传输来提高系统吞吐量，尤其对提升小区边缘用户的吞吐量效果明显；ePDCCH 实现了更高的多天线传输增益，并降低了异构网络中控制信道间的干扰。R11 通过增强载波聚合技术，支持时隙配置不同的多个 TDD 载波间的聚合。

R12 称为 SmallCell，采用的关键技术包括 256QAM、小区快速开关和小区发现、基于空中接口的基站间同步增强、宏微融合的双连接、业务自适应的TDD动态时隙配置、D2D等。

R13主要关注垂直赋形和全维MIMO传输技术、LTE许可频谱辅助接入（LAA）以及物联网优化等内容。

C-RAN是4G网络中的热点技术，其主要原理是将传统的BBU信号处理资源转化为可动态共享的信号处理资源池，在更大的范围内实现蜂窝网络小区处理能力的即取即用和虚拟化管理，从而提高网络协同能力，大幅降低网络设备成本，提高频谱利用率，增加网络容量。

当前，C-RAN还面临一些技术挑战，包括基带池集中处理性能、集中基带池与射频远端的信号传输问题；通用处理器性能功耗比，软基带处理时延等问题。

LTE系统采用全IP的EPC网络，相比于3G网络更加扁平化，简化了网络协议，降低了业务时延，由分组域和IMS网络给用户提供话音业务；支持3GPP系统接入，也支持CDMA、WLAN等非3GPP网络接入。

面对OTT（Over The Top）的挑战，灵活开放的网络架构、低成本建网和海量业务的提供能力，以及快速业务部署能力成为4G核心网发展的重要趋势。

现有的EPC核心网架构主要面向传统的语音和数据业务模型，对新的OTT业务、物联网业务等难以适配。另外，EPC网元没有全局的网络和用户信息，无法对网络进行动态的智能调整或快速业务部署。未来的新型网络技术——软件定义网络（SDN，Software Defined Network）和网络功能虚拟化（NFV）等与4G核心网融合，将满足移动核心网络发展的新需求。

LTE的核心技术主要包括OFDM、MIMO、调制与编码、高性能接收机、智能天线、软件无线电、基于IP的核心网和多用户检测等。

表1.1详细描述了移动通信技术发展的关键特征。

表1.1　移动通信技术发展的关键特征

系统	商用年份	关键词	系统功能	无线技术	核心网	典型标准			
						欧洲	日本	美国	中国
1G	国际：1984年 国内：1987年	模拟通信	频谱利用率低、费用高、通话易被窃听（不保密）、业务种类受限、系统容量低、扩展困难	FDMA	PSTN	NMT/TACS/C450/RTMS	NTT	AMPS	

（续表）

系统	商用年份	关键词	系统功能	无线技术	核心网	典型标准			
						欧洲	日本	美国	中国
2G	国际：1989 年 国内：1994 年	数字通信	业务范围受限、无法实现移动的多媒体业务；各国标准不统一、无法实现全球漫游	TDMA、CDMA	PSTN	GSM/DECT	PDC/PHS	DAMPS/CDMA ONE	
3G	国际：2002 年 国内：2009 年	宽带通信	通用性高、在全球实现无缝漫游、成本低、服务质量优、保密性高及安全性能良好	CDMA、TDMA	电路交换、分组交换	WCDMA		cdma 2000	TD-SCDMA
4G	国际：2009 年 国内：2013 年	无线多媒体	高速率、频谱更宽、频谱效率高	OFDMA	IP 核心网、分组交换	FDD-LTE		WiMAX	TD-LTE
5G	国际：2018 年 国内：2020 年	移动互联网	更大的容量、更高的系统速率、更低的系统时延及更可靠的连接	Massive MIMO/FBMC/NOMA/多载波聚合等技术	基于 NFV/SDN				

1.2 5G 标准化现状

3GPP 受 ITU 委托制订 5G 标准协议。3GPP 5G 标准工作主要集中在 R15 和 R16，包括无线接入网及核心网。2017 年底发布第一版 5G 标准协议，支持非独立（NSA，Non-Stand Alone）组网架构的 5G 网络，2018 年 6 月发布第二版 5G 标准协议，支持独立（SA，Stand Alone）组网架构的 5G 网络，在协议中定义了 5G 新空中接口（NR），并引入众多新技术。作为基础版本，R15 能够实现新空中接口技术框架的构建，具备站点储备条件，支持行业应用基础设计，支持网络切片（核心网），主要面向 eMBB 场景。R16 则致力于为 5G 提供完整的竞争力，持续提升 NR 竞争力，支持 D2D、V2X、增强实时通信等功能，满足 uRLLC 及 mMTC 增强场景。3GPP 5G 标准进度如图 1.2 所示。

5G NSA 新空中接口标准的提前冻结是 3GPP 5G 标准进展向前迈出的实质性一步，它将有利于尽快开展 5G NR 验证及建设工作。该模式下，5G 需要依托现有 LTE 网络，将控制面锚定在 LTE 网络上，用户面根据覆盖情况由 5G NR 和 LTE 共同承载，或者由 5G NR 独立承载，该方案支持双连接、QoS 和计费增强。

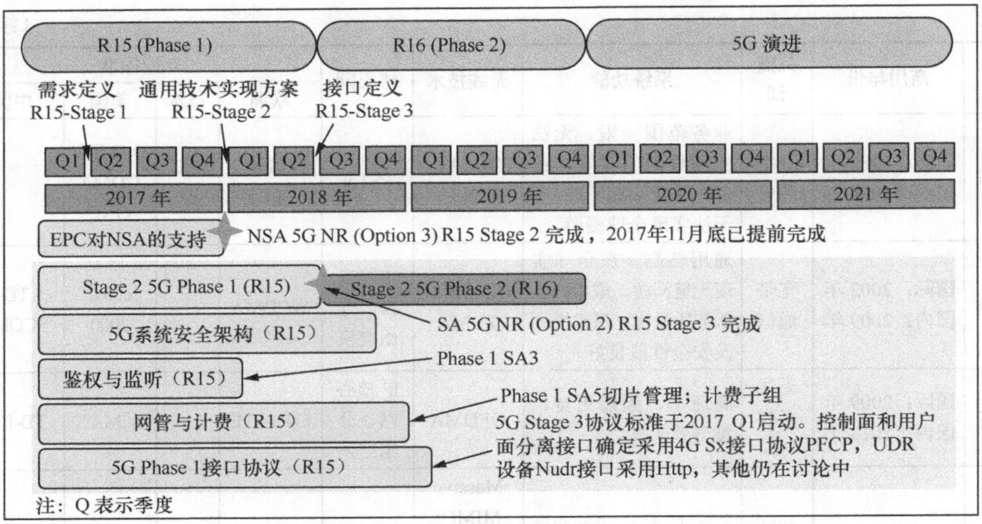

图1.2　3GPP 5G标准进度

3GPP 5G 标准 R15 聚焦提供 eMBB 业务，主要定义了 5G 全新网络架构，包括网络切片、服务化架构、边缘计算架构、移动性管理、会话管理分离和基于流粒度的 QoS 设计等。R15 定义了与网络部署相关的三大网络架构，包括基于 4G 核心网（EPC）的 LTE-NR 双连接架构（R15 NR NSA）、基于 5G 核心网（5GC）的独立组网架构（R15 NR SA）和基于 5GC 的 NR-LTE/LTE-NR 双连接架构（R15 Late Drop）。

3GPP 5G 标准 R16 聚焦提供垂直行业应用（uRLLC 和 mIoT），在 R15 基础上进行功能增强，包括 ETSUN、V2X 和 uRLLC 等。

| 1.3 |　5G 商用面临的挑战

随着我国 5G 商用牌照的发放，我国 5G 进入商用部署的关键阶段。当前，国内运营企业正在积极开展 5G 商用网络的建设及运营工作。但 5G 商用初期，仍面临着产业链部分环节不成熟、网络部署投资大以及行业融合应用有待探索等问题，对我国 5G 网络的快速部署和发展形成了挑战。

5G 产业链部分环节成熟度有待提高。在产业界的共同努力下，5G 基站设备已可以满足商用需求，芯片企业已经推出了 5G 终端商用芯片，终端企业的多款 5G 手机终端已经获得了进网许可。但是 5G 技术变革大，产业链部分环节成熟度仍有待提高。

在核心网方面，由于独立组网标准成熟较晚，尚不稳定，且相比 4G 核心网，5G 核心网的网元和接口数量成倍增加，异厂商互操作的复杂度也大幅提升。

在芯片方面，虽然部分厂商已推出了 5G 商用芯片，但兼容两种模式的商用芯片还不是很多。

在终端方面，虽然多家终端企业推出了 5G 商用终端，但在功耗和性能等方面仍有较大的优化空间。

5G 商用初期面临投资收益挑战。与 4G 相比，5G 的工作频段更高，空间传播损耗更大，需要更密集的网络部署来实现连续网络覆盖。以典型的 3.5 GHz 频段为例，要实现与 4G（1.8 GHz 频段）相同的覆盖，站址需要增加约 1 倍，且 5G 的设备性能更强，成本更高，初期阶段估算增加的成本为 4G 设备的 2 ～ 3 倍，随着产品成熟度的提升以及商用规模的扩大，产品价格将会下降。除 5G 网络部署成本大幅增加外，基站功耗为 4G 的 2 ～ 3 倍，导致运营成本也将显著增加。由于 5G 商用初期仍主要面向传统的增强移动宽带场景，受运营商同质化资费设计以及大流量包、无限量套餐等影响，流量红利加速释放，单价持续降低，导致流量收入增长受限。

行业融合应用仍处于探索阶段。5G 肩负的一项重大使命就是赋能赋智各行各业，但 5G 与垂直行业的融合应用是新生事物，也是世界性难题，目前尚处于探索阶段，仍存在需求不明确、主体多元化、商用模式不清晰等难点。各行各业对通信的需求差异大，洞察需求有难度，解决方案需要完全定制，行业用户认同也需要较长时间进行培育；5G 与垂直行业融合应用发展，需要通信行业与垂直行业在需求、技术、产业、应用及商用模式等领域进行联合探索和创新。

| 1.4 |　国内外 5G 商用的进展

截至 2019 年 7 月，全球共有 21 个国家 / 地区的 36 家运营商开始提供 5G 业务，39 个国家 / 地区的 55 家运营商明确了 5G 商用时间表。美、韩是全球最早启动 5G 商用的国家。2019 年 4 ～ 7 月启动 5G 商用的国家及运营商见表 1.2。

表1.2 2019年4～7月启动5G商用的国家及运营商

国家	运营商
芬兰	Elisa
韩国	KT、LG+、SKT
美国	Verizon、Sprint、T-mobile
瑞士	Sunrise、Swisscom
阿联酋	Etisalat
澳大利亚	Telstra
英国	EE（BT）、Vodafone
巴林	Batelco
菲律宾	Globe
科威特	Ooredoo、Viva、Zain
沙特阿拉伯	STC
西班牙	Vodafone
意大利	TIM、Vodafone
罗马尼亚	Vodafone、Digi Mobil

（1）2019年4月2日，韩国早于美国1小时开通5G商用服务，成为全球最早向用户提供5G服务的国家，韩国通过手机高额补贴、丰富的5G内容应用以及与4G相近的资费等手段加快推进5G用户发展。截至2019年8月，韩国5G手机用户数已超过200万，初期用户发展速度超过了4G。韩国发布的“5G＋战略”提出，到2022年，政府和私营部门将共同投资超过30万亿韩元建立全国性的5G网络。

（2）美国4家全国性运营商均已启动5G商用服务，其中Verizon、AT&T和T-Mobile均使用毫米波频段，而Sprint使用中频频段。2019年7月，美国司法批准T-Mobile和Sprint两大运营商合并，两家运营商将利用600 MHz低频段、2.5 GHz中频段和毫米波频段搭建一张全国性的5G网络。根据美国联邦通信委员会（FCC）发布的计划，未来10年，美国计划在5G网络上投资2750亿美元。此外，2018年9月，美国发布“5G快速计划”，通过为5G规划更多频谱资源、简化运营商5G基站建设审批流程、限制地方政府对移动运营商在部署5G网络时收取费用等方式，减轻运营商负担，加快5G商用步伐。

AT&T在得克萨斯州奥斯汀、韦科、密歇根州卡拉马祖市以及印第安纳州南本德进行的固网无线5G试验使用的是28 GHz频段，同时可能还有37 GHz和39 GHz频段。

这些试验涉及住宅、小企业和教育客户，实现了固网 5G 的商用。

Verizon 持有大量的毫米波频谱，并将使用该频谱来部署固网无线和移动 5G。该公司表示能够将其固网无线 5G 发射塔用于移动 5G，2018 年 1 月，Verizon 完成了对 Straight Path 的收购，从而获得了 39 GHz 频段的 735 张牌照，以及 28 GHz、29 GHz 和 31 GHz 频段的 133 张牌照。Verizon 还通过收购 XO Communications 获得了毫米波频谱（基于租赁的形式，并可以选择购买）。

T-Mobile 预计其 5G 网络将在 2020 年实现全国性覆盖。2018 年 2 月，T-Mobile 宣布了 2018 年在 30 个城市扩建 5G 的计划，其中包括纽约、洛杉矶、达拉斯和拉斯维加斯，而兼容的手机要到 2019 年才能上市。

除 600 MHz 频段外，T-Mobile 在 28 GHz 和 39 GHz 频段也拥有 200 MHz 频谱，其覆盖主要大城市地区近 1 亿的人口，以及数量不明（T-Mobile 称为“可观的数量”）的中频段频谱来部署 5G。

Sprint 计划在 2.5 GHz 频段快速推出大规模的 5G 网络。Sprint 还将通过 40000 个室外小型蜂窝基站、15000 个链式小型蜂窝基站（通过与有线电视公司的合作伙伴关系）以及多达 100 万个 Sprint Magic Boxes（室内小型蜂窝基站）来增强其 5G 网络。Sprint 将这些技术统称为“工具箱”。

（3）欧盟计划 2020 年提供 5G 商用服务。其中，瑞士已有两家运营商于 2019 年 5 月宣布启动 5G 商用服务，成为欧盟第一个 5G 商用的国家。此外，英国、意大利、西班牙等国也于 2019 年 6 月相继宣布启动 5G 商用服务。

（4）日本 2019 年 9 月启动 5G 预商用，并将于 2020 年东京奥运会期间正式启动 5G 商用，最晚 2020 年底在所有都道府县开通 5G 服务。为降低运营商部署 5G 网络所需的成本、缩短时间，日本于 2019 年发布的“日本 IT 新战略”中提出，允许运营商在全国 20.8 万个交通信号灯上部署 5G 基站。

2019 年 6 月 6 日，我国向中国移动、中国电信、中国联通、中国广电 4 家单位发放了 5G 商用牌照，标志着我国 5G 商用正式启动。

从目前全球宣布 5G 商用的国家分布来看，90% 的 5G 商用国家分布在欧洲、亚洲和非洲地区。从目前的 5G 业务特点来看，由于目前仍处于商用初期，5G 业务应用仍然聚焦在传统的增强移动宽带场景，如 4K/8K 高清视频、AR/VR 等沉浸式业务以及固定无线接入等；与垂直行业的融合应用尚处于探索阶段，其中，车联网、工业互联网、物联网等典型行业应用受到广泛关注。

第2章

5G 的网络结构及关键技术

| 2.1 | 5G 的网络结构

2.1.1 5G 网络的整体结构

2017 年 3 月，3GPP 无线接入网络工作组正式开启了 5G NR 工作项目阶段。同年 12 月，完成非独立组网的 5G 新空中接口规范。2018 年 6 月，完成独立组网的 5G 新空中接口规范，至此完成了 5G 标准第一阶段的工作，定义了 5G 接入网的整体架构与接入节点架构。

无线网络整体架构如图 2.1 所示。

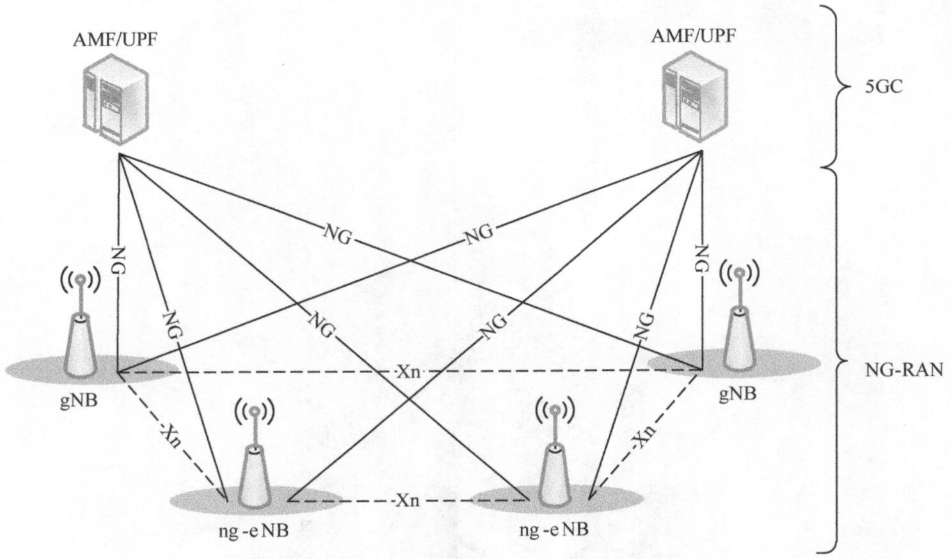

图2.1 无线网络整体架构

3GPP 定义了新型无线接入网络 NG-RAN，包含两种接入节点：gNB，提供 5G 控制面和用户面服务的 5G 基站；ng-eNB，为用户提供 LTE/E-UTRAN 服务的基站。gNB 和 ng-eNB 间通过 Xn 接口进行连接，gNB 和 ng-eNB 通过 NG 接口与核心网（5GC）连接。

gNB 和 ng-eNB 具有以下功能。无线资源管理：无线承载控制、无线接入控制、连接移动性控制、在上行链路和下行链路（调度）中向 UE 动态分配资源；IP 报头压缩、数据加密和完整性保护；当从 UE 提供的信息中无法推导出 AMF（访问和移动性管理功能实体）的路由信息时，为 UE 选择 AMF；将用户平面数据路由到 UPF（用户面锚点）；将控制平面信息路由到 AMF；连接建立和释放；寻呼消息的调度和传输（由 AMF 触发）；系统广播信息的调度和传输（由 AMF 或 OAM 触发）；针对移动性和调度的测量和测量报告配置；上行链路中的传输级分组标记；会话管理；支持网络切片；QoS 流量管理和映射到数据无线承载；支持处于 RRC 非激活状态的 UE；NAS 消息的分发；无线接入网络共享；双连接；NR 与 E-UTRA 之间的紧密互通。

AMF 承载以下主要功能。NAS 信令终止；NAS 信令安全；AS 安全控制；用于 3GPP 接入网络之间移动性的 CN 节点之间的信令；空闲模式 UE 可达性（包括寻呼重传的控制和执行）；注册区域管理；支持系统内和系统间的移动性；接入认证；访问授权，包括漫游权限的检查；移动性管理控制（签约和策略）；支持网络切片；SMF（会话管理功能）选择。

UPF 承载以下主要功能。Intra / Inter-RAT 移动性的锚点（适用时）；与数据网络互连的外部 PDU 会话点；分组路由和转发；分组检查和策略规则实施的用户平面部分；流量使用报告；上行链路分类器，以支持将数据流路由到数据网络；分支点支持多宿主 PDU 会话；用户平面的 QoS 处理，例如，分组过滤、门限控制、UL / DL 速率实施；上行链路流量验证（SDF 到 QoS 流量映射）；下行链路分组缓冲和下行链路数据通知触发。

SMF 承载以下主要功能。会话管理；UE IP 地址分配和管理；UP 功能的选择和控制；配置 UPF 的流量指引，将流量路由到合适的目的地；策略执行的控制部分和 QoS；下行链路数据通知。

5G gNB 可进一步划分为 CU（Central Unit）和 DU（Distributed Unit），提供低成本部署，支持负载管理、实时性能优化在内的协作。NG-RAN 的一个显著特点是可以运行独立组网和非独立组网，运营商可根据网络需求和成本灵活选择 5G 部署方式。在独立组网方式下，gNB 连接到 5G 核心网络（5GC）；在非独立组网方式下，利用双连接技术将 NR 和 LTE 紧密集成，连接到现有的 4G 核心网（EPC）。在双连接架构中，主节点和辅助节点同时为用户提供无线资源，提高用户的体验速率。

2.1.2 5G网络的协议架构

5G无线协议栈包含两部分：传输用户数据（IP分组）的用户面和控制信令交互的控制面。用户面引入了服务数据自适应协议层（SDAP），用以支持5G核心网基于流的新QoS模型。SDAP层可将带有QoS需求的IP流映射到特定配置的无线承载上，在无RRC信令辅助的情况下进行动态的配置、重配置。控制面引入了RRC Inactive状态，该状态下用户在省电的同时，更快与Connected状态切换。

1. 无线协议架构概述

3GPP在R15阶段的标准制订工作重点解决NR协议栈以及NSA网络架构的协议功能设计问题，其中控制面协议栈（如图2.2（a）所示）和用户面协议栈（如图2.2（b）所示）是两个重要的设计内容。

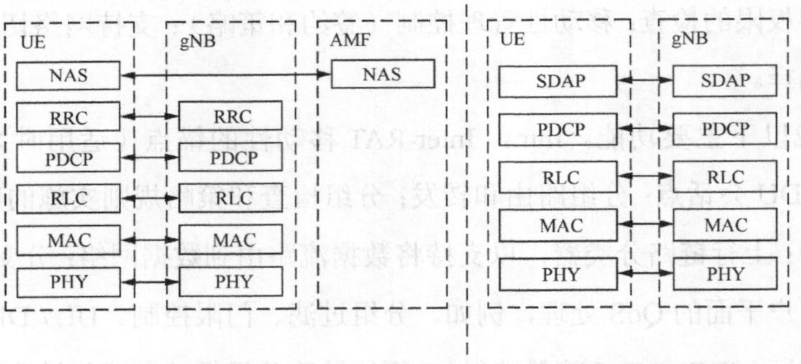

（a）NR控制面协议　　（b）NR用户面协议

图2.2 NR控制面和用户面协议栈

2. 控制面架构

NR控制面协议与LTE控制面协议栈架构基本一致，主要区别在于控制面连接的核心网网元为AMF。

为了支持NSA架构，控制面协议栈设计如图2.3所示，UE与核心网仅通过LTE或者NR保持RRC连接。

3. 用户面架构

与LTE用户面协议相比，NR用户面协议新增SDAP层，该层协议主要包括两个功能：

QoS Flow 与数据无线承载的映射功能和上行 / 下行数据分组 QoS Flow ID（QFI）标记。为了支持 NSA 架构，用户面功能设计需要考虑不同的网络架构。在 MR-DC 场景（MR-DC 泛指 E-UTRAN 和 NR-DC 组合，包括 EN-DC、NGEN-DC 和 NE-DC 这 3 种），定义了终端须支持 3 种承载类型，分别是 MCG 承载、SCG 承载和 Split 承载。Split 承载可以是 MCG Split 承载，也可以是 SCG Split 承载。在 EN-DC 场景，如图 2.4 所示，网络侧为 MCG 配置 E-UTRAN PDCP 或 NR PDCP，但是 NR PDCP 只能用于配置 SCG 承载和 Split 承载。

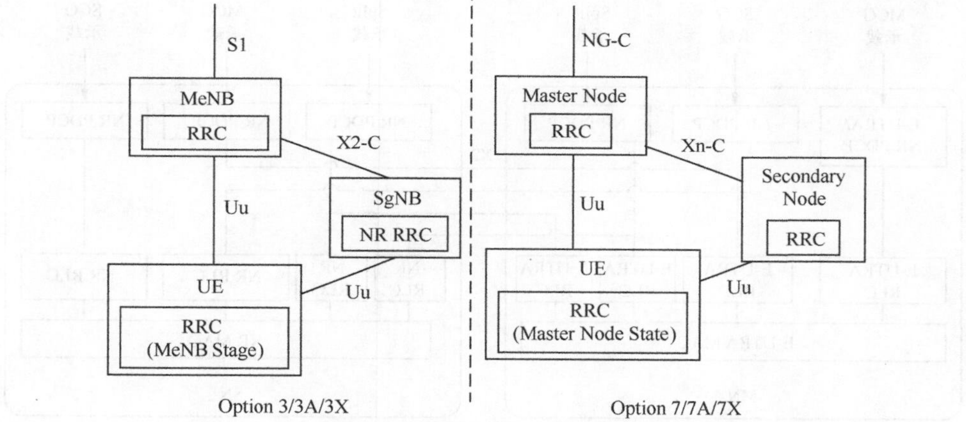

图2.3　NSA架构控制面协议栈

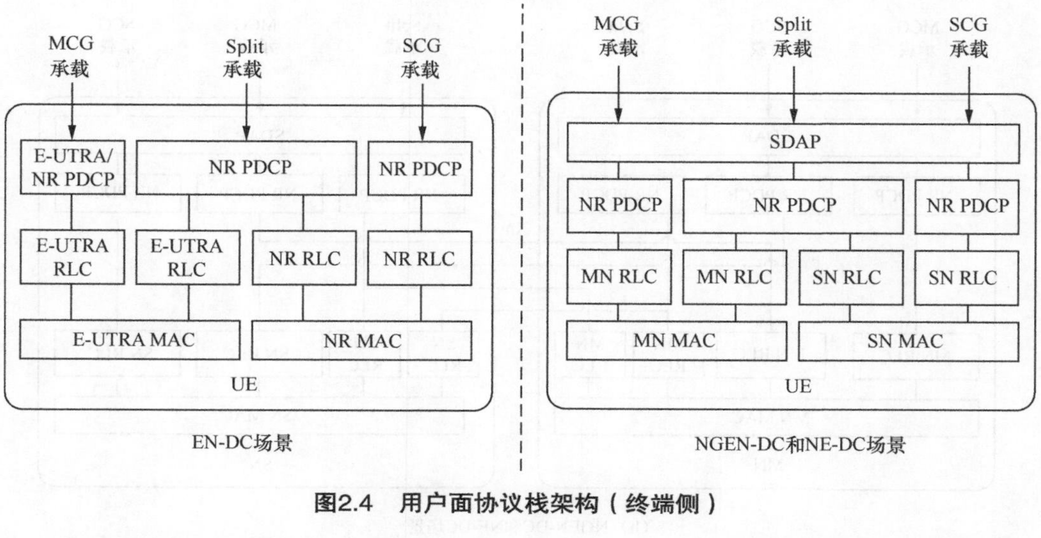

图2.4　用户面协议栈架构（终端侧）

在连接 5GC 的 MR-DC 场景仅有 NR PDCP，不存在 E-UTRAN PDCP 层。在连接 5GC 的

E-UTRAN 和 NR DC 场景（NGEN-DC，MN 为 ng-eNB，SN 为 gNB），E-UTRAN RLC/MAC 用于 MN，NR RLC/MAC 用于 SN。在 NR 和 E-UTRAN DC 场景（NE-DC，MN 为 gNB，SN 为 ng-eNB），NR RLC/MAC 用于 MN 而 E-UTRAN RLC/MAC 用于 SN。

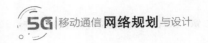

从网络侧角度看，由于各种承载（MCG、SCG 和 Split 承载）都可终结于 MN 或 SN，网络侧协议设计更加复杂。EN-DC 场景存在 3 种承载类型（如图 2.5（a）所示）；NGEN-DC、NE-DC 场景存在 3 种承载类型（如图 2.5（b）所示）。

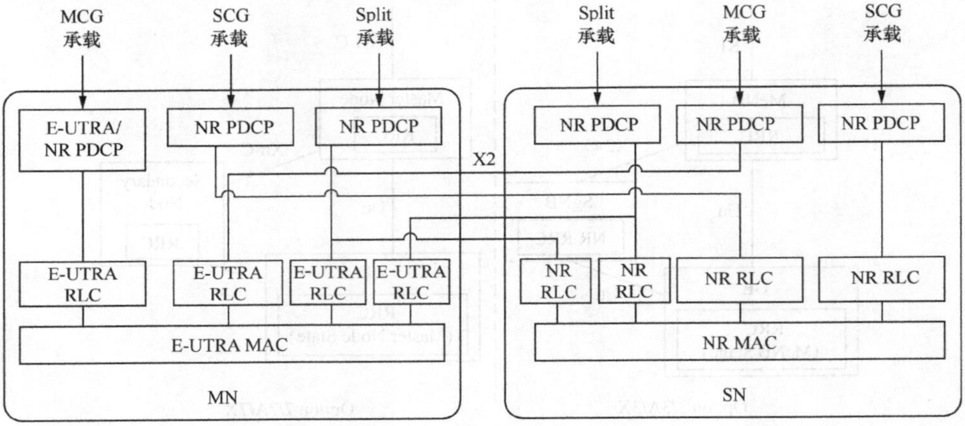

（a）EN-DC场景

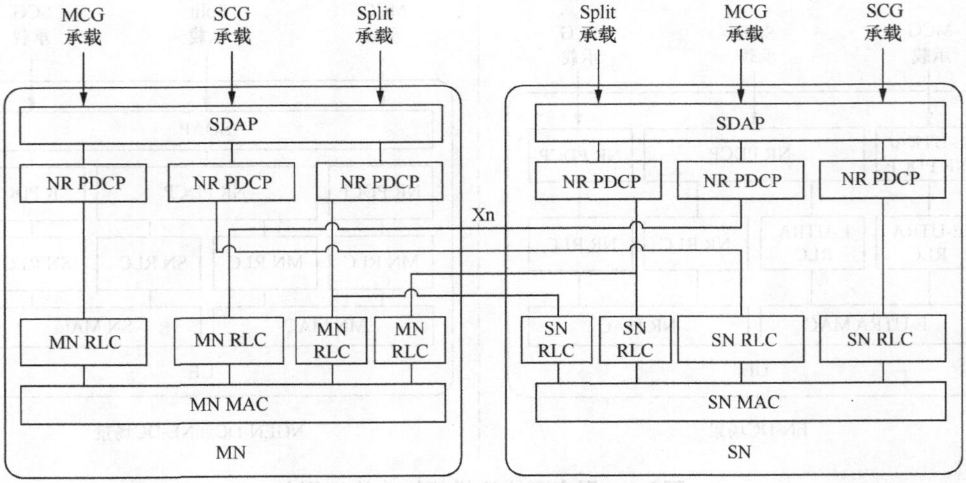

（b）NGEN-DC和NE-DC场景

图2.5 MCG/SCG/Split承载示意图（网络侧）

2.1.3 5G 核心网架构

为支持差异化的 5G 应用场景和云化部署方式，5G 采用全新的基于服务化系统架构。系统架构中的元素被定义为一些由服务组成的网络功能，这些功能可以被部署在任何合适的地方，通过统一框架的接口为任何许可的网络功能提供服务。这种架构模式采用模块化、可重用性和自包含原则来构建网络功能，使运营商部署网络时能充分利用最新的虚拟化和软件技术，以细粒度的方式更新网络的任一服务组件，或将不同的服务组件聚合起来构建服务切片。图 2.6（a）展示了服务化架构的设计原则，同时 Stage 2 规范还提供了基于参考点的系统架构（如图 2.6（b）所示），其更注重描述实现系统功能时网络功能间的交互关系。

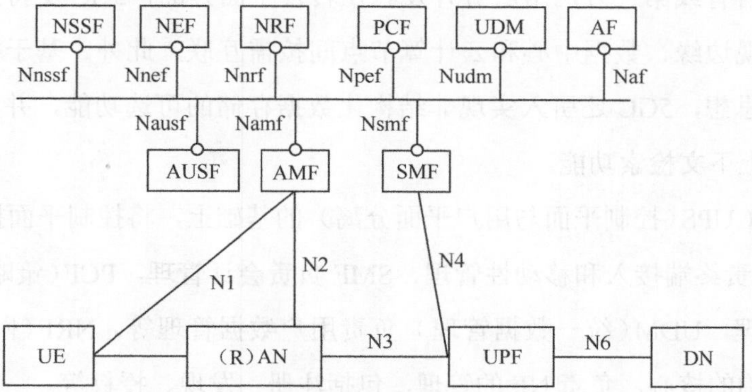

（a）基于服务的核心网架构

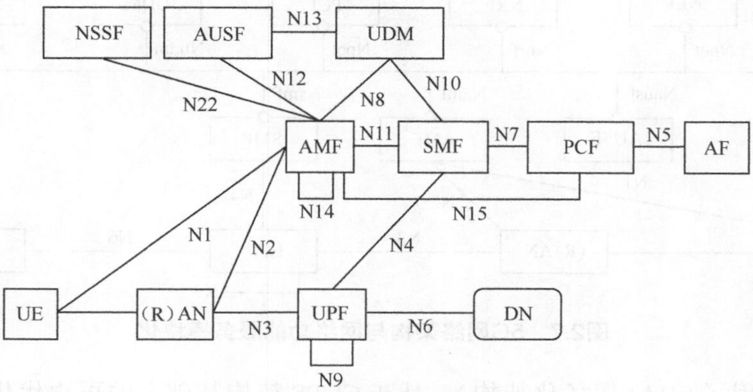

（b）基于参考点的系统架构

图2.6　5G核心网系统架构

R15 版本核心网引入 IT 的“微服务”理念。如图 2.7 所示，系统架构中的元素被定义为一些由服务构成的网络功能，这些功能可以被部署在任何合适的地方，通过统一的接口调用框架为其他许可的网络功能提供服务。这种架构模式采用模块化、可重用性和自包含原则来构建网络功能，使运营商在部署网络时能充分利用最新的虚拟化和软件技术，以细粒度的方式更新网络的任一服务组件，或将不同的服务组件聚合起来构建服务切片。

5GC 实现彻底的控制与转发分离。在控制平面方面，5GC 可提供异构接入技术统一的接入、安全和签约管理服务框架；可根据不同的移动性、会话服务质量和策略控制要求提供定制化的功能和业务流程。5GC 控制平面接口协议设计将以 HTTP 为基础，便于运营商自有或第三方网络服务开发。在转发平面方面，5GC 支持业务数据流的智能分流，实现边缘、数据中心和云计算节点间按需互联。此外，基于数据计算和存储相互分离的思想，5GC 还引入实现非结构化数据存储的可选功能，并为任意控制面网络功能提供上下文检索功能。

5GC 在 CUPS（控制平面与用户平面分离）的基础上，将控制平面拆分为多个 NF：AMF 主要负责终端接入和移动性管理，SMF 负责会话管理，PCF（策略控制功能实体）负责策略管理，UDM（统一数据管理）负责用户数据管理等。NRF（网络存储库功能）是服务化架构的核心，负责 NF 的管理，包括注册、发现、授权等。

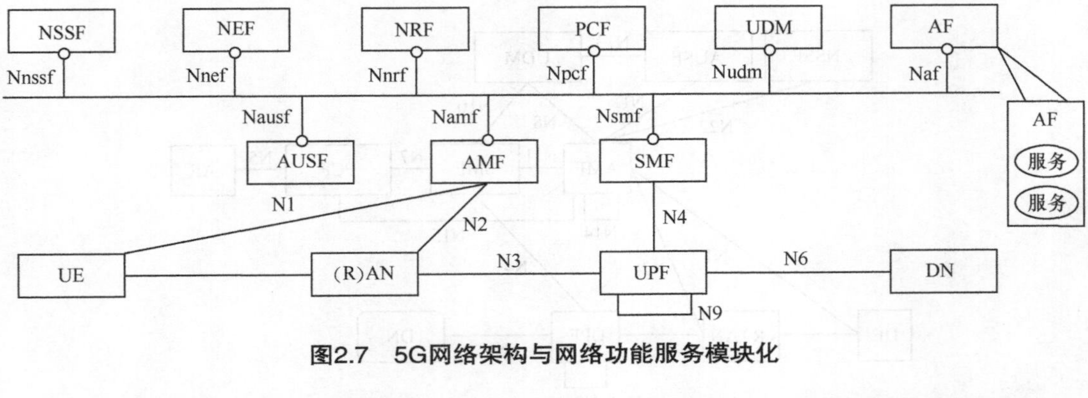

图2.7　5G网络架构与网络功能服务模块化

5GC 采用了 SBA（服务化架构），是在 CUPS 架构基础上的再次优化和演进，对比 CUPS 网络可以看出，SGW-U/PGW-U 两个网元转发平面处理在 5GC 中合并为一个 UPF，更便于转发平面的下沉；SGW-C/PGW-C 负责会话管理，通常部署于核心区域，将两者合并为 SMF 能够简化 CN 的开发和部署，MME 中既包含接入移动性管理，又包含会话管理，在 5GC 中按功能将会话管理的部分功能放到 SMF 中实现，AMF 仅实现接入移动性管理，只与用户数相关而不再与会话数量相关，更加有利于 AMF 和 SMF 的独立演进。

5G SBA 支持业务快速上线，体现在以下几个方面。

（1）NF 之间松耦合。传统 CN 网元由一组彼此紧密耦合的功能组成，当引入新的业务需求时，传统网元的功能或能力可能都要发生很大变化。5G SBA 中的 NF 是高内聚和松耦合的，互相独立的网络服务在需求发生变化时，只需变更受到影响的网络服务。

（2）轻量级的网络接口。不同网络服务之间的接口采用轻量级 Restful/Http，有利于快速的接口开发、NF 的快速升级，也可通过这些接口向业务应用开放网络能力。

（3）服务统一管理和部署。NRF 提供了服务管理功能，ETSI（欧洲电信标准化协会）的 NFV 技术规范，从网络服务、网络功能、虚拟化基础设施等方面，制定了统一完善的管理机制。NF 基于数据中心部署，可以根据需要，将 NF 部署于网络的相应位置。

（4）能力开放和策略管理。通过轻量级服务化接口开放网络能力，业务应用可以方便地使用这些网络能力感知网络和终端的事件，调整会话策略。

（5）业务 QoS 保障。5G 网络不仅提供了更大的带宽、更低的时延和更多的连接数支持，还实现了基于不同会话设定不同的 QoS 策略，网络增加了独立的网络数据分析功能，可以根据会话、终端、网络的状态实时调整 QoS 策略，满足业务的 QoS 需求。

综上，5G SBA 解决了传统 CN 点到点架构紧耦合的问题，能够支持业务的快速上线，符合从提升性能、降低成本为目标，转向以支持快速推出新业务，提升网络营收能力为目标的演进要求。

2.2　5G 关键技术

2.2.1　5G 物理层技术

NR 的无线空中接口由物理层（层 1）和更高层组成，如介质访问控制（MAC 层）

和无线资源控制（RRC 层）。TS 38.200 系列中描述了物理层规范，TS 38.300 系列则描述了更高层规范。图 2.8 为 5G 帧结构及相关参数的示意图。

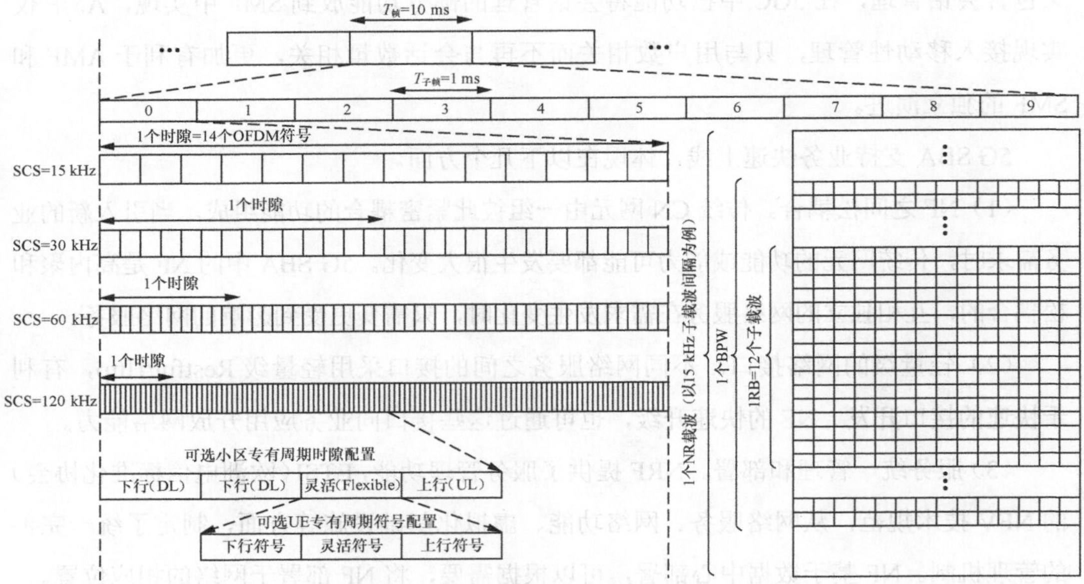

图2.8　5G帧结构及相关参数

1. 波形、参数集及帧结构

波形的选择是任何无线接入技术首要解决的物理层核心问题。在对所有波形提议进行评估之后，3GPP 同意继续采用正交频分复用（OFDM）和循环前缀（CP），用于下行和上行传输。CP-OFDM 和多输入多输出（MIMO）技术的结合可使大带宽系统实现低复杂度和低成本。NR 还支持在上行链路中使用离散傅里叶变换（DFT）扩展 OFDM（DFT-S-OFDM）来扩大覆盖范围。

NR 支持从 1 GHz 到毫米波段范围内的频谱，R15 中定义了两个频率范围（FR）：

（1）FR1：450 MHz ～ 6 GHz，通常指 Sub-6 GHz，最大带宽为 100 MHz；

（2）FR2：24.25 ～ 52.6 GHz，通常指毫米波（Millimeter Wave），最大带宽为 400 MHz。

可扩展的参数集（Numerologies）是在如此广泛的频谱范围内支持 NR 部署的关键。NR 采用了从 LTE 的 15 kHz 基本子载波间隔扩展到 $2^{\mu}\times 15$ kHz（μ=0, 1, ⋯, 4）的多种灵活的子载波间隔。相应地，CP 从 LTE 的 4.7 μs 缩小 $2^{-\mu}$s，这种可扩展的设计允许支持广泛的部署场景和载波频率。参数“μ”的选择取决于不同的因素，包括 5G 新空中接口网络部署选项类型、载波频率、业务需求（时延 / 可靠性 / 吞吐量）、硬件减损（振荡器相位噪声）、移动性及实施复杂度。例如，对于较低的 FR1 载波频率、网络覆盖范围大、窄带终端以及增强型多媒体广播 / 多播服务（eMBMS），选择 15 kHz、30 kHz 的子载波间隔是合适的。当面向对时延极为敏感的 uRLLC、小覆盖区域以及更高的 FR2 载波频率时，可把子载波间隔调大至 60 kHz、120 kHz。此外，还可通过复用两种不同的数值（如用于 uRLLC 的更宽子载波间隔以及用于 eMBB/mMTC/eMBMS 的更窄子载波间隔），以相同的载波来同时承载具有不同需求的不同类业务。

NR 帧具有 10 ms 的长度并且由 10 个子帧组成，这与 LTE 相同，能保证 NR 和 LTE 的共存。每个子帧由包含 14 个 OFDM 符号的 2^{μ} 个时隙组成。尽管时隙是调度的最小颗粒度，但是 NR 支持在任意一个 OFDM 符号开始传输，并且仅持续当前业务所需的符号，这种所谓的“微时隙”（Mini Slot）可以确保部分场景业务数据有较低的调度等待时间，同时使其对其他业务传输链路的干扰最小化。可见，时延的优化一直是 NR 的重要考虑因素，除“微时隙”外，NR 还引入了其他关键技术以降低时延。

2. 资源块、载波及带宽配置

基于终端能力的考虑，3GPP 限制了单个小区有效子载波数不超过 3300（FFT 点数不超过 4096），因此，在不同子载波间隔情况下，支持的小区最大带宽不一样，每种带宽配置下的最大资源块（RB）个数见表 2.1 和表 2.2（RB 仍由频域中的 12 个连续子载波组成）。尽管带宽很大，但 NR 的超精简设计能确保传输时延最小化，提高网络能效，降低干扰。

表2.1　FR1频段不同带宽下RB数

SCS (kHz)	5 MHz	10 MHz	15 MHz	20 MHz	25 MHz	30 MHz	40 MHz	50 MHz	60 MHz	80 MHz	90 MHz	100 MHz
	N_{RB}	N_{RB}	N_{RB}	N_{RB}	N_{RB}	N_{RB}	N_{RB}	N_{RB}	N_{RB}	N_{RB}	N_{RB}	N_{RB}
15	25	52	79	106	133	160	216	270	N/A	N/A	N/A	N/A
30	11	24	38	51	65	78	106	133	162	217	245	273
60	N/A	11	18	24	31	38	51	65	79	107	121	135

表2.2 FR2频段不同带宽下RB数

SCS（kHz）	50 MHz	100 MHz	200 MHz	400 MHz
	N_{RB}	N_{RB}	N_{RB}	N_{RB}
60	66	132	264	N.A
120	32	66	132	264

毫米波频段的NR由于终端发射功率的限制，使高频段的上行覆盖范围受较大程度限制，因此，3GPP引入了SDL（补充下行）与SUL（补充上行）频段。通过低频载波补充高频NR的覆盖，确保较好的组网性能，特别是在上行链路中，一般通过载波聚合或双连接的方式实现。此外R15支持NR载波和LTE载波在频率上相互重叠，实现NR和LTE之间的频谱动态共享，这有助于运营商从LTE平滑过渡到NR。

为降低UE功耗，NR采用TRF Bandwidth Adaptation技术，以灵活适配多种业务，网络可为每个UE最多配置4个BWP（Band Width Part）。BWP是指在给定参数集和给定载波上的一组连续的物理资源块，根据需要动态改变指示给UE，该特性是NR区分于4G LTE的典型特性之一，有如下应用场景。

（1）UE支持的带宽可以小于小区支持的带宽。

（2）UE在大小BWP间进行切换，达到省电效果。

（3）不同的BWP，配置不同的系统参数集，承载不同业务。

3. 调制、信道编码以及时隙配置

NR中的调制方案类似于LTE，包括具有二进制和正交相移键控（BPSK/QPSK）、16阶、64阶和256阶的正交幅度调制（QAM）。NR控制信道使用Reed-Muller分组码和循环冗余校验（CRC）辅助的极化（Polar）码（LTE使用咬尾卷积码），NR数据信道使用速率可变的准循环低密度校验码（LDPC）（LTE使用Turbo码）。

NR支持的双工选项包括频分双工（FDD）、半静态配置的UL/DL配置的TDD和动态TDD。在TDD频谱中，对于微小区，可以使用动态TDD来适应流量变化；而对于宏小区，半静态TDD比完全动态TDD更适合处理干扰问题。特别地，C-band频段n77/n78以及更高毫米波频段均采用TDD方式。

NR TDD支持灵活时隙的配置。具体来说，时隙中的OFDM符号可以配置为DL、

UL 或 Flexible。DL 传输可以发生在“DL”或“Flexible”符号中，同样 UL 传输可以发生在“UL”或“Flexible”符号中。通过小区特定及 UE 特定的 RRC 配置可实现 UL/DL 时隙分配，这与 LTE TDD 的时隙配置一样。

如果未专门配置时隙，则默认情况下所有资源均被视为灵活时隙。动态的 TDD 则可通过 DL 控制信息（DCI）的 1/2 层信令来动态地配置符号是用于 DL 传输还是 UL 传输。

4. 信道

就物理信道的使用而言，NR 和 LTE 无明显差异，用户小区搜索及随机接入过程如下。

小区搜索涉及的物理信道过程：PSS/SSS → PBCH → PDCCH → PDSCH。

随机接入涉及的物理信道过程：PRACH → PDCCH → PDSCH → PUSCH。

（1）同步信号及广播信道（PBCH）。

同步信号（SS）和广播信道（PBCH）的组合在 NR 中被称为 SSB，其子载波间隔在 FR1 中可以是 15 kHz 或 30 kHz，在 FR2 中则可选 120 kHz 或 240 kHz。通过检测 SS，UE 可以获得物理小区 ID，实现时域和频域的下行同步，并获取 PBCH 的定时，后者携带小区基本的系统信息。

NR SS 由主 SS（PSS）和辅 SS（SSS）组成。由于缺乏频繁的静态参考信号以帮助跟踪，与 LTE 相比，gNB 和 UE 之间可能存在较大的初始频率误差，尤其是对于工作在较高频率的低成本 UE 而言。为了解决传统基于 Zadoff-Chu 序列的 LTE PSS 时间和频率偏移模糊度问题，NR PSS 使用长度为 127 的 BPSK 调制的 m 序列，NR SSS 则通过使用长度为 127 的 BPSK 调制的 Gold 序列生成的 PSS 和 SSS 总共可标识 1008 个不同的物理小区 ID（LTE 最多 504 个小区 ID）。

（2）随机接入信道（PRACH）。

PRACH 主要用于发送 UE 随机接入的前导码，以尝试向 gNB 发起随机接入并配合 gNB 调整 UE 的上行链路定时及其他参数。与 LTE 一样，Zadoff-Chu 序列由于其具有 DFT 变换前后不变的幅度以及零低相关的特性而被用于生成 NR 随机接入前导码。与 LTE 不同，NR 随机接入前导码使用具有不同格式配置和长度的两个序列以适应 NR 的广泛业务支持。

（3）下行共享信道（PDSCH）。

PDSCH 用于传输下行用户数据、UE 特定的高层信息、系统信息和寻呼。为了传输 DL 传输块（用于物理层的有效载荷），首先附加传输块通过 CRC 提供错误检测，然后选择 LDPC 基本图。NR 支持两个 LDPC 基本图，一个针对较小的传输块进行优化，另一个针对较大的传输块，将传输块分割成若干含 CRC 校验位的码块后，针对每个 LDPC 编码块单独进行速率匹配。最后，将码块级联合并，创建用于在 PDSCH 上传输的码字，每层 PDSCH 可承载最多 2 个码字。

将码字加扰、调制以生成 OFDM 符号块，符号最多映射 4 个 MIMO 层，因此，多天线传输模式下 PDSCH 可以支持最多 8 层传输。这些层以规范透明的方式（基于非码本）映射到天线端口，后续的波束成形或 MIMO 预编码操作对于 UE 是透明的。

当接收单播 PDSCH 时，UE 被通知某些资源不可用于 PDSCH。这些不可用的资源可以包括具有 RB、符号级或 RE 粒度级。在 NR 和 LTE 共享相同载波的情况下，后者用于映射 LTE CRS（小区参考信号）。这有利于提高前向和后向兼容能力，使网络可以预留传输资源用于服务未来加入的其他业务场景（如 mMTC）。

（4）上行共享信道（PUSCH）。

PUSCH 用于 UL 共享信道（UL-SCH）和 1/2 层控制信息的传输。UL-SCH 是用于发送 UL 传输块的传输信道。UL 传输块的物理层处理类似于 DL 传输块的处理。

码字被加扰和调制以生成符号块，然后被映射到一个或多个层上。PUSCH 最多支持 4 层（每层 1 个码字）传输。对于层到天线端口映射，UL 支持基于非码本的传输和基于码本的传输。对于用于传输物理信道的每个天线端口，这些符号将被映射到 RB。与 LTE 相反，映射优先在频域完成，以便接收机能够提前解码。

（5）下行控制信道（PDCCH）。

PDCCH 用于承载 DCI，如下行链路调度分配和上行链路调度许可。传统的 LTE 控制信道始终分布在整个系统带宽内，因此，难以控制小区间干扰。NR PDCCH 可在配置的控制资源集（CORESET）中传输。控制区域配置的灵活性（包括时间、频率、参数集等）使 NR 能够处理各种用例。

CORESET 中的频率分配可以是连续或不连续的。CORESET 在时间上跨越 1 ～ 3

个连续的 OFDM 符号。CORESET 中的 RE 被组织在 RE 组（REG）中。每个 REG 由一个 RB 中的一个 OFDM 符号的 12 个 RE 组成。PDCCH 由 1、2、4、8 或 16 个控制信道元素（CCE）承载，以适应不同有效载荷大小的 DCI 或不同的编码速率。每个 CCE 由 6 个 REG 组成。CORESET 的 CCE-REG 映射可以交错（用于频率分集）或非交织（用于局部波束形成）。UE 针对不同的 DCI 格式进行盲解，而盲解的复杂度关乎 UE 的成本，其目的是达到以较低的开销提供灵活的调度。

（6）上行控制信道（PUCCH）。

PUCCH 用于承载混合自动重传请求（HARQ）反馈、信道状态信息（CSI）和调度请求（SR）等上行链路控制信息（UCI）。

与位于载波带宽的边缘并且被设计为具有固定持续时间和定时的 LTE PUCCH 不同，NR PUCCH 在其时间和频率分配上是灵活的，使 NR 支持具有较小带宽能力的 UE 接入。NR PUCCH 设计基于 5 种 PUCCH 格式，PUCCH 格式 0 和 PUCCH 格式 2（又称短 PUCCH）使用 1 个或 2 个 OFDM 符号，而 PUCCH 格式 1、PUCCH 格式 3 和 PUCCH 格式 4（又称长 PUCCH）可以使用 4 ～ 14 个 OFDM UCI 有效载荷，而其他格式用于承载超过 2 bit 的 UCI 有效载荷。在 PUCCH 格式 1、PUCCH 格式 3 和 PUCCH 格式 4 中，为达到较低的峰均功率比（PAPR），解调参考信号（DMRS）符号与 UCI 符号时分复用，而在 PUCCH 格式 2 中，DMRS 与数据采用频率复用。仅当 PUCCH 格式 0、PUCCH 格式 1 和 PUCCH 格式 4 通过不同的循环移位或 OCC 适用时，才支持相同时间和频率资源上的多用户复用。

5. 参考信号相关

为了提高网络的能效（能量利用效率），并保证后向兼容，5G 新空中接口通过超精益的设计（Ultra-Lean Design）来最小化“永远在线的传输”。与 LTE 中的相关设置相比，5G 新空中接口的参考信号仅在需要时才传输，主要有 DMRS、相位追踪参考信号（PTRS）、测量参考信号（SRS）、信道状态信息参考信号（CSI-RS）4 种。

（1）上下行解调参考信号（DMRS）。

DMRS 用于无线信道评估，以有利于信号解调。DMRS 是用户终端特定的参考信号（每个终端的 DMRS 不同），可被波束赋形、可被纳入受调度的资源，仅在需要时才发射（既可在上行方向又可在下行方向）。为了支持多层MIMO传输，可调度多个正交的DMRS端口，其中每个DMRS端口与MIMO的每一层相对应。“正交”可通过梳状结构的频分复用（FDM）、时分复用（TDM）以及码分复用（CDM）来实现。DMRS的设计要考虑早期的解码需求以支持各种低时延应用，所以基本的DMRS模式是前载（Front Loaded）。面向低速移动的应用场景，DMRS在时域采取低密度设计。然而，在高速移动的应用场景，要增大DMRS的时间密度以及时跟踪无线信道的快速变化。

（2）上下行相位跟踪参考信号（PTRS）。

引入PTRS是为了解决相位噪声的补偿问题。一般地，随着振荡器载波频率的上升，相位噪声也会增大。对工作在高频段（如毫米波频段）的5G无线网络，可利用PTRS来消除相位噪声。对于OFDM信号，由相位噪声可引起的负面效应之一是“所有子载波均产生相位旋转”，这种现象被业界称为共相位误差（CPE）。由于CPE产生的相位旋转对于一个OFDM符号内所有的子载波都是完全相同的，而OFDM符号之间的相位噪声是低相关的，因此，PTRS就被设计为在频域具有低密度而在时域具有高密度。PTRS是UE特定的参考信号（每个终端的PTRS不同），可被波束赋形，可被纳入受调度的资源。PTRS端口的数量可以小于总的端口数，而且PTRS端口之间的正交可通过FDM来实现。此外，PTRS的配置与振荡器质量、载波频率、OFDM子载波间隔、用于信号传输的调制及编码格式有关。

（3）信道状态信息参考信号（CSI-RS）。

与LTE相似，NR CSI-RS用于下行CSI的捕获。除此之外，NR中的CSI-RS还支持针对移动性和波束管理（包括模拟波束成形）的参考信号接收功率（RSRP）测量、时频跟踪以及基于具有上下行互易性的预编码。CSI-RS同样是UE专用的，但多个用户仍然可以共享相同的资源。零功率的CSI-RS可以用作资源屏蔽工具，通过它们来保护某些RE，以避免用于PDSCH的映射。该屏蔽工具支持UE专用CSI-RS的传输，但该特性可认为是允许向NR引入新功能（业务），并保留向后兼容性。

NR支持CSI-RS配置的高度灵活性。一个资源可配置多达32个端口，配置密度可选。在时域中，CSI-RS资源可以从时隙的任何OFDM符号处开始，其是否跨越1个、2个或4个OFDM符号取决于配置的端口数量。CSI-RS可以是周期性的、半永久性的或非周期性的（DCI 触发的）。

（4）探测参考信号（SRS）。

SRS 于上行方向传输，主要面向调度以及链路适配，进行信道状态信息（CSI）测量。对于 5G 新空中接口，SRS 将被用于面向大规模天线阵列（Massive MIMO）的基于互易性的预编码器设计，也有望被用于上行波束管理。此外，SRS 将会有模块化的、灵活的设计，以支持不同的流程以及用户终端（UE）能力。

2.2.2　多天线技术

国际电信联盟（ITU）的 5G 愿景中，5G 面向三大场景：增强移动宽带场景、低时延高可靠场景和大连接低功耗场景，以满足人们在居住、工作、休闲和交通等方面的多样化业务需求，即便在密集住宅区、办公室、体育场、地铁、快速路、高铁等具有超高流量密度、超高连接数密度、超高移动性特征的场景，也可以为用户提供超高清视频、AR/VR 等极致业务体验。

Massive MIMO 主要用于热点高容量场景，面向局部热点区域，为用户提供极高的数据传输速率，满足网络极高的流量密度需求。Massive MIMO 技术主要基于空分复用和波束赋形原理，在单小区形成更高数量的波束，提高单波束赋形精确度。大规模天线阵列在现有多天线基础上通过增加天线数可支持几十个独立的空间数据流，将成倍地提升多用户系统的频谱效率，对满足 5G 系统容量与速率需求起到重要的支撑作用。

1. Massive MIMO 原理

Massive MIMO 技术基于 MIMO 技术，在发射端和接收端分别使用多个发射天线和接收天线来发送和接收信号，从而改善通信质量。它能充分利用空间资源，通过多个天线实现多发多收，在不增加频谱资源和天线发射功率的情况下，可以成倍地提高系统信道容量，展现出明显的优势。在无线网络中，MIMO 技术利用多天线在空间中同时传输多路数据流，从以下 4 个方面改善系统性能。

（1）由于具有更多的独立天线，可承载更多独立数据流，提高系统数据速率。

（2）由于每路独立的天线经历不同的传播环境，改善了系统的解调性能和系统可靠性。

（3）利用多天线可形成更窄波束以对用户进行跟踪，提升能量效率。

（4）利用多天线波束特性控制对其他用户的干扰，改善系统整体性能。

利用 MIMO 空间特性可采用如下 3 种传输方案。

（1）发送分集方案。在发送端两天线发送同样内容的信号，用于提高链路可靠性，不能提高数据速率。LTE 的多天线发送分集技术选用空时编码作为基本发送技术，在发射端对数据流进行联合编码以降低由于信道衰落和噪声导致的符号错误率。通过在发射端增加信号的冗余度，使信号在接收端获得分集增益。

（2）空分复用技术。在发射端发射相互独立的信号，在接收端采用干扰抑制的方法进行解码，此时的理论空中接口信道容量随着收发端天线对数量的增加而线性增大，从而能够显著提高系统的传输速率。空分复用允许在同一个下行资源块上传输不同的数据流，这些数据流可以来自一个用户，也可以来自多个用户。单用户 MIMO 可以提高一个用户的数据传输速率，多用户 MIMO 可以增加整个系统的容量。空分复用数据传输如图 2.9 所示。

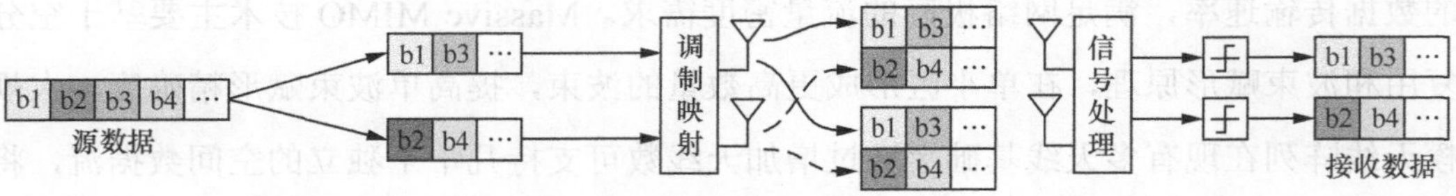

图2.9　空分复用数据传输

（3）波束赋形。一种基于天线阵列的信号预处理技术，通过调整天线阵列中每个阵元的加权系数产生具有指向性的波束，从而获得对应辐射方向的阵列增益，同时降低对其他辐射方向的干扰。

因此，从理论上看，更多的天线将带来更多的增益。基于此，提出了大规模阵列天线技术（Massive MIMO），相对于以往系统的 2、4、8 天线，Massive MIMO 将采用几十甚至几百天线阵子，在相同的时频资源下同时为几十个用户提供服务，几倍甚至几十倍地改善网络性能。图 2.10 为 Massive MIMO 系统的示意图，其采用的大规模天线阵列利用波束赋形形成多个追踪用户的窄波束服务用户。

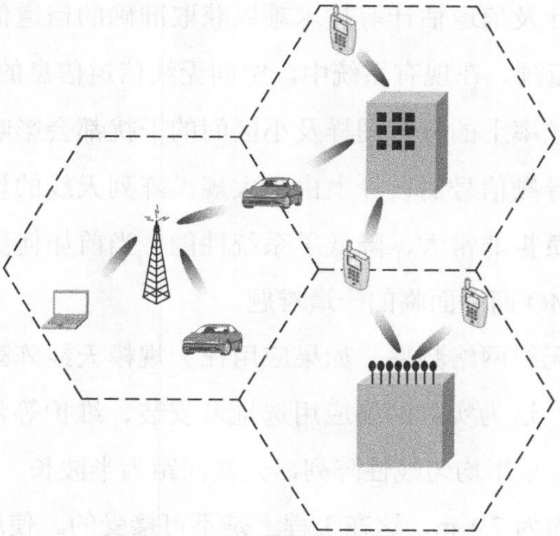

图2.10　Massive MIMO系统

Massive MIMO 与传统宏基站架构不同。调制解调、信号放大等单元上移至天线，精细化控制单一阵子，因此，可以将高功率放大器换成很多低功率放大器。它降低了放大器和 RF 的精度以及线性要求，提升了能量利用率，简化了功放、RF 滤波器设计等。Massive MIMO 与传统宏基站的主要区别如下。

传统宏基站。采用 RRU 射频单元＋无源天线的实现方式，天线阵子映射至 8 个物理端口，波束赋形精度和准度受限。上下行增益取决于无源天线指标，有统一的天线增益指标。

Massive MIMO。采用一体式有源天线（AAS）架构，可以针对每一个阵子进行精确控制，以提升波束赋形的精准度，达到提升用户信道质量、扩大小区覆盖的目的。上下行增益根据波束权值的控制可以达到更精确的控制，因此，Massive MIMO 上下行增益取决于不同的天线权值配置。

2. Massive MIMO 关键技术

Massive MIMO 关键技术主要包括信道信息获取、天线阵列设计、低复杂度传输技术实现。

大规模天线阵列系统的频谱效率提升能力主要受限于空间无线信道信息获取的准确性。在大规模天线阵列中，由于基站侧天线数的大幅增加，且传输链路存在干扰，因此，现有的导频设计及信道估计等技术难以获取准确的信道信息，该问题是大规模天线阵列系统的主要瓶颈。在现有系统中，空间无线信道信息的获取来源于导频信号，而导频信号在时间、频率上的分布图样及小区间的干扰都会影响空间无线信道信息获取的准确性，并且在导频信号的设计上由于大规模阵列天线的设计需要庞大的导频及反馈，因此，对系统负担非常大，降低了系统性能。当前如何更加有效地获取信道信息依然是 Massive MIMO 商用面临的一道难题。

当前主流的移动无线网络频率，如果应用在大规模天线阵列系统中，则会导致实际天线阵列面积很大，这为实际网络应用选址及安装、维护等带来了挑战。如果基站侧配置有 128 根天线，采用均匀线性阵列，天线间距为半波长。在中心载频为 2.6 GHz 时，线性阵列的长度约为 7.4 m，这在工程上是不可接受的。使用交叉极化方式布置天线阵子并从水平和垂直两个维度设计，可解决天线长度问题，但是整体天线尺寸依然较大。因此，Massive MIMO 在当前网络下较难以规模商用。未来使用更高的载频可以让大规模天线阵列系统工作在更高的载频上，如 6 GHz 以上，则天线尺寸会成倍缩小；或者将天线摆放成平面阵、立方体或圆形阵列等，满足工程安装需求。

在传输技术上，如果为 FDD 系统，UE 先进行下行信道估计，之后通过带宽有限的反馈链路，将估计出的信道的量化码本的索引反馈到基站侧。基站利用获得的 CSI，计算下行链路的波束成形矢量，通过波束成形提高了系统的传输性能和抗干扰能力。在 FDD 系统中，用于下行信道估计的导频开销与基站的天线数成正比。

同时，为了使 UE 能有效地区分来自基站不同发射天线的不同信道并进行有效的信道估计，基站不同发送天线的导频必须相互正交，当基站天线数很多时，FDD 系统将出现以下问题。

（1）导频开销不够，系统无法利用有限的时频资源提供如此数目巨大的正交导频。

（2）UE 端待估计的信道数目急剧增加，将成为 UE 沉重的负担并直接导致 UE 的电池电量不足。

（3）UE 将估计出的信道的量化码本的索引反馈到基站侧，反馈量过大，系统开销不够。

因此，最初研究的大规模 MIMO 系统通常不采用 FDD，而采用 TDD。TDD 能充分利用上行链路和下行链路的信道互易性，由上行信道估计获得下行波束成形所需的 CSI。这样，UE 发送的导频数目不随基站天线数目增加，而复杂的信道估计也只是在基站上完成，对 UE 不会产生不利影响。

3. Massive MIMO 在 5G 中的应用

在 5G 网络中，Massive MIMO 作为网络容量提升的一个关键技术，不需要新频谱申请，对终端前向兼容，快速部署提高网络整体频谱效率。

在高层无线网络覆盖场景及移动业务热点场景、深度覆盖场景，Massive MIMO 有很多的部署优势。

（1）高层场景：利用 Massive MIMO 垂直维度对高层楼宇进行覆盖，相比于传统方式能够用更少的站点覆盖，同时减少干扰和导频污染。

（2）移动业务热点场景：利用更多窄波束进行空分复用提高单小区容量，改善每个用户的业务质量。

（3）深度覆盖场景：由于精确波束赋形更窄波束可有效进行深度覆盖，在提高覆盖有效信号强度的同时降低其他用户的干扰，改善深度覆盖用户的业务质量。

在 Massive MIMO 解决部分技术问题后，也可在高速、高铁等特殊场景进行完善覆盖。

（1）5G 天线的变化。

设备形态的变化。5G 基站设备基于功能划分对设备形态进行了重构，将 4G 原有的天线、RRU（射频拉远单元）合二为一，重构为 AAU（有源天线处理单元）设备。为降低原有 CPRI 传输带宽需求，将部分物理层功能从 BBU（基带处理单元）上移到 AAU。

天线参数的变化。现有基站主要采用 2 端口、4 端口及多端口天线。大规模天线与传统天线相比，天线数量、通道数量和功耗等参数都有明显的变化，主要对比见表 2.3。

表2.3　主要天线典型参数对比

天线	2 端口天线	4 端口天线	大规模天线
频段（GHz）	1.8	1.8	3.5
支持的通道数量（个）	2	4	64

（续表）

天线	2 端口天线	4 端口天线	大规模天线
大小（mm×mm×mm）	1960×145×86	1950×249×60	860×3900×190
重量（kg）	10	15	40
接口	2 接口 / 扇区	4 接口 / 扇区	光纤接口 / 扇区
阵子（个数）	10×1×2（20）	12×2×2（48）	12×8×2（192）
功率（W）			200

天线功能的变化。大规模天线与 4G 天线相比，增加了波束赋形功能。基站可以在三维空间形成具有高空间分辨能力的高增益窄细波束，波束指向为用户或用户群分布方向。

（2）5G 网络应用大规模天线增益分析。

大规模天线能给 5G 网络带来波束赋形、空间复用和空间分集 3 个方面增益，后两种增益是基于波束赋形后衍生出来的。

波束赋形增益。波速赋形是一种基于天线阵列的信号预处理技术，通过调整天线阵列中每个阵元的加权系数产生具有方向性的多个波束，从而获得对应波束辐射方向的阵列增益，降低对其他波束辐射方向的干扰。

5G 天线采用大规模天线阵列，通过波束赋形可以增强系统的空间分辨力。当基站侧检测到目标用户或用户群的大致位置时，通过一定的算法，天线可以在三维空间形成具有高空间分辨能力的高增益窄细波束，对用户或用户群进行跟踪。

以 5G 系统中 64 通道天线为例，形成的窄波束，水平方向波束宽度约为 12°，垂直方向波束宽度约为 9°。相对传统天线，波束变窄且能量集中，从而可以实现更广的覆盖，并且由于波束指向性明确，能很好地区分用户，对干扰抑制起到良好的效果。增强覆盖、抑制干扰，是天线波束赋形为 5G 网络带来的好处。

大规模天线在水平波束赋形的基础上进行垂直波束赋形，这种技术称为 3D MIMO。在 3D MIMO 技术下，可以分裂出指向不同楼层位置的波瓣，对高层楼宇的覆盖范围（楼层）、覆盖深度都有了极大的改善。同样以 5G 系统中 64 通道天线为例，垂直波束夹角达到 24°，传统室外天线垂直波瓣角只有 6° 左右，同等条件下，二者覆盖楼层有几倍的差距，并且随着天线与覆盖楼宇水平距离的加大，覆盖差别逐步增加。

空间复用增益。如图 2.11 所示，空间复用利用较大间距的天线阵元之间或赋形波束之间的不相关性，向一个终端 / 基站并行发射多个数据流，接收端采用干扰抑制的方法进行解码，达到增加系统容量，提高峰值速率的效果。空间复用一般在无线环境好的条件下应用。

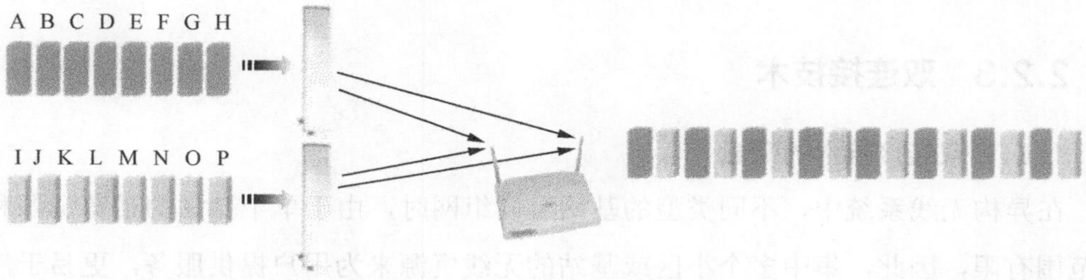

图2.11　空间复用

空间复用上下行均适用。在 5G 系统中，利用多波束实现下行空间复用，方式为在同一个下行资源块上传输不同的数据流，根据这些数据流是发送给单一用户还是多个用户，下行空间复用又分为单用户 MIMO（SU-MIMO）和多用户 MIMO（MU-MIMO）。单用户 MIMO 可提高对应的用户速率。多用户 MIMO 可增加整个系统容量。下行空间复用最大支持 16 流。

在 5G 系统中，对于上行空间复用，利用上行多个用户（终端），配对复用相同的上行时频资源，给基站侧同时传输多流数据，构成虚拟 MIMO。上行空间复用可提高小区的平均上行吞吐率，最大支持 8 流。

空间分集增益。如图 2.12 所示，空间分集是利用较大间距的天线阵元之间或赋形波束之间的不相关性，发射或接收同一个数据流或与该数据流有相关性的数据，避免单个信道衰落对整个链路造成影响，改善网络覆盖性能，提高通信系统的可靠性。空间分集一般在无线环境较差的条件下应用。

5G 采用大规模天线，利用大规模天线带来的波束赋形、空间复用和空间分集增益，最终达到提升频谱效率、提高系统容量、提升覆盖能力和降低小区干扰的目的。

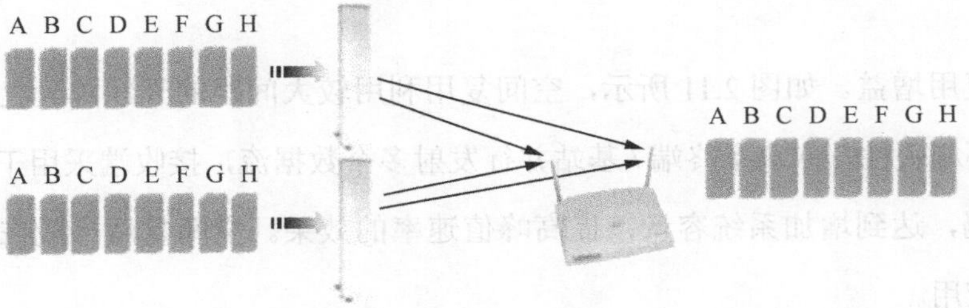

图2.12　空间分集

2.2.3　双连接技术

1. LTE 双连接技术的概念

在异构无线系统中，不同类型的基站协同组网时，由于单个基站的带宽资源和覆盖范围有限，因此，集中多个小区或基站的无线资源来为用户提供服务，更易于满足用户的容量需求和覆盖要求，这种方式通常称为多连接。在 LTE 系统中，常用的多连接方式包括载波聚合、多点协作传输（CoMP，Coordinated Multiple Points Transmission/Reception）和双连接等。

在移动通信系统中，带宽越大，所能提供的吞吐量就越高。R10 中提出了 LTE-A 载波聚合技术，实现不同系统（FDD、TDD）、不同频段、不同带宽间频带的组合使用，以便利用更大的带宽来改善系统性能。在载波聚合技术中，多个载波主要在 MAC 层进行聚合，多个分量载波共享 MAC 资源，MAC 层需要支持跨载波调度、控制载波间的时域和频域联合调度。

在 LTE 双连接技术中，UE 同时与两个基站连接，分别称为主基站（MeNB，Master eNB）和辅基站（SeNB，Secondary eNB）。双连接可实现载波聚合。不同的是，载波聚合承载在 MAC 层分离，需要 MAC 层对两个接入点的物理层资源进行同步调度。双连接的承载分离在 PDCP（Packet Data Convergence Protocol）层进行，两个接入点可独立进行物理层资源的调度，不需要严格同步，因此，可采用非理想的回程链路连接 MeNB 和 SeNB。

（1）控制面。

R12 定义的 LTE 双连接中，仅 MeNB 与 MME（Mobility Management Entity）有 Sl

连接，SeNB 与 MME 之间不存在 Sl 连接，如图 2.13 所示。MeNB 通过 X2-U 接口与 SeNB 进行协调后产生 RRC 消息，然后转发给 UE。UE 对 RRC 消息的回复同样只发送给 MeNB。因此，在 LTE 双连接中 UE 只保留一个 RRC 实体，系统信息广播、切换、测量配置和报告等 RRC 功能都由 MeNB 执行。

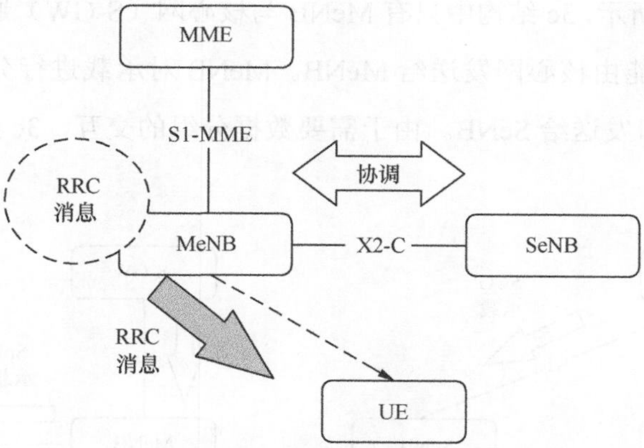

图2.13　LTE双连接控制面

（2）用户面。

LTE 双连接中定义了主小区群（MCG，Master Cell Group）和辅小区群（SCG，Secondary Cell Group），并根据分离和转发方式的不同，将数据承载分为 3 种形式。

① MCG 承载：MCG 承载从核心网的 S-GW 路由到 MeNB，并由 MeNB 直接转发给 UE，即传统的下行数据转发方式。

② SCG 承载：SCG 承载从核心网的 S-GW 路由到 SeNB，再由 SeNB 转发给 UE。

③ Split 承载：Split 承载在基站侧进行分离，可由 MeNB 或 SeNB 向 UE 转发，也可由 MeNB 和 SeNB 按分离比例同时为 UE 服务。

R12 定义了两种数据承载转发结构：la 结构、3c 结构。

如图 2.14（a）所示，1a 结构中 MeNB 与 SeNB 都通过 S1 与 S-GW 连接。数据承载在核心网进行分离，并发送给 MeNB 或 SeNB，经由 MeNB 转发给 UE 的即为 MCG 承载，由 SeNB 转发给 UE 为 SCG 承载。MeNB 或 SeNB 之间的 X2 回程链路上只需要交互协同所需的信令，不需要进行数据分组的交互，所以回程链路的负载较小。同时双连接不需要 MeNB 和 SeNB 之间的严格时间同步，因此，总体上 la 结构对 X2 回程链路的要求较低。

数据承载通过 MeNB 或 SeNB 向 UE 传送，因此，峰值速率取决于 MeNB 和 SeNB 单站的传输能力。当 UE 移动时，小区切换需要核心网参与，切换效率较低，并存在数据中断问题。

如图 2.14（b）所示，3c 结构中只有 MeNB 与核心网（S-GW）通过 S1-U 接口连接，因此，数据承载只能由核心网发送给 MeNB。MeNB 对承载进行分离，将全部或部分承载通过 X2-U 接口发送给 SeNB。由于需要数据分组的交互，3c 结构要求 X2 回程链路有较高的容量。

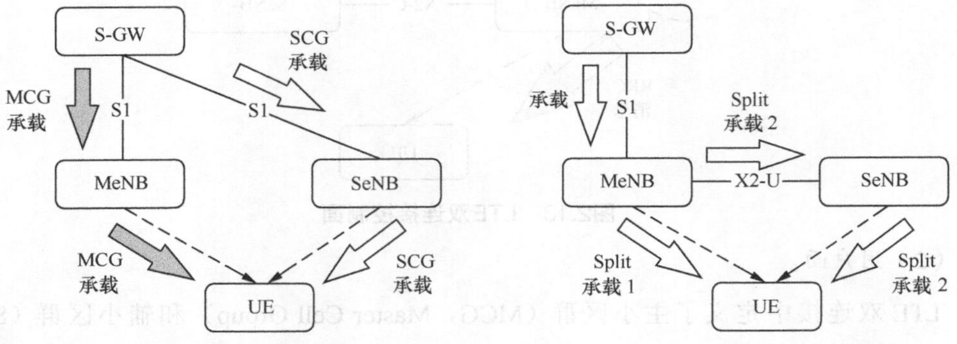

（a）1a结构　　（b）3c结构

图2.14　LTE双连接用户面

3c 结构中数据承载可由 MeNB 或 SeNB 发送给 UE，也可由 MeNB 和 SeNB 同时发送给 UE，因此，下行传输的峰值速率可获得显著提升。另外，SeNB 分担了 MeNB 的承载，可用于负载均衡，有利于提升密集部署异构网络的整体性能。当 UE 移动时，3c 结构的切换过程对核心网影响较小。同时，由于 UE 同时连接了两个基站，因此，提升了切换成功率。

3c 结构不但对回程要求较高，而且需要较复杂的层 2 协议。在 R12 中规定，3c 结构只用于下行传输，不用于上行传输。

2. LTE-NR 双连接技术

从全球范围来看，各国的 5G 首发频段主要有两类：一类是毫米波频段，如美国目前的 5G 商用重点为 28 GHz、39 GHz 等毫米波频段的固定无线接入；另一类是 3.4 ～ 3.8 GHz

高频频段，如我国确定的5G首发频段为3.5 GHz。可见，相比于过去的移动通信系统，5G工作在较高的频段上，因此，5G单小区的覆盖能力较差。即使可以借助大规模MIMO等技术增强覆盖，也无法使5G单小区的覆盖能力达到LTE的同等水平。因此，3GPP扩展了LTE双连接技术，提出了LTE-NR双连接，使5G网络在部署时可以借助现有的4G LTE覆盖。LTE-NR双连接有利于4G向5G的平滑演进，对快速部署和发展5G具有重要意义。

在双连接方案中，物理信道传输与单连接是不同的，当LTE用来传输上行用户面数据时，5G上行仍然有些信息必须在3.5 GHz上同时传输，如RLC的ACK/NACK等反馈信息、上行探测参考信号（SRS）以及物理层的上行控制信道（PUCCH）。评估链路预算表明，5G PUCCH的覆盖明显比数据信道大很多。

双连接允许站间操作，允许5G和LTE连接使用不同站点。在5G早期部署时，5G业务量相对低，所以干扰少，3.5 GHz 5G比1800 MHz LTE的覆盖范围更大，一个5G站点能覆盖多个LTE站点。从图2.15中可以清楚地看到站间双连接带来的5G覆盖提升。

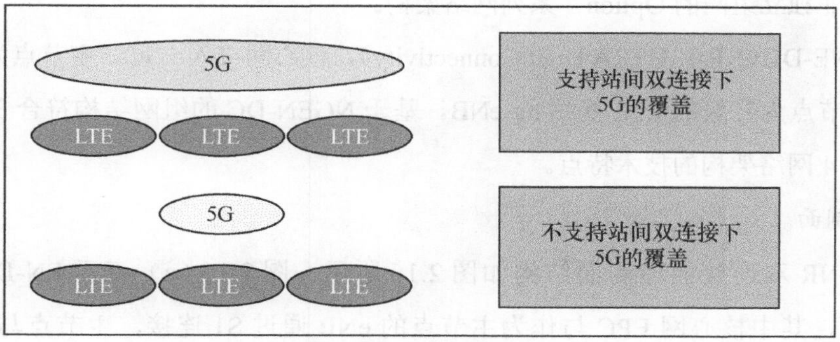

图2.15　站间双连接的好处

3. LTE-NR双连接结构

与LTE双连接不同，LTE-NR双连接涉及4G的E-UTRA和5G的NR两种不同的无线接入技术的互操作。也就是说，在LTE-NR双连接中，UE可同时与一个4G基站（eNB）和一个5G基站（gNB）连接，在4G网络和5G网络的紧密互操作下获得高速率、低时延的无线传输服务。与LTE双连接类似，LTE-NR双连接将作为控制面锚点的基站称为主节点（MN，Master Node），将起辅助作用的基站称为辅节点（SN，Secondary Node）。

根据主节点和辅节点的类型以及连接的核心网的不同，R15 中定义了 3 种 LTE-NR 双连接结构。

（1）EN-DC（E-UTRA-NR Dual Connectivity）。核心网接入 4G EPC，4G 基站 eNB 作为主节点，5G 基站作为辅节点。EN-DC 中作为辅节点的 5G 基站主要为 UE 提供 NR 的控制面和用户面协议终点，但并不与 5G 核心网连接，因此，在 R15 中被称为 e-ngNB。3GPP 提出了多种 5G 网络结构备选方案。其中，除了独立组网的 Option 2 之外，目前最受关注的 3 种非独立组网方案为 Option 3、Option 7 和 Option 4 系列。其中，Option 3 系列网络结构就是在 EN-DC 双连接技术基础上构建的 4G、5G 混合组网网络架构。

（2）NGEN-DC（NG-RAN EUTRA-NR Dual Connectivity）。核心网接入 5GC，但主节点仍然为 4G 基站，5G 基站 gNB 作为辅节点。为了建立 5GC 与 4G 基站之间的连接，需要对 4G eNB 进行升级，称为 ng-eNB，即支持 NG 接口协议的 eNB。NGEN-DC 结构可对应非独立组网的 Option 7 系列网络架构。

（3）NE-DC（NR-E-UTRA Dual Connectivity）。核心网接入 5GC，主节点为 5G 基站 gNB，辅节点为升级的 LTE 基站 ng-eNB。基于 NGEN-DC 的组网结构符合 3GPP 提出的 Option 4 网络架构的技术特点。

● 控制面。

LTE-NR 双连接的控制面结构如图 2.16（a）表示。图 2.16（a）表示 EN-DC 结构下的控制面，其中核心网 EPC 与作为主节点的 eNB 通过 S1 连接，主节点与辅节点以 X2-C 接口连接。图 2.16（b）和图 2.16（c）分别表示 NGEN-DC 和 NE-DC 两种接口下的控制面，其中，5GC 与主节点通过 NG-C 接口连接，主节点与辅节点之间通过 Xn-C 接口连接。可以看出，EN-DC 结构中的控制面协议依然以 LTE 的控制面接口协议为主，而 NGEN-DC 和 NE-DC 由于接入了 5GC，相应的接口协议也采用了 5G 的接口协议。

值得注意的是，与 LTE 双连接不同，LTE-NR 双连接中的 UE 既与主节点的 RRC

连接，又与辅节点的 RRC 连接。辅节点的初始 RRC 信息必须经由 X2-C 或 Xn-C 转发给主节点，再由主节点发送给 UE。一旦建立了辅节点与 UE 之间的 RRC 连接，之后重新建立连接等过程可在辅节点与 UE 之间完成，不再需要主节点的参与。辅节点可独立地配置测量报告、发起切换等，具有较高的自主性。但是，辅节点不能改变 UE 的 RRC 状态，UE 中只维持与主节点一致的 RRC 状态。

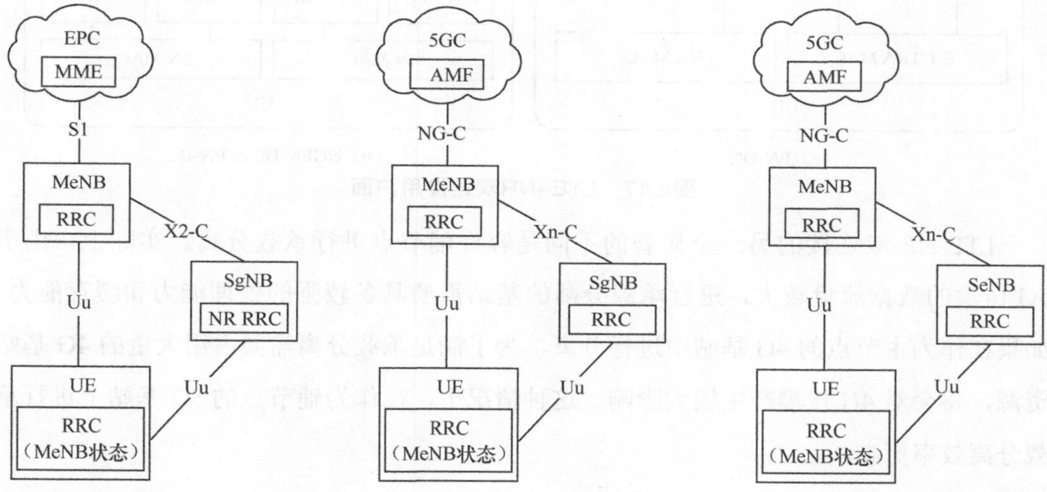

图2.16　LTE−NR双连接控制面示意图

● *用户面*。

与 LTE 双连接相同，LTE-NR 双连接中的数据承载也分为 MCG 承载、SCG 承载和 Split 承载 3 种分离形式。

LTE-NR 双连接用户面与 LTE 双连接相比有两点较大的不同，其一是协议栈不同。如图 2.17 所示，在 LTE-NR 双连接中，除了 EN-DC 结构中的 MCG 承载之外，SCG 承载和 Split 承载以及 NGEN-DC 和 NE-DC 两种结构中的 MCG 承载均在 NR PDCP 子层中分离。另外，由于 NGEN-DC 和 NE-DC 两种结构接入了 5GC，因此，无线侧协议增加了用于 QoS 流与数据承载映射的 SDAP（Service Data Adaptation Protocol）子层，如图 2.17（b）所示。

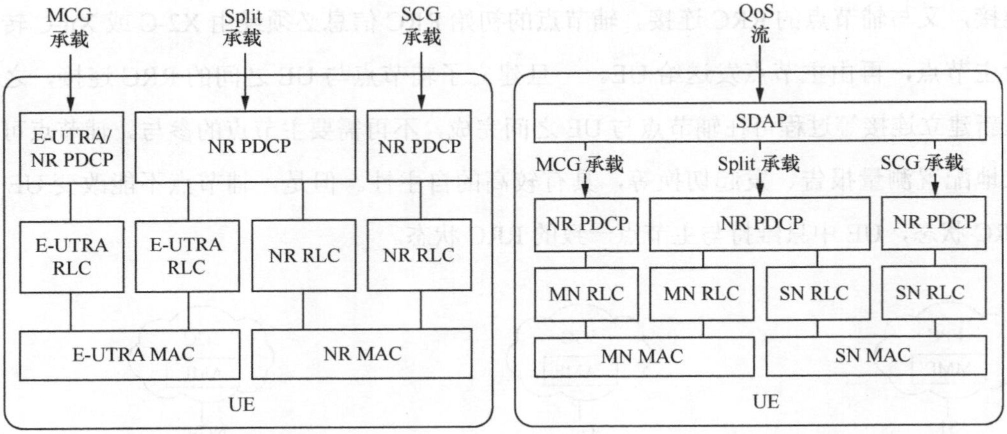

（a）EN-DC （b）NGEN-DC & EN-DC

图2.17 LTE-NR双连接用户面

LTE-NR 双连接的另一个显著的不同是容许辅节点进行承载分离。实际上，由于5G 传输的数据流量较大，进行承载分离的基站需要具备较强的处理能力和缓存能力。如果在作为主节点的 4G 基站中进行分离，为了满足承载分离需要占用大量的 4G 基站资源，将会对 4G 传输产生较大影响。这种情况下，在作为辅节点的 5G 基站上进行承载分离效率更高。

4. LTE/5G 双连接的应用

LTE-NR 双连接技术可在容量、覆盖、效率等多方面为网络带来性能增益，主要体现在以下几个方面。

（1）增强覆盖。LTE-NR 双连接技术中，UE 可同时与 LTE 基站和 5G 基站建立 RRC 连接。在 5G 基站无法覆盖的区域，UE 可通过与 LTE 基站的 RRC 连接保留在网络内，保持连接的连贯性。对于 5G 部署初期网络覆盖水平较差的阶段，LTE-NR 双连接技术带来的覆盖增强对 5G 网络具有重要意义。

（2）提升容量。在双连接用户面数据传输过程中，无论是 1a 结构还是 3c 结构都能够为 UE 带来一定程度的流量增益，进而达到提升覆盖区域网络容量的效果。

（3）负载均衡。在主节点负载过重的情况下，可利用 SCG 承载或 Split 承载将一部分流量负载转移到辅节点上，从而实现负载均衡。在 5G 部署初期，gNB 可作为辅节点为 LTE 分流。但是相比于 5G，LTE 网络的流量负载较小，需要借助 gNB 分流的场景较少。更可能的场景是当 5G NR 覆盖达到一定程度时，作为主节点的 gNB 借助作为辅节点的 eNB 实现负载均衡。

（4）提高切换成功率和效率。5G 的小区间切换继承了 LTE 中使用的硬切换以及 UE 在释放当前 RRC 连接后再建立新的 RRC 连接。LTE-NR 双连接技术中 UE 建立了两个 RRC 连接，因而可以降低硬切换过程中的失败率。另外，由于辅节点可独立进行测量，触发重选，因此，切换的效率比 LTE 双连接更高。

（5）降低小区间干扰。在 LTE-NR 双连接中，由于 LTE 与 5G NR 工作在不同的频段上，因而可借助不同的承载分离方式降低边缘 UE 的小区间同频干扰。

3GPP R14 针对同构网络（Homogeneous Network）和异构网络（Heterogeneous Network）定义了两种典型的 LTE 和 5G NR 部署场景。

图 2.18 是同构网络场景下，LTE 和 5G NR 基站共址并提供相同的重叠覆盖。这种场景下，LTE 和 5G NR 全部是宏基站或全部是小站。

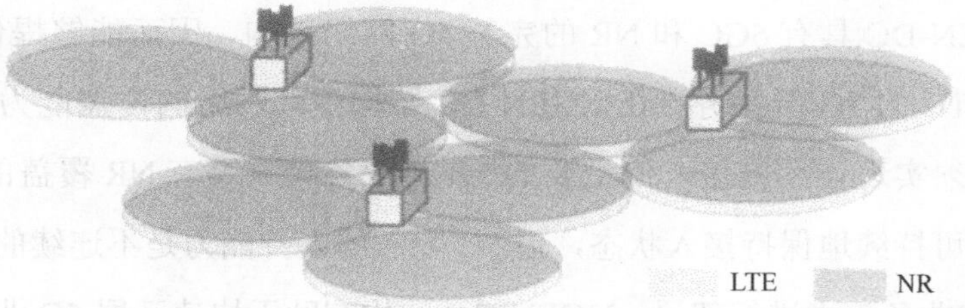

图2.18　LTE和5G NR同构部署场景

图 2.19 是异构网络场景下 LTE 和 5G NR 的部署方案。在这种场景下，宏基站和小站同时混合部署。LTE 可以提供宏覆盖，5G NR 作为小基站进行覆盖和热点容量增强。LTE 宏基站和 5G 小站可以共址，也可以非共址，在共址的情况下，小基站一般是通过长光纤拉远低功率 RRH 来实现。

在这两种部署场景下，都可以通过双连接技术实现 LTE 和 5G 互联，提高整个无线网络系统的资源利用率，降低切换时延，提高用户和系统性能。

EN-DC、NGEN-DC 和 NE-DC 这 3 种结构的 LTE-NR 双连接技术均可带来上述性能增益，但突出的优势各有不同，因此，3 种结构的 LTE-NR 双连接技术适用于不同的应用场景。

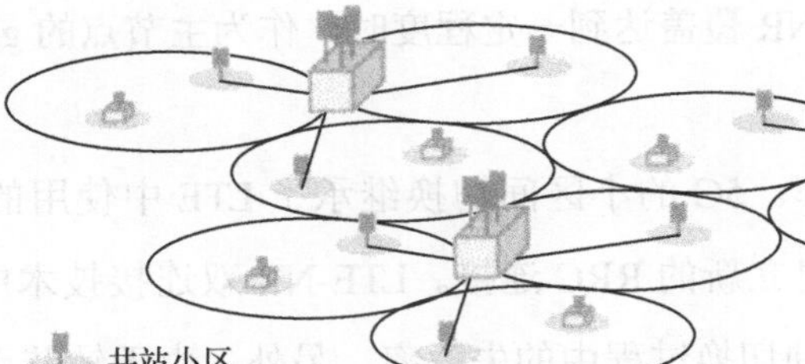

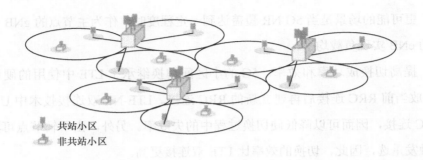

图2.19 LTE和5G NR异构部署场景

（1）EN-DC 结构能够获得一定程度的流量增益，理论上可以为单 UE 提供超出 LTE 峰值速率的高速业务。但受到主节点 eNB 和核心网 EPC 性能的限制，EN-DC 无法支持 5G 新业务。EN-DC 可用在对 5G NR 相关技术进行测试的场景中，或应用于某些需要较高速率的小范围。EN-DC 对现网影响较小，无须建设 5GC，只需要根据需求少量建设 5G gNB。但 EN-DC 适用范围和经济效益有限，不适于大规模应用。

（2）NGEN-DC 具有 5GC 和 NR 的完整 5G 网络结构，因而能够提供包括 eMBB、uRLLC、mMTC 的 5G 新业务。在 NGEN-DC 结构中，网络的覆盖能力主要依靠 LTE 网络，NR 无须实现连续覆盖，但主要的 5G 新业务只在具有 NR 覆盖的范围内实现。虽然 5G 用户可持续地保持接入状态，但 5G 业务的支持能力是不连续的。实际应用中须针对具体的业务需求进行部署。NGEN-DC 结构有助于快速开展 5G 业务应用，适用于 5G 小规模商用阶段。NGEN-DC 结构须建设 5GC，可根据应用需求进行 NR 部署，同时需要对 eNB 进行升级。在实现连续覆盖时，虽然 NR 建设成本相对较低，但 eNB 升级的成本非常高。此外，当 5G NR 发展相对成熟时，为了向独立组网的 5G 网络演进，需要进行大量的割接等工作。因此，虽然可基于 NGEN-DC 技术快速实现 5G 的连续覆盖，但这种结构不适合大规模商用。

（3）NE-DC 同样具有完整的 5G 网络结构，可支持多样的 5G 新业务。在 NE-DC 结构中，eNB 作为辅节点可扩展 NR 的覆盖范围、帮助填补盲点，但需要 NR 基本实现连续覆盖。EN-DC 适用于大规模 5G 商用阶段。甚至在 5G 独立组网能够满足覆盖需求的情况下，EN-DC 也为 5G 网络提供负载均衡、干扰协调等功能。EN-DC 适用于 5G

网络建设较为成熟的阶段，需要 5GC 的建设和大规模的 NR 覆盖。但相比于 NGEN-DC，eNB 设备升级的成本较低，并且无须后续的割接等工作。

2.2.4　网络切片技术

1. 切片的概念

什么是网络切片？最简单的理解，就是将一个物理网络逻辑上切割成多个虚拟的端到端的网络，每个虚拟网络之间，包括网络内的业务平台、核心网、承载网、传送网、接入网、终端以及相关 IT 系统，都是逻辑独立、相互隔离的，任何一个虚拟网络发生故障都不会影响到其他虚拟网络。

一个 5G 网络切片是一组网络功能、运行这些网络功能的资源以及这些网络功能特定的配置所组成的集合，这些网络功能及其相应的配置形成一个完整的逻辑网络。这个逻辑网络包含满足特定业务所需要的网络特征，为此特定的业务场景提供相应的网络服务。

不同的应用场景在网络功能、系统性能、安全、用户体验等方面有不同的需求，如果使用同一个网络提供服务，必然会导致这个网络十分复杂，并且无法满足应用所需要的极限性能要求，同时也导致网络运维变得相当复杂，增加网络运营的成本。相反地，如果按照不同业务场景的不同需求，为其部署专有的网络来提供服务，这个网络只包含这个类型的应用场景所需要的功能，那么服务的效率将大大提高，应用场景所需要的网络性能也能够得到保障，网络的运维变得简单，投资及运维成本均可降低。这个专有的网络即一个 5G 切片实例。

（1）网络切片（Network Slice）：针对业务差异化、多租户需求提供的一类解决方案技术的统称，旨在通过功能、性能、隔离和运维等多方面的灵活设计，使运营商能够基于垂直行业的需求创建定制化的专用网络。

（2）网络切片实例（Network Slice Instance）：是端到端的逻辑网络，由一组网络功能、资源及连接关系构成的集合，包括接入网、核心网、承载传输网、第三方应用及公有云等多个技术领域。网络切片实例是网络运营意义上的逻辑概念。

（3）网络切片类型（Network Slice Type）：用于区分网络技术的典型差异化特征。

5G 网络定义了 4 种基础的网络切片类型，分别是 eMBB、mMTC、uRLLC 和 V2X。除此之外，切片类型可以进行扩展，适配于不同的业务需求。

（4）网络切片模板（Network Slice Template）：指网络切片实例化可以使用的模板，模板是切片设计阶段的输出。

（5）租户（Tenant）：运营商的客户（如垂直行业客户）或运营商自身，是切片实例的租用者。租户通过网络切片向终端用户提供性能可保证的第三方业务。部分租户有独立的运维诉求。

网络切片不是一个单独的技术，它是在 SDN、NFV 和云计算等几大技术之上，通过上层的统一编排和协同实现一张通用的物理网络能够同时支持多个逻辑网络的功能。

网络切片利用 NFV 技术，将 5G 网络的物理资源根据业务场景需求虚拟化为多个平行的、相互隔离的逻辑网络。网络切片利用 SDN 技术，定义网络功能，包括速率、覆盖率、容量、QoS、安全性、可靠性、时延等。

2. 切片的特点

多元化的业务场景对 5G 网络提出了多元化的功能要求和性能要求，网络切片针对不同的业务场景提供量身定制的网络功能和网络性能保证，实现了“按需组网”的目标，具体而言，网络切片具有如下特点。

（1）安全性：通过网络切片可以将不同切片占用的网络资源隔离开，每个切片的过载、拥塞、配置的调整不影响其他切片，提高了网络的安全性和可靠性，也增强了网络的健壮性。

（2）动态性：针对用户临时提出的某种业务需求，网络切片可以动态分配资源，满足用户的动态需求。

（3）弹性：针对用户数量和业务需求可能出现的动态变化，网络切片可以弹性和灵活的扩展，比如可以将多个网络切片进行融合和重构，以便更灵活地满足用户动态的业务需求。

（4）最优化：根据不同的业务场景，对所需的网络功能进行不同的定制化裁剪和灵活组网，实现业务流程最优化、数据路由最优化。

3. 网络切片的整体架构

垂直行业提供各种类型的可保证的网络连接服务，是端到端网络切片整体架构设计的目标。网络切片可基于传统的专有硬件构建，也可基于 NFV/SDN 的通用基础设施构建。为了实现低成本高效运营，应尽可能采用统一的基础架构。网络切片的整体架构由基础设施层、网络切片管理层及网络切片层（运行在基础设施之上的网络切片实例）组成，如图 2.20 所示。其中，基础设施层为网络切片提供所需的资源和基础能力；网络切片层基于基础设施层，聚合所需要的网络功能形成端到端的逻辑网络（网络切片实例）；网络切片管理层负责网络切片生命周期的管理，保障网络切片实例可满足垂直行业提出的业务性能相关的指标。

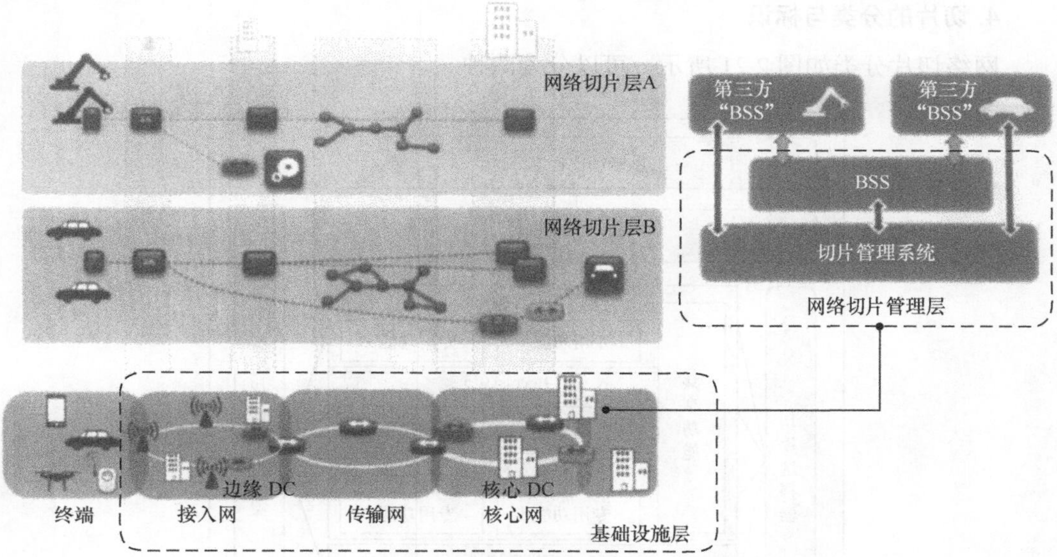

图2.20　网络切片整体架构

网络切片整体架构有如下主要特点。

（1）共用基础设施。通过共用基础设施来支持多种垂直行业，将可以取得更高的资源效率、加速服务上线时间、拥有长期而有效的技术演进和支持，以及开放的生态系统。

（2）按需定制。网络各子域具备灵活可定制的能力，通过切片管理系统协同工作，实现客户化定制的网络切片的设计、部署和运维。为了达到商业适用性与架构复杂度之间的平衡，各域可以在功能场景、设计方案上独立进行裁剪。

（3）隔离性。整体架构支持网络切片实例间的隔离，包括资源隔离、运维隔离和安全隔离。实现方法包括物理隔离和不同层次的逻辑隔离。

（4）可保证服务。网络切片将打通各域来实现端到端SLA保证，达到行业标准定义的5G性能规格，使能垂直行业需求。

（5）可伸缩。在同一基础设施上，网络切片可使能多个逻辑网络共存。基于虚拟化技术，切片占用的资源可基于业务负载情况动态变化。再加上有效的资源整体编排，可以提升资源的使用效率，例如，某个mMTC类型切片实例将部分资源释放给eMBB类型切片实例使用。

4. 切片的分类与标识

网络切片分类如图2.21所示，可以分为两种。

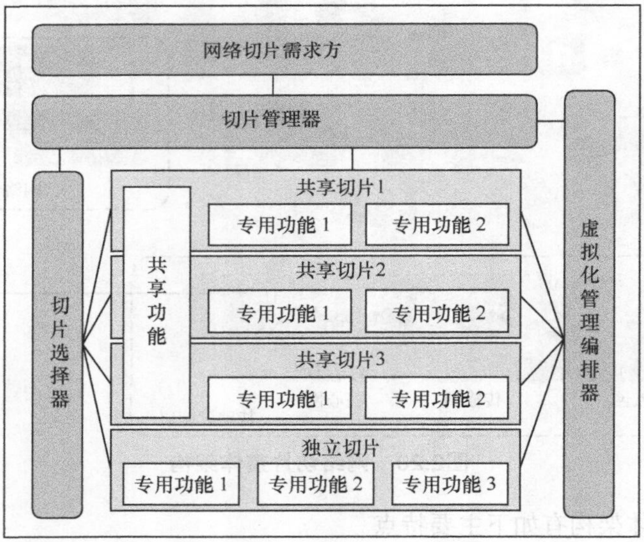

图2.21　切片分类示意图

（1）独立切片：每个切片控制面和用户面完全独立，为特定用户提供端到端的独立的专网服务或部分特定功能服务。独立切片隔离性好。

（2）共享切片：可供各独立切片共同使用的切片，提供的功能可以是端到端的，也可以只提供部分共享功能。

在3GPP TR 23.799中，根据网络切片控制面功能的共享情况，网络切片可以有3

种不同的组网架构，如图 2.22 所示。

（1）Group A：完全不共享。每个切片完全独立，分别拥有各自完整的控制面与用户面功能实体。此架构的切片隔离性好，但用户在同一时间只能接入一个网络切片。

（2）Group B：控制面功能部分共享。部分控制面功能（如移动性管理、鉴权功能）在切片间共享，其余的控制面功能（如会话管理）与用户面功能则是各切片专用的。此架构支持用户在同一时间接入控制面功能部分共享的多个网络切片。

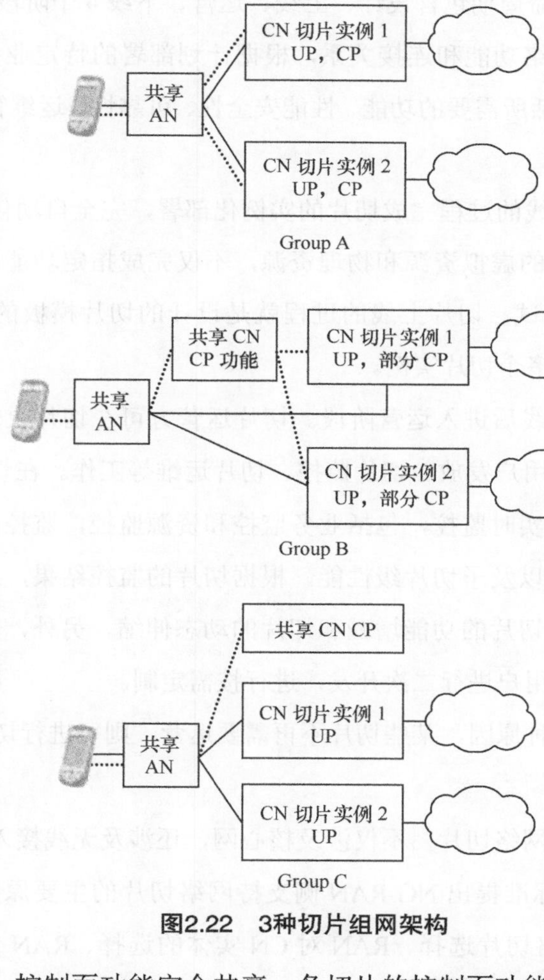

图2.22　3种切片组网架构

（3）Group C：控制面功能完全共享。各切片的控制面功能完全共享，只有用户面功能是各切片专用的。此架构的隔离性最差，只在用户面实现了隔离，此架构也支持用户在同一时间接入控制面功能完全共享的多个网络切片。

网络切片标识是网络切片技术中最重要的参数。单一网络切片选择辅助信息（S-NSSAI，Single Network Slice Selection Assistance Information）唯一标识一个网络切片，而 NSSAI 是 S-NSSAI 的集合，标识一组网络切片。NSSAI 在切片选择过程中起到很重要的作用，根据其存储位置及作用的不同，NSSAI 可以分为很多种。

5. 切片的全生命周期管理

一个网络切片的生命周期包含设计、上线、运营、下线 4 个阶段。

（1）设计。定义网络功能和连接关系，根据计划部署的特定业务的特点，在切片上选择相应的功能，包括所需要的功能、性能安全性、可靠性、运维管理、业务体验等，完成切片模板初始化。

（2）上线。切片上线的过程完成切片的实例化部署，完全自动化，无须人工干预。系统为切片选择最适合的虚拟资源和物理资源，不仅完成指定功能的部署及配置，还能完成切片的连通性测试。切片上线的过程就是设计的切片模板的一个实例化过程，一个切片模板可以生成多个切片实例。

（3）运营。切片上线后进入运营阶段。切片运营方可在切片上部署自己制订的切片运营策略，完成切片用户发放、切片监控、切片运维等工作。在切片运行的过程中，切片运营方对切片进行实时监控，包括业务监控和资源监控，监控的颗粒度可以是系统级性能、切片级性能以及子切片级性能。根据切片的监控结果，运营方可及时做出相应的策略调整，比如切片的功能增减和切片的动态伸缩。另外，网络侧也可提供开放的运维接口给不同的用户进行二次开发，进行按需定制。

（4）下线。因为种种原因，某些切片不再需要运营，则可进行切片下线。

6. 无线网络切片

为了实现端到端的网络切片，不仅涉及核心网，还涉及无线接入网（RAN）、传输网和终端。3GPP R15 标准提出 NG-RAN 侧支持网络切片的主要原则和要求，包括切片的感知、RAN 侧网络切片选择、RAN 对 CN 实体的选择、RAN 侧支持切片间的资源隔离和切片的资源管理、切片对 QoS 支持、切片的粒度、UE 对多切片的支持和 UE 的切片准入验证。

RAN 的网络切片研究最早出现在 5G 研究报告 3GPP TR 38.801、3GPP TR 38.804 中，对 RAN 实现网络切片的关键原则和需求进行了阐述，后续标准 3GPP TS 38.300 继承了主要结论，对应 5G 的 RAN 支持的网络切片的原则和要求具体如下。

（1）RAN 对切片的感知。NG-RAN 支持为已预配置的不同网络切片提供差异化的处理能力。

（2）RAN 侧网络切片的选择。NG-RAN 通过 UE 提供的辅助信息或通过 5GC 在 PLMN 中明确提前定义的一个或多个网络切片的选择，来实现 RAN 侧的网络切片选择。

（3）切片间的资源管理。NG-RAN 支持根据不同切片间的服务级别协议（SLA，Service Level Agreement）执行相应的资源管理策略。单个 NG-RAN 节点具备支持多个切片的能力。NG-RAN 应该能够自由地针对不同的服务等级协议应用最优的 RRM（无线资源管理）策略。

（4）QoS 支持能力。NG-RAN 在一个切片内支持不同的 QoS。

（5）RAN 对 CN 实体选择。对于初始接入，UE 需要提供辅助信息以支持 AMF 的选择。如果可能，则 NG-RAN 通过这个信息来获得初始的 NAS 到 AMF 的路由；如果 UE 没有提供辅助信息，则 NG-RAN 将 NAS 消息路由到默认的 AMF。对于后续的接入，UE 提供临时 ID（如 5G-S-TMSI）。这个 ID 由 SGC 分配给 UE 用于 NG-RAN 将 NAS 消息路由到合适的 AMF；否则，采用上述初始接入的方法。

（6）切片间资源隔离。NG-RAN 支持不同切片间的资源隔离，NG-RAN 资源隔离可以通过 RRM 策略和相应的保护机制来保障，在某个切片共享资源紧缺时不破坏其他切片的服务等级。NG-RAN 可为一个确定的切片分配所有资源。NG-RAN 如何支持资源隔离取决于具体实现。

（7）切片可用性。某些切片可能只在网络局部可用。NG-RAN 支持由 OAM 配置 S-NSSAI。假设 UE 在注册区域内切片的可用性不变，小区感知其邻区所支持的切片，有利于连接态的异频移动性。在指定区域内，与一个业务请求相关的切片是否可用，由 NG-RAN 和 5GC 负责判断并做相应处理。一个切片接入的准入和拒绝取决于多方面的因素，例如，NG-RAN 是否支持相应切片、资源是否可用、是否支持相应的业务等。

（8）支持UE与多个网络切片同时关联。在UE同时关联多个网络切片时，只能存在一个信令连接。对同频小区重选，UE总是尝试驻留在最佳小区；对异频小区重选，可以用专用优先级控制UE驻留的频率。

（9）切片感知的粒度。在所有包含PDU会话资源信息的信令中，会指示与PDU会话相关的S-NSSAI，NG-RAN的切片感知为PDU会话级别。

（10）UE接入网络切片的准入验证。5GC负责认证UE是否具有接入网络切片的权限。在接收到初始上下文建立请求消息之前，NG-RAN可以基于UE请求的切片执行一些临时或本地策略。在初始上下文建立的过程中，网络切片所需资源请求将通知NG-RAN。

7. 智能网络切片

网络切片的引入给网络带来了极大的灵活性，主要体现在切片可按需定制、实时部署、动态保障。为了实现这些功能，需要引入专门的管理网元来实现切片实例的全生命周期管理，因此，又给网络带来管理和运维的复杂性，使运营商面对一个高度复杂的移动通信网络。如果网络切片的自动化程度不够，网络切片无法根据用户的特殊需求进行切片定制，运营商通过网络切片进行业务创新就会受限。

当前，业界主要标准组织均有将网络切片和智能化相结合的研究。

（1）标准化组织。

3GPP在全新的5G核心网架构中引入网络数据分析功能（NWDAF，Network Data Analytics Function），用于收集、分析网络数据以及向其他网络功能提供分析结果信息。针对智能切片，NWDAF分析得到切片中某个业务的用户业务体验（包括业务级平均业务体验、切片中针对某个业务的用户级业务体验），并将该信息反馈给切片管理系统，以便切片管理系统调整各个域的切片资源配置。

ETSI成立了ENI和ZSM两个工作组，分别研究切片智能化和切片自动化。ENI工作组致力于利用AI等技术实现智能业务部署、智能策略控制、智能资源管理、智能监控与智能分析预测等功能，解决网络SDN/NFV化、网络切片化后引入的复杂度问题，改善运营商网络部署和运营的体验。ZSM工作组将定义一个新的面向未来的端到端架构以满足未来网络和服务需要的灵活、高效、定性管理和自动化需求，目标是所有操作过程和任务（如发布、配置、保障、优化）100% 自动化。

ITU-T 的第 13 研究组（SG 13）主要研究未来网络、云计算和可信网络架构，成立了未来网络机器学习（ML5G，Machine Learning for Future Network）焦点组，主要研究未来网络的机器学习技术，当前已输出了统一的逻辑架构。该架构与 3GPP SA2 定义的 NWDAF 的数据收集、分析、反馈模型类似。

中国通信标准化协会（CCSA）TC5 的 5G 核心网智能切片的应用研究课题正在研究阶段，重点关注核心网切片的智能化。

（2）智能网络切片架构及流程。

结合主要标准组织关于网络切片智能化的研究现状，提出了智能切片的整体架构和业务流程，重点关注数据分析在智能切片中的作用，智能切片总体架构如图 2.23 所示。

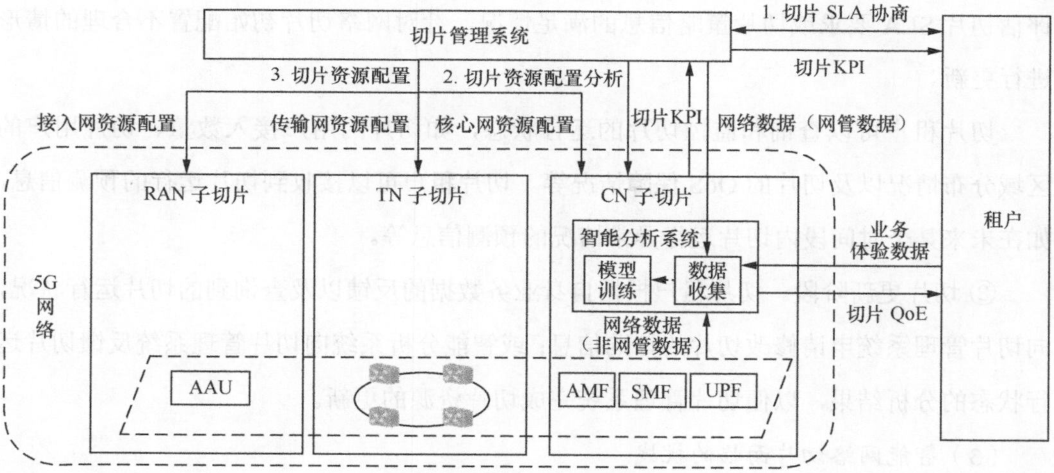

图2.23　智能切片总体架构

智能切片总体架构包括租户（运营商自身业务或第三方业务）、切片管理系统（包括网管和其他管理系统）以及包含智能分析系统的 5G 网络。智能分析系统作为桥接运营商网络与切片租户的媒介，借助于成熟的人工智能或机器学习技术，可以实现网络切片的体验评估、网络切片的资源配置优化等能力。

切片在创建、运行和更新阶段均需要切片管理系统和智能分析系统交互，以便确定资源配置信息或获取切片运行动态情况以确定是否进行资源调整。切片状态变迁和切片管理系统、智能分析系统间的交互如图 2.24 所示。

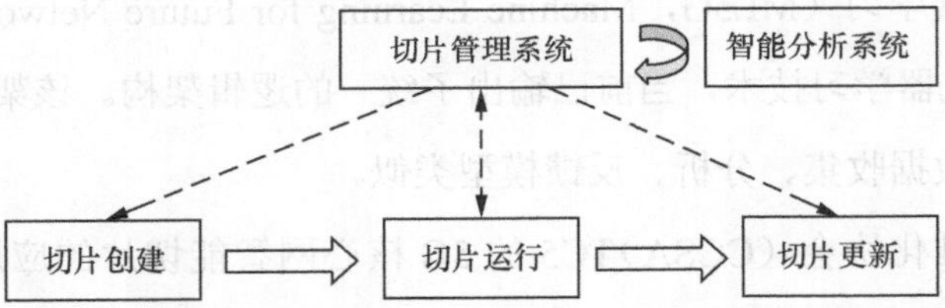

图2.24 切片状态变迁和切片管理系统、智能分析系统间的交互

① 切片创建阶段。租户根据自身的业务需求与运营商进行切片的 SLA 协商，并且向切片管理系统订购切片。切片管理系统和智能分析系统交互确定切片的资源配置信息，以便完成 5G 网络切片的创建。

② 切片运行阶段。借助智能分析系统以及海量网络切片数据，切片管理系统可以评估切片 SLA 要求或切片策略信息的满足情况，针对网络切片初始配置不合理的情形进行更新。

切片租户可以查询和监控切片的运行状态，如切片的用户接入数量、切片用户的区域分布情况以及切片的 QoS 保障情况等。切片租户可以接收到切片运行的预测信息，如在未来某个时间段内切片运行异常情况的预测信息等。

③ 切片更新阶段。切片租户根据自身业务数据的反馈以及查询到的切片运行状况，向切片管理系统申请修改切片的订购信息；或智能分析系统向切片管理系统反馈切片运行状态的分析结果，以便切片管理系统完成切片资源的更新。

（3）智能网络切片面临的挑战。

RAN 侧。从切片管理的角度看，资源隔离是网络切片的重要特性，虽然无线资源可以通过资源独占的方式实现完全隔离，然而考虑到无线资源受频率、用户业务分布与密度，以及资源利用效率、网络管理复杂度等因素的影响，须结合切片的业务体验，以动态调度的方式让不同的切片共享无线资源以实现资源的最优化。因此，同时保证隔离性与高效的资源利用效率是 RAN 侧实现切片的首要挑战。

传输侧。ITU-T SG 15 未对传送网切片进行定义，使用虚拟网络（VN，Virtual

Network）向客户呈现传输网资源，3GPP 管理系统将通过接口接入控制器的用户上下文来与传送网管理者进行协作。

3GPP SA5 从管理的角度对网络切片的信息模型和服务进行了定义，并明确指出需要和传送网管理者进行交互，体现在不同的切片管控流程中。与传送网管理系统交互的架构包括两种方式：一种是直接与传送网管控系统进行交互；另一种是通过 ETSI MANO 来与传送网管控系统进行交互。

AI 平台和分析系统。基于人工智能来增强切片自动化的能力是发展趋势。当前标准中已定义一些网络数据分析功能，如核心网的 NWDAF，可理解为 AI 分析系统的一个智能分析模块，为网络切片的优化部署及用户体验保障进行协同处理。但如何将 AI 分析有效地引入智能切片仍需要进一步分析。目前，针对智能化的网络应用仍停留在理论分析层面，缺乏实际应用验证，只有充分的测试和验证的经验积累，才能真正使人工智能更好地应用在智能切片领域。

切片智能部署。端到端网络切片部署是由切片管理系统将切片租户需求分解为无线、传输、核心网各域的网络配置参数。由于网络配置参数包含 QoS 参数、容量参数、业务参数等众多内容，因此，如何合理分解配置参数将直接影响切片能否满足切片租户的需求。

在切片部署中引入智能化分析，基于大数据分析和人工智能特征挖掘技术，根据切片模板信息和实际关联的云网资源信息以及配置参数等上下文参数，结合无线、传输、核心网等切片实例 SLA 测量数据进行分析，给出最合理的无线、传输、核心网子切片模型以及部署资源需求和配置参数推荐，能最大化匹配客户需求和提升网络资源使用效率。

8. 网络切片在垂直行业的用例

垂直行业对连接和通信的需求可以分为三大类，包括网络性能需求、功能性需求和运营性需求。网络切片使运营商以更灵活高效的方式满足垂直行业用户的多样性需求。

网络性能需求包括时延需求、数据速率需求（上行和下行）、可用性和适应性需求、可靠性需求以及覆盖需求。

（1）车联网。

5G提供的严格的低时延、高可靠传输可以将车辆通信带入下一个更高的等级，例如，从辅助驾驶到协作自动化驾驶。车联网是5G考虑的重要垂直行业场景之一。车联网可能同时存在如下3类业务需求。

① 车载娱乐服务：属于eMBB业务，下载地图或者为车内乘客提供eMBB服务等。

② 辅助驾驶服务：属于有一定时延和可靠性要求的uRLLC业务，如高清动态地图服务（包含环境感知和实时预警）等。

③ 自动驾驶服务：对网络性能要求苛刻，为超低时延、超高可靠性的uRLLC类型业务。

（2）视频及泛娱乐应用。

超高清视频的画面帧率、抽样比、压缩比、码率均会影响到用户的体验，包括色彩丰富性和画面生动性等。泛娱乐应用包括VR/AR业务、个人视频制作业务和云游戏业务等。云VR将大量数据和计算密集型任务转移到云端，利用5G超高带宽高速传输能力解决VR/AR渲染能力不足、互动体验不强和终端移动性差等问题。主播、秀场等个人视频制作业务对网络上行带宽、时延、编码和压缩等有很高的要求，其中上行带宽、时延以及计算能力均会影响到用户的体验。利用5G超高带宽传输、低时延、高并发能力（分拆多路上传）来满足用户高质量要求，利用5G MEC能力解决商用级别码流高效合并压缩、远端及时处理、降低成本和制作方法的局限性等问题。

（3）智慧城市。

智慧城市的业务种类繁多、需求多样，分为市政、环保、交通和应急管理等。这些业务的通信场景分为高清视频监控、高精度定位追踪、语音/视频通话、无人机安防远程实时操控和机器人自动巡逻等。这些业务场景对5G网络在带宽、时延、定位精度和隔离性支持方面提出了要求。

（4）智慧工厂。

受到IoT、工业自动化和云技术等的影响，制造业进入数字化转型的进程中。不同于其他自动化行业，制造工业中的商家通常同时具备其生态环境中多种不同的商业角色。一方面，它们可能是外部客户的供应商，提供机器模具、技术方案等；另一方面，它们也是其他解决方案的使用者，如数字化平台。尤其是对于工业机器控制等应用，工业园区内的通信通常是受限的。制造工业厂商使用的可能是私有的网络和云资源。

智慧工厂中的重要应用是工业互联网。工业互联网可帮助工厂实现工厂内（生产线、车间、工厂级）和工厂外的机器代人、机电分离、以移代固等业务需求。这些业务需求对 5G 网络在带宽、时延、可靠性和移动性支持方面提出了要求。

2.2.5　多接入边缘计算（MEC）技术

1. 边缘计算定义及参考架构

根据 IDC 的统计数据，2020 年将有超过 500 亿的终端与设备联入网络；2018 年有 50% 的网络面临网络带宽的限制；40% 的数据需要在网络边缘侧分析、处理与存储，这一比例到 2025 年预计增长到 50%。

近年来视频类业务蓬勃发展，全球视频流量从 2012 年每月 13483 PB 增长到 2017 年每月 46237 PB，增长接近 2.5 倍。5G 商用后，网络速率的提升将进一步刺激视频流量增长。根据思科的预测，从 2016 年到 2021 年，移动视频将增长 8.7 倍，在移动应用类别中享有最高的增长率，到 2021 年，移动视频将占总移动流量的 78%。

5G 网络除了满足人与人之间的连接需求外，还需要满足人与物、物与物之间的通信需要。4G 网络近 100 ms 的网络时延已无法满足车联网、工业控制、AR/VR 等业务场景需求；5G 网络需要更低的处理时延和更高的处理能力。

随着物联网、视频业务、垂直行业应用的快速发展，集中式的数据存储、处理模式将面临瓶颈和压力，现有网络架构将对回传带宽造成巨大压力，同时恶化网络指标，影响用户体验；此时需要在靠近数据产生的网络边缘提供数据处理的能力和服务。

边缘计算源于欧洲电信标准化协会（ETSI），是指在距离用户移动终端最近的 RAN（无线接入网）中提供 IT 服务环境以及云计算能力，旨在进一步减小时延、提高网络运营效率、提高业务分发 / 传送能力、优化 / 改善终端用户体验。随着业务的发展和研究的推进，边缘计算的定义得到了进一步扩充，接入范围也囊括了诸如蓝牙、Wi-Fi 等非 3GPP 场景。

ETSI 于 2014 年 9 月成立了移动 / 多接入边缘计算（MEC，Mobile/Multi-Access Edge Computing）工作组，针对 MEC 技术的服务场景、技术要求、框架以及参考架构等展开深入研究。根据ETSI的定义，MEC技术主要是指通过在无线接入侧部署通用服务器，从而为无线接入网提供IT和云计算的能力。即MEC技术使传统无线接入网具备了业务本地化、近距离部署的条件，无线接入网由此具备低时延、高带宽的传输能力，有效缓解了未来移动网络对于传输带宽以及时延的要求。除此之外，由于MEC靠近无线网络及用户本身，更易于实现对网络上下文信息（位置、网络负荷、无线资源利用率等）的感知和利用，并通过开放给第三方业务提供商，从而可以有效改善用户的业务体验，促进网络和业务的深度融合。目前，MEC概念已经从立项初期针对3GPP移动网络为目标，扩展至对非3GPP网络（Wi-Fi、有线网络等）的支持，其名称也从移动边缘计算修改为多接入边缘计算。

按照边缘计算产业联盟的定义，边缘计算是指在靠近物或数据源头的网络边缘侧，融合网络、计算、存储、应用核心能力的分布式开放平台，就近提供边缘智能服务，满足行业数字化在敏捷连接、实时业务、数据优化、应用智能、安全与隐私保护等方面的关键需求。通俗地说，边缘计算将云端的计算存储能力下沉到网络边缘，用分布式的存储与计算在本地直接处理或解决特定的业务问题，以满足新业务对网络高带宽、低时延的性能要求。

除此之外，IMT 2020（5G）推进组、3GPP、CCSA等国内外研究及标准推进组织也开展了MEC的研究推进工作。其中，3GPP已经完成的下一代网络架构研究项目（TR 23.799）以及正在制订的5G系统架构标准（TS 23.501）均将MEC作为5G网络架构的主要目标予以支持。同时，CCSA也于2017年8月开始了“5G边缘计算核心网关键技术研究”以及“5G边缘计算平台能力开放技术研究”课题的立项工作。

边缘计算的参考架构如图2.25所示，边缘计算宏观上分为网络、边缘计算业务平台、边缘网管系统3层。

除了基本定义及标准架构外，边缘计算规范组还完成了一系列标准的制订，包括边缘计算应用的编排与管理、业务使能API以及用户底层网络信息和网络能力开放的服务应用程序可编程接口（API）。

采用通用硬件平台的边缘计算参考架构可以满足多个第三方应用及功能平台部署，将软件功能按照不同能力属性分层解耦部署，在有限的资源下实现可靠、灵活和高性能。

边缘计算平台通过中间件为边缘应用提供服务，主要的中间件有通信服务、注册服务、无线网络信息服务、流量卸载功能。

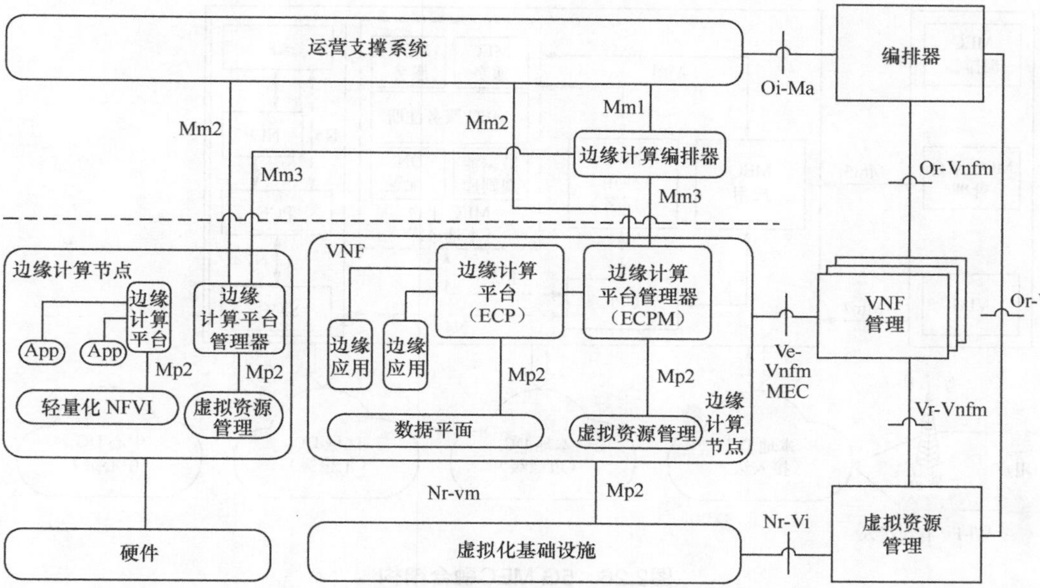

图2.25 边缘计算的参考架构

2. 5G MEC 融合架构

MEC 使运营商和第三方业务可以部署在靠近用户附着接入点的位置，通过降低时延和负载来实现高效的业务分发。3GPP 定义了 5G 网络支持边缘计算的功能，图 2.26 为 5G MEC 融合架构。

其中，5G MEC 平台根据其平台应用相关信息 [应用标识、IP 地址＋ Port（端口）、数据流规律规则等] 通过 5G 控制面应用功能（AF）直接或间接地传递给策略控制功能单元（PCF），从而影响会话管理功能单元（SMF）进行用户面功能单元（UPF）的选择 / 重选以及数据分组会话（PDU）的建立。具体包括根据用户 / 应用所在位置、本地接入网络标识（LADN）等信息选择边缘的 UPF，以及在一个 PDU 会话的场景下选择合适的边缘 UPF 并根据预先配置的分流策略进行数据分流（包括上行流量分类 UL-CL 以及 IPv6 多归属分流方案等），从而满足 UPF 分布式下沉部署、灵活路由的需求，将业务数据流根据需求转发至本地网络或 MEC 主机。同时，MEC 平台也可以作为本地

AF，在一定规则约束下将本地数据流过滤规则直接下发至 UPF，进行 UPF 数据流转发以及数据流过滤规则的配置。

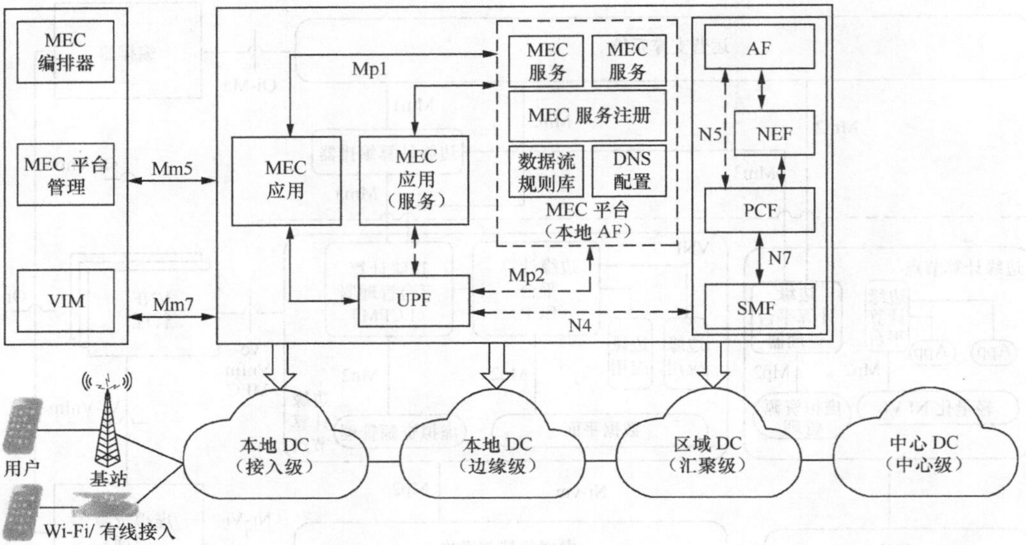

图2.26　5G MEC融合架构

5G 网络对 MEC 的支持包括以下几个方面。

（1）流量识别和本地分流：5G 核心网识别本地流量，选择 UPF，并将用户流量路由到本地数据网。

（2）会话和业务连续性：在用户或 AF 发生移动或迁移时保持业务和会话的连续性。

（3）用户面选择和重选：根据 AF 的要求或其他策略实施用户面的选择或重选。

（4）网络能力开放：5G 核心网和 AF 通过 NEF 进行交互，实现对网络功能的调用。

（5）QoS 和计费：PCF 为本地流量提供 QoS 控制和计费规则。

3. 边缘计算在 5G 中的应用

（1）应用场景。

ETSI 给出了边缘计算的 7 类应用场景：智能移动视频加速（开放无线网络信息，支持应用层和网络层的跨层联合优化视频等数据传输）、监控视频流分析（对监控视频在边缘进行智能分析，降低大规模传输到中心云的网络带宽）、AR（开放网络定位能力，给 AR 处理提供实时辅助信息和缓存等）、密集计算辅助（将计算从终端卸载到边缘云端，并提供低时延支持网络游戏、环境传感器、某些安全应用）、企业专网应用（如将用户面流量分流到企业网络）、车联网（从车及道路传感器实时接收数据进行分析，并将结果以极低时延发送给相关车辆及设备）、IoT 网关服务（工业物联网在边缘聚合、分析物联设备，采集上报大量物联网数据，并及时产生本地决策）。结合 5G 网络的边缘计算能够满足更多的业务需求，智慧城市、工业互联网、企业园区网络、物联网和车联网等多个场景对 5G 边缘计算都提出了关键能力诉求。

（2）边缘计算目标。

移动边缘计算与 5G 云计算互相协同，可以就近提供移动智能互联网服务，其目标具体可概括如下。

① 构建网络边缘生态：包括边缘云计算环境和网络能力开放平台。

② 提升网络利用率：通过对高带宽业务的本地分流，减少对核心网络及骨干传输网络的占用。

③ 助力运营商转型：通过内容与计算能力的下沉，支撑时延敏感型业务以及大计算和高处理能力需求的业务，促使运营商从连接管道转向信息化服务使能平台。

边缘计算的技术特征主要体现在有效的业务分发、降低业务时延、提高可靠性、有效降低网络回传带宽方面，其主要的应用场景包括面向用户的业务应用，如手机游戏、虚拟现实；面向行业的业务应用，如工业互联网、车联网和低功耗大连接的物联网，如智能交通、智慧抄表、物流、自动驾驶等。

（3）常见的部署模式和建设主体。

行业需求的差异化造成对于“边缘”理解的不同，产生了两种典型的边缘计算部署模式。一种是将算力直接部署在现场终端侧，最大限度发挥边缘计算的优势；另一种则是将边缘计算平台部署在终端附近的网络侧，一个平台负责一片区域内的业务需求（如图 2.27 所示）。第一种部署模式的典型场景是工业操作领域，设备仅需要处理简单数据，不需要复杂运算，但由于对加工精度有比较高的要求，对时间延迟十分敏感，在这种情况下，企业通常采用现场设备智能化升级的方案，通过在现场设备中部署计算能力来应对业务需求；第二种部署模式的典型场景是自动驾驶，汽车在行驶中需要根据周围复杂环境信息实时运算得出下一步驾驶指令，由于汽车驾驶过程产生的数据量巨大，所需要的复杂运算只有专业的服务器才能满足，因此，需要借助网络将运算迁移到附近的边缘计算平台上进行。

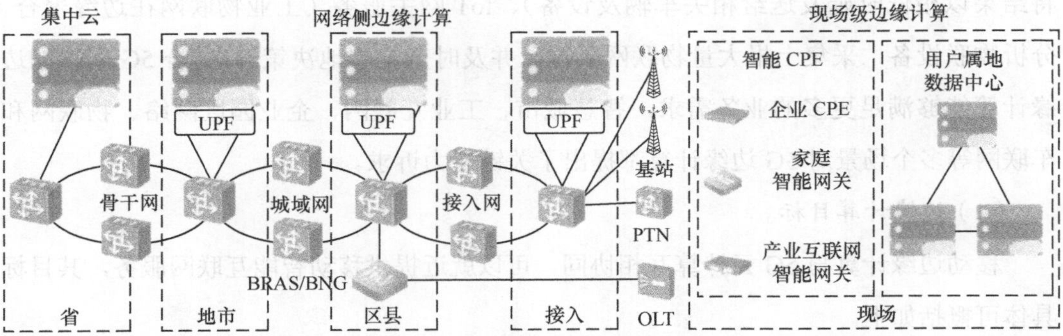

图2.27　边缘计算的部署方式

边缘计算的建设主体包括电信运营商、云服务提供商和大中型工业企业等。电信运营商将核心网络业务平台下沉到接入网络边缘，在宏基站机房或汇聚节点内部署边缘计算，在提高本地业务实时分发和传送能力的同时，有效地抑制了核心网络的拥塞。云服务提供商需要借助电信运营商边缘计算平台推出个性化的服务，一般是自身云业务在边缘处的延伸。工业企业则通常聚焦于边缘设备智能化改造。

第3章

5G无线网络的规划与设计

| 3.1 | 5G 无线网络规划流程

5G 网络规划设计流程如图 3.1 所示。

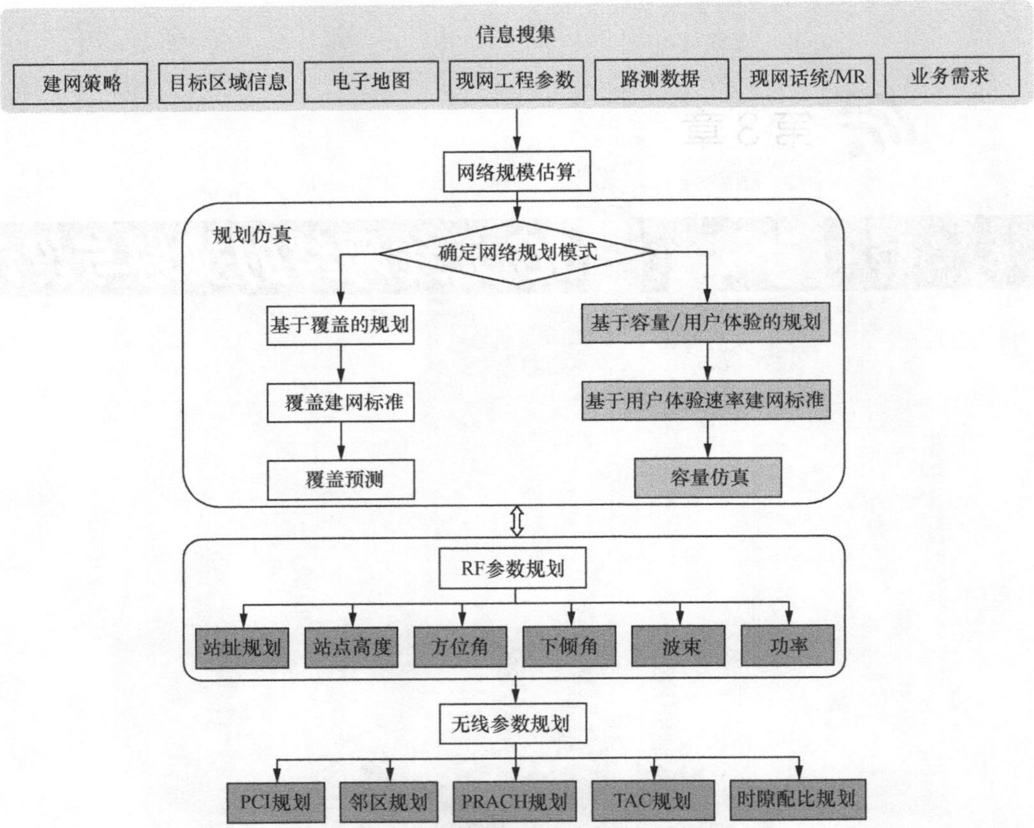

图3.1　5G网络规划设计流程

信息搜集主要用于网络规模估算、网络规划仿真以及小区参数规划的输入，包括运营商建网策略、建网目标、频段、覆盖区域、业务要求、覆盖概率、信号质量要求、数字地图等信息，对于已有 2G/3G/4G 网络的运营商，还包括 2G/3G/4G 的路测数据、话统 /MR 数据、站点分布及工程参数等，这些信息可以作为网络规划的输入或网络规划的参考。

（1）覆盖的 KPI 指标，如覆盖电平、覆盖概率、信号质量、边缘速率等。

（2）建网策略信息，包括如下内容。

① 运营商期望的站点规模。

② 覆盖区域：是连续组网、热点覆盖，还是街道覆盖。

③ 共站建设：共站比例为多少，与哪个制式、哪个频段共站建设。

④ 上下行解耦：采用上下行解耦、同站解耦还是异站解耦，解耦要求的速率达到多少等。

⑤ 室内外覆盖：是否要求室内浅层 / 深度覆盖等。

⑥ NSA 还是 SA 组网。

（3）覆盖区域信息包括目标覆盖区域划分和目标覆盖区域用户分布。用户分布主要关注目标覆盖区域室内外用户数（室外用户数 / 建筑物不同楼层的用户数之和）、用户分类以及用户行为等。

网络规模估算是对将要建设的网络进行的初步规划，给出网络站点规模测算、小区覆盖半径。

在 5G 网络估算的基础上，结合站点勘测，确定指导工程建设的各项网络规划相关小区工程参数，并通过仿真验证小区参数设置及规划效果，包括 RF 参数规划和无线参数规划两部分。

RF 规划的目的是通过规划仿真确定站址、站高、方向角、下倾角、功率等工程参数，特别地，对于 5G，需要额外增加波束配置规划。

无线参数规划是在 RF 规划之后（确定站址和 RF 参数后）进行的，包括 PCI 规划、PRACH 根序列规划、邻区规划、位置区规划。位置区规划主要对跟踪区进行规划；邻区规划主要为每个小区配置相应的同频邻区、异频邻区、异系统邻区，确保切换的正常进行；PCI 规划主要用来确定每个小区的物理小区 ID。对于主流的 TDD 制式，需要额外增加时隙配比规划。

无线网络估算主要包括链路预算和容量估算，链路预算基于覆盖给出初始站点规模，容量估算是根据话务需求确定需要的小区数目，进而给出初始站点规模，最终网络规模估算是覆盖及容量平衡下初始站点规模及配置。

无线网络估算，基于预期的建网目标（如小区边缘速率、小区容量），计算同时满足覆盖、容量要求的小区半径，从而得到建网规模（如站点数）。

5G 无线网络规模估算流程与 4G 相同，如图 3.2 所示。

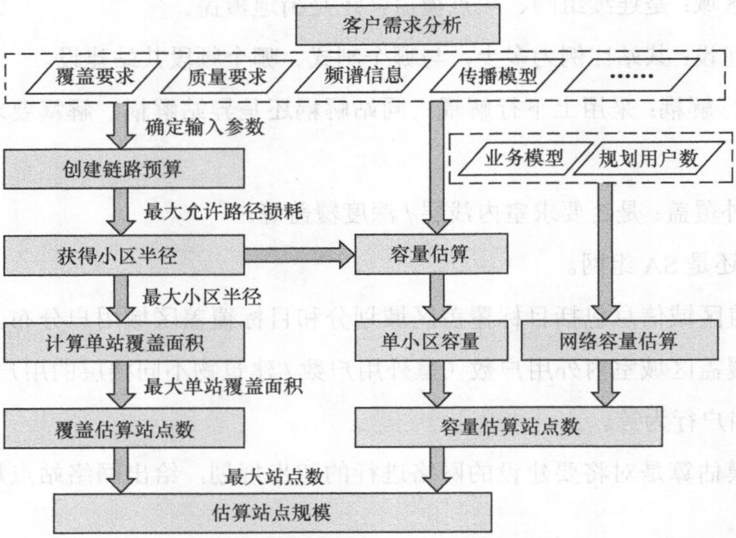

图3.2　5G无线网络规模估算流程

| 3.2 |　5G 无线网络的频率

为规范 5G 频率使用，3GPP 将 5G 频段范围定义为 FR1 和 FR2，并确定了 5G NR 基站的最低射频特性和最低性能要求。FR1 为中低频段，即 Sub-6 GHz 频段，FR1 中 NR 的工作频段见表 3.1。FR2 为高频段，即毫米波频段，FR2 中 NR 的工作频段见表 3.2。5G NR 工作频段包括部分 LTE 频段，同时新增了部分频段。根据 GSA 发布的最新频谱分配报告，截至 2020 年 2 月，全球已有 40 个国家或地区正式完成了适用于 5G 的频谱分配，共有 54 个国家和地区宣布了分配 5G 适用频谱的计划，该报告显示 700 MHz、3400 ～ 3800 MHz 和 24 ～ 29.5 GHz 为目前 5G 频谱相关活动的热点频段。

表3.1　FR1中NR的工作频段

NR 频段号	频段	双工方式
n38	2570 ～ 2620 MHz	TDD
n77	3300 ～ 4200 MHz	TDD
n78	3300 ～ 3800 MHz	TDD
n79	4400 ～ 5000 MHz	TDD

表3.2　FR2中NR的工作频段

NR 频段号	频段	双工方式
n257	26500 ～ 29500 MHz	TDD
n258	24250 ～ 27500 MHz	TDD
n260	37000 ～ 40000 MHz	TDD
n261	27500 ～ 28350 MHz	TDD

频率是 5G 商用的基础。当前，全球各国都在加快 5G 频率的规划与拍卖进程，截至 2019 年第二季度，全球已有近 30 个国家开展了 5G 频率规划，10 多个国家完成了至少一个频段的 5G 频率使用许可（见表 3.3）。

表3.3　全球主要国家5G频率规划情况

国家 / 地区	频段
美国	24 GHz、28 GHz
韩国	3.5 GHz、28 GHz
日本	3.7 GHz、4.5 GHz、28 GHz
中国	3.5 GHz、2.6 GHz、4.9 GHz
英国	3.4 GHz
西班牙	3.6 ～ 3.8 GHz
澳大利亚	3.6 GHz
德国	2 GHz、3.6 GHz
芬兰	3410 ～ 3800 MHz
爱尔兰	3600 MHz

- 韩国于 2018 年 6 月完成 5G 频谱拍卖，涵盖 3.5 GHz 和 28 GHz 频段。
- 日本于 2019 年 4 月完成 5G 频谱分配，包含 3.7 GHz、4.5 GHz 和 28 GHz 频段。
- 美国于 2019 年 6 月完成 24 GHz 和 28 GHz 毫米波频段的 5G 频率拍卖。
- 我国于 2017 年 11 月发布了 5G 中频段频谱规划，2018 年底向国内三家基础电信运营企业发放了 5G 系统中低频段试验频率使用许可，包含 2.6 GHz、3.5 GHz 和

4.9 GHz 频段，并开展了毫米波频段的规划研究。

2018 年 12 月 6 日，工业和信息化部向 3 家电信运营商正式发放 5G 中低频段试验频率使用许可证，其中，中国电信和中国联通获得 3500 MHz 频段试验频率使用许可，中国移动获得 2600 MHz 和 4900 MHz 频段试验频率使用许可，标志着我国正式进入 5G 部署阶段。

从全球主要国家的频率规划来看，5G 频谱共识度比较高，主要聚焦在 3.5 GHz、26 GHz 和 28 GHz 频段。其中，中低频段（6 GHz 以下）主要用于保障 5G 网络的覆盖、基本业务及高移动性，高频段（6 GHz 以上）主要用于满足 5G 超高传输速率及系统容量需求。

5G 也可以工作在共享频段，例如美国的 3.5 GHz 共享频段，或像 5 GHz 这样的非授权频段。在这些频段，企业和产业无须申请额外的授权，就能受益于基于 5G 技术拓展的新行业应用。当然，5G 还可以通过频谱重耕（Refarming）使用现有无线系统的频段，图 3.3 是不同频段使用双工技术的示意图。在 2.1 GHz 及 2.1 GHz 以下频段采用频分双工（FDD）技术，提供包括室内的广域覆盖。低频段既可以是 700 MHz、600 MHz 等从其他行业释放的频段，又可以是通过频谱重耕释放的现有 2G、3G 或 4G 频段，如 850/900 MHz/1800 MHz。综合利用从 1 GHz 以下的频谱到高频的毫米波这些不同频段，能够提供覆盖、容量和用户高数据速率的最佳组合。

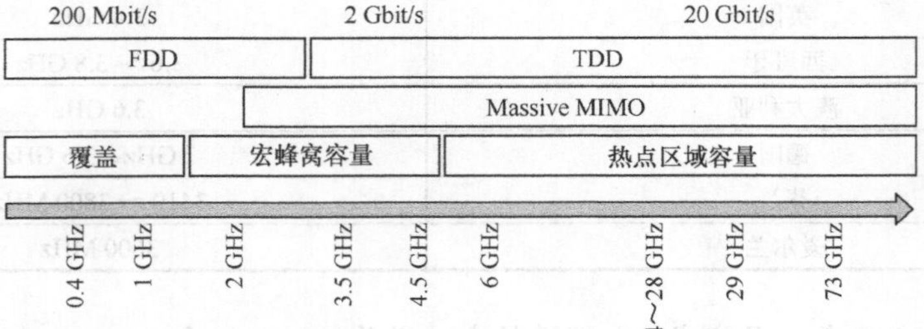

图3.3　5G频谱和双工技术

5G 的各个频段的覆盖是不同的，5G 在 1 GHz 以下的低频段更易于实现全覆盖，它适用于物联网业务、远程控制（特定区域覆盖）、自动驾驶（广域覆盖）等高可靠通信业务。此外，低频段的良好信道特性可以用来增加城区的室内覆盖。新频段中比较重要的 3.5 GHz 可以重用现有 2G/3G/4G 基站站址，这样既能节约成本又能实现快速部署。然而，频率越高，信号的路径损耗也越大，因此，5G 需要波束赋形技术（M-MIMO）来提高天线增益，扩大覆盖面积，使在相同站址密度条件下，能达到与现有 1.8 GHz LTE 网络类似的覆盖面积。毫米波则为本地热点和固定无线连接提供超高数据速率。

| 3.3 |　传播模型

3.3.1　传播模型概述

1. 无线信号传播特点

无线信号在传播过程中，如果中间无阻挡，可以为直线传播（视距传播）。在实际环境中，由于受到障碍物的影响，无线信号从发射端到接收端无法直线传播（非视距传播），此时的传播方式主要为反射、衍射（绕射）或散射。障碍物的几何形状决定了将发生这 3 种现象中的哪一种。

无线信号传播中的反射与其他电磁波（如光或声音）的反射相同。电磁波遇到尺寸大于信号平均波长的光滑障碍物信号方向会发生改变，反射对电磁波能量造成的损失较小。

当电磁波在传播过程中遇到障碍物或透过屏幕上的小孔时，会出现偏离原来入射方向的出射电磁波，这种现象称为衍射。带有锐边的物体（包括墙壁和桌子的角）会导致衍射。随着频段的增加，电磁波衍射能力越来越差。

散射是信号在许多不同方向上的扩散或反射。当一个无线信号遇到尺寸比信号的波长更小的物体时会发生散射。散射还与无线信号遇到的表面的粗糙度有关，表面越粗糙，信号遇到该表面时就越容易发生散射。在户外，树木和路标都会导致移动电话信号发生散射。

2. 传播模型分类

无线传播模型是为了更好、更准确地研究无线传播而设计出来的一种模型。在无线网络规划中，传播模型主要分两种：一种是直接应用电磁理论计算出来的确定性模型，如射线跟踪模型；另一种是基于大量测量数据的统计型模型，如 Okumura-Hata，COST231 Hata，SPM，标准宏小区模型，UMa、UMi、RMa 等。

确定性模型对信号预测准确度较高，但是其对计算条件要求高：一般需要高精度三维电子地图，计算量较大，计算周期较长，确定性模型一般用于仿真预测。

统计型模型是一种比较成熟的数学公式，影响电磁波传播的一些主要因素，如天线挂高、频率、收发天线间距离、地物类型等都以变量函数的形式在路径损耗公式中反映出来。统计型模型计算比较简单，但是模型各参数的适用范围有一定的局限性，需要对模型进行校正。

针对不同的频段选择合适的传播模型，对于 5G 通信系统的空口规划和硬件选型都很重要，这是频谱规划和组网的基础，有助于工程师预测特定站址在实际环境下的传播损耗，为网络规划及优化奠定基础。

3. 自由空间传播模型

自由空间是相对介电常数及相对磁导率均为 1 的理想介质，电磁波能量不会损耗。自由空间传播损耗是指天线辐射的电磁波在视距路径中传播时，由于传播距离的不断增大引起的能量自然扩散现象。

自由空间传播损耗实际上是球面波的扩散损耗，其模型表示为

$$L_{fs}=(4\pi d/\lambda)^2=(4\pi df/c)^2 \tag{3.1}$$

其中，d是收发天线的间距，单位为km；λ指工作波长；f的单位是 GHz；c是自由空间传播的光速，单位是m/s。

将公式（3.1）转化为以频率为参数的 dB 形式，可得到

$$L_{fs,\,\mathrm{dB}}=92.45+20\lg d+20\lg f \tag{3.2}$$

从公式（3.2）可以看出，电磁波频率f越大或传播距离d越大，自由空间的传播损耗$L_{fs,\,\mathrm{dB}}$就越大，$L_{fs,\,\mathrm{dB}}$越大说明接收端接收到的功率越小。这个传播模型是自由空间中的理想情况，也是各种传播模型的基础公式。在实际通信应用规划和优化中，需要针对不同频率、不同场景进行模型优化、校正和预测，以得到符合实际通信应用场景的传播模型。

4.Okumura–Hata 模型

Okumura-Hata 模型在 900 MHz GSM 中得到了广泛应用，适用于宏蜂窝的路径损耗预测。Okumura-Hata 模型是根据测试数据统计分析得出的经验公式，应用频率在 150 ～ 1500 MHz，适用于小区半径大于 1 km 的宏蜂窝系统，基站有效天线高度在 30 ～ 200 m，终端有效天线高度在 0 ～ 1.5 m。

5.COST231–Hata 模型

COST231-Hata 模型是 EURO-COST 组成的 COST 工作委员会开发的 Hata 模型的扩展版本，应用频率在 1.5 ～ 2 GHz，适用于小区半径大于 1 km 的宏蜂窝系统，发射有效天线高度在 30 ～ 200 m，接收有效天线高度在 1 ～ 10m。

6.SPM 模型

SPM（Standard Propagation Model）应用频率在 150 ～ 3500 MHz，适用小区半径在 1 ～ 20 km 的宏蜂窝系统。

SPM 模型的表达式为

$$P_{\text{loss}}=K_1+K_2\lg d+K_3\lg H_{\text{eff}}+K_4L_{\text{Diffraction}}+K_5\lg d\times\lg H_{\text{eff}}+K_6H_{\text{meff}}+K_{\text{clutter}}f(\text{clutter}) \tag{3.3}$$

其中，K_1为与频率相关的因子（dB）；K_2为与距离$\lg d$相关的因子，K_3为与发射机天线高度$\lg H_{\text{eff}}$相关的因子；K_4为与衍射计算相关的因子；K_5为与距离$\lg d$和发射机天线有效高度$\lg H_{\text{eff}}$乘积有关的因子；K_6为与接收终端有效天线高度H_{meff}有关的因子；P_{loss}为接收终端的功率（dBm）；d为接收终端和发射机之间的距离（m）；H_{eff}为发射机天线的有效高度（m）；$L_{\text{diffraction}}$为衍射造成的损耗（dB）；H_{meff}为接收终端的有效天线高度（m）；f（clutter）为地物类型的平均加权损耗；K_{clutter}为f（clutter）的修正因子。

上述模型的 K_1 ～ K_6 参数由具体的传播环境决定，K_{clutter} 是由不同地物决定的修正系数。不同的地物决定了不同的 K_{clutter}，这些参数是通过 CW 测试的数据逐步拟合出来的。获得 CW 测试数据后，可以通过 K 参数试验法和最小方差法两种途径得到。

从适用频段可知，Okumura-Hata、COST231-Hata 适用频段和 SPM 适用频段均小于 2 GHz，SPM 模型最高适用频段为 3.5 GHz，由于 5G 主要频段在 3.3 GHz 以上，Okumura-Hata、COST231-Hata 已经不能适用 5G 高频段，SPM 也仅仅适用于 3.5 GHz 以下部分 5G 频段。随着频率的升高，无线信号在传播过程中的衍射能力越来越差，受到周围建筑物和道路的影响越来越大，现有传播模型仅仅考虑频率、天线挂高、接收高度、衍射损耗、距离等因素，但是建筑物高度、街道宽度等对高频段信号传播也有一定影响，这与现有传播模型存在一定的差异。

3.3.2 射线跟踪模型

射线跟踪模型是一种确定性模型，该模型可以模拟电磁波传播过程中的直射、反射和绕射过程，跟踪所有从基站发射出来的射线，从而分辨出多径信号中发射机和接收机之间所有可能的射线路径。一旦所有路径分辨出来，就可以根据相关电波传播理论计算出每条射线的相位、幅度、延迟和极化，然后结合天线图和系统带宽，计算出接收机位置处所有射线的相干合成结果。

射线跟踪技术的主要思想是将天线理想化为一源点，大量电磁波射线由该源点均匀地辐射出去，然后由电子计算机程序追踪各条射线的路径。源射线在传播过程中先利用计算机程序的算法判断是否有视距路径，如果没有检测到源射线与建筑物相交，则直接计算接收场并跟踪另一条射线；如果检测到有相交的情况，则源射线被程序分解为折射射线和反射射线，这两条射线都从源射线与建筑物体的交点发射出去，接着用类似源射线的处理方法来处理这些射线，即判断折射射线和反射射线在到达接收点前是否与建筑物相交。对计算过程中产生的新的绕射射线，可以利用绕射理论将其加入总场计算中。射线强度随着传播距离的增加而衰减，计算过程则持续到射线强度下降到门限以下或无相交时为止。

射线跟踪技术采用特定的算法计算射线的轨迹，常用的两类算法是正向射线跟踪法和反向射线跟踪法。正向射线跟踪法，即测试射线法，指从源点（基站等）出发，向周围的球面空间均匀发射出大量的射线，并跟踪所有射线的方法。为了确认每一条射线是否到达接收点，需要引入接收球的概念：接收球设置合理的半径才能够有效捕捉到源点散开的射线。如果接收球半径太大，将会有大于一条射线被接收点错误接收；如果接收球半径太小，则有些接收点接收不到射线。测试射线法将所有到达接收机的射线进行相干叠加，计算出接收点的场强。

反向射线跟踪法，即镜像法，是基于反射定律、折射定律和解析几何理论的点对点跟踪技术，即从场点（接收机）出发，反向跟踪每一条可能从发射线到接收点的路径。一般情况下，跟踪所有能从源点（发射机）到达场点（接收机）的路径是不可能的。考虑到电磁波传播过程中场的衰减，可以忽略那些到达接收机时幅度很小的传播路径。对于室外接收机而言，可以忽略透射进入建筑物内部的射线，只需考虑直射、反射和绕射。

正向射线跟踪法流程简单、计算快速有效，适用于仅需要信号覆盖预测的研究目标；反向射线跟踪法流程复杂但精确度高，适用于需要分析无线通信信道特性及需要计算相关相位和极化信息的研究目标。

5G 相对于传统 3G/4G 而言，网络将更加复杂和立体。同时随着 Massive MIMO 天线、复杂天线赋形技术的出现，多径建模的重要性突显，缺乏多径小尺度信息将很难保证网络规划的准确性。因此，基于高精度电子地图和具备多径建模的射线追踪传播模型在 5G 无线网络规划中具有不可替代的地位。

工程中使用较多的射线跟踪模型是由 Orange Labs 开发、由 Forsk 公司公布和支持的 Crosswave 模型，作为仿真工具 Atoll 中的一个可选的高级传播模型。Crossawave 作为一个通用的传播模型，支持 GSM/UMTS/cdma2000/WIiMAX/LTE/5G 等，支持从 200 MHz 到 5 GHz 范围内的频段。Crosswave 还支持所有的小区类型，从微蜂窝小区、迷你蜂窝小区到宏蜂窝小区等；支持任何类型的传播环境，密集市区、一般市区、郊区、农村等。利用 CW 测试数据，Crosswave 可以进行任何传播环境的模型校正。

3.3.3 3D 模型

大量组织和研究人员对 5G 移动通信无线传播模型展开了研究，有 4 个主要组织各自发布了 5G 传播模型，频率适用范围都是 0.5 ～ 100 GHz。

（1）3GPP。3GPP 提供连续的工作进展报告，为 5G 行业提供国际标准，对应频率范围是 0.5 ～ 100 GHz。

（2）5GCM（5G Channel Model）。5GCM 是由 15 家公司和大学合作组成的特设小组，根据广泛的测量活动，对 3GPP 的开发模型进行补充和修正。5G 传播模型文档的最新版本发布于 2016 年 10 月。

（3）METIS 2020（Mobile and wireless communications Enable for the Twenty-twenty Information Society）。METIS 2020 是由欧联赞助的大型研究项目组。5G 传播模型文档的最新版本发布于 2016 年 6 月。

（4）mmMAGIC。mmMAGIC 是由欧联赞助的另外一个大型研究项目组。5G 传播模型文档的最新版本发布于 2017 年 5 月。

需要说明的是，5GCM、METIS 2020、mmMAGIC 发布的传播模型都是在 3GPP 发布的模型基础上进行校正的，适用于特定的场景和环境。而 3GPP 组织则根据 5G 组织的最新测试情况，对 3GPP 传播模型进行及时更新，以满足各种应用场景下的链路预算分析。

3GPP 定义了 3D 传播模型，支持的频率范围为 0.5 ～ 100GHz，分为 3 种模型：UMa、RMa 和 UMi，各自的适用场景见表 3.4。

表3.4　3GPP O2O传播模型使用场景

传播模型	适用场景
UMa	宏基站密集城区 / 城区 / 郊区
RMa	宏基站农村
UMi	微基站密集城区 / 城区

1. UMa 模型

UMa 模型是 3GPP 协议中定义的一种适合于高频的传播模型，适用频率在 0.5 ～ 100 GHz，适用小区半径在 10 ～ 5000 m 的宏蜂窝系统。3GPP TR I36.873 和 3GPP TR 38.900/38.901 均对 UMa 进行了定义。每个场景又分为视距（LOS，Line-of-Sight）和非视距（NLOS，Non-Line-of-Sight）两种情况。UMa 模型定义见表 3.5。

传播模型中涉及的关于距离和高度的参数定义如图 3.4 所示。

表3.5　UMa模型定义（3GPP TR 36.873协议）

场景	LOS/NLOS	路径损耗（dB），f_c（GHz），距离（m）	阴影衰落的标准方差（dB）	应用范围，天线高度的缺省值
3D-UMa	LOS	$PL=22.0\log_{10}(d_{3D})+28.0+20\log_{10}(f_c)$ $PL=40\log_{10}(d_{3D})+28.0+20\log_{10}(f_c)-9\log_{10}((d'_{BP})^2+(h_{BS}-h_{UT})^2)$	$\sigma_{SF}=4$ $\sigma_{SF}=4$	$10\text{ m}<d_{2D}<d'_{BP}$ $d'_{BP}<d_{2D}<5000\text{ m}$ $h_{BS}=25\text{ m}$, $1.5\text{ m}\leqslant h_{UT}\leqslant 22.5\text{ m}$

（续表）

场景	LOS/NLOS	路径损耗（dB），f_c（GHz），距离（m）	阴影衰落的标准方差（dB）	应用范围，天线高度的缺省值
3D-UMa	NLOS	$PL = \max(PL_{3D\text{-}UMa\text{-}NLOS}, PL_{3D\text{-}UMa\text{-}LOS})$ $PL_{3D\text{-}UMa\text{-}NLOS} = 161.04 - 7.1\log_{10}(W) + 7.5\log_{10}(h) - (24.37 - 3.7(h/h_{BS})^2)\log_{10}(h_{BS}) + (43.42 - 3.1\log_{10}(h_{BS}))(\log_{10}(d_{3D}) - 3) + 20\log_{10}(f_c) - (3.2(\log_{10}(17.625))^2 - 4.97) - 0.6(h_{UT} - 1.5)$	$\sigma_{SF} = 6$	$10\ \text{m} < d_{2D} < 5000\ \text{m}$ h 为平均房屋高度 W 为平均街道宽度 $h_{BS} = 25\ \text{m}$ $1.5\ \text{m} \leqslant h_{UT} \leqslant 22.5\ \text{m}$ $W = 20\ \text{m}$ $h = 20\ \text{m}$ 适用范围： $5\ \text{m} < h < 50\ \text{m}$ $5\ \text{m} < W < 50\ \text{m}$ $10\ \text{m} < h_{BS} < 150\ \text{m}$ $1.5\ \text{m} \leqslant h_{UT} \leqslant 22.5\ \text{m}$

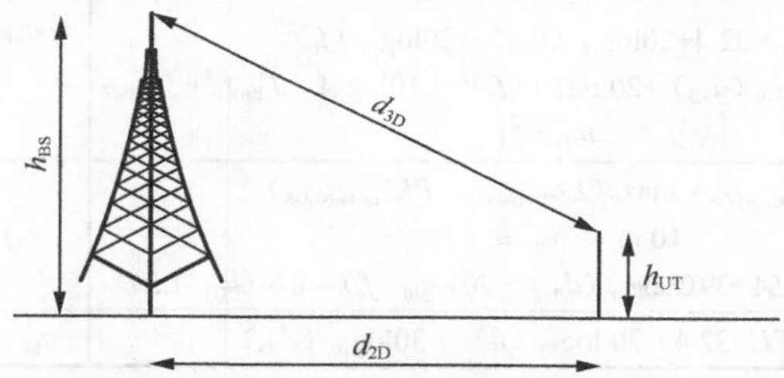

图3.4　传播模型中涉及的关于距离和高度的参数定义

各参数定义如下。

f_c：工作频率（GHz）；

h_{BS}：基站天线有效高度（m），在本书的 UMa 模型中指定了基站高度为 25 m；

h_{UT}：移动台天线有效高度（m）；

d_{2D}：基站与移动台水平距离（m）；

d_{3D}：基站天线与移动台天线直线距离（m）。

模型中的 W（平均街道宽度）、h（平均房屋高度）为场景化定制参数，UMa 模型 W/h 取值建议见表 3.6。

表3.6　UMa模型W/h取值建议

场景	h（m）	W（m）
密集城区	30	10
城区	20	20

（续表）

场景	h（m）	W（m）
郊区	10	30

在 3GPP TR38.900 中 UMa 模型针对 3GPP TR 36.873 中 UMa 模型进行了简化，UMa 模型定义（3GPP TR 38.900 协议）见表 3.7。

表3.7　UMa模型定义（3GPP TR 38.900协议）

场景	LOS/NLOS	路径损耗（dB），f_c（GHz），距离（m）	阴影衰落的标准方差（dB）	应用范围，天线高度的缺省值
3D-UMa	LOS	$PL_{UMa\text{-}LOS}=\begin{cases} PL_1,\ 10\text{ m} \leqslant d_{2D} \leqslant d'_{Bp} \\ PL_2,\ d'_{Bp} \leqslant d_{2D} \leqslant 5\text{ km} \end{cases}$ $PL_1=32.4+20\log_{10}(d_{3D})+20\log_{10}(f_c)$ $PL_2=32.4+40\log_{10}(d_{3D})+20\log10(f_c)-10\log_{10}[(d'_{Bp})^2+(h_{BS}-h_{UT})^2]$	$\sigma_{SF}=4$	$h_{BS}=25$ m 1.5 m $\leqslant h_{UT} \leqslant$ 22.5 m
	NLOS	$PL_{UMa\text{-}NLOS}=\max(PL_{UMa\text{-}LOS},\ PL'_{UMa\text{-}NLOS})$ 10 m $\leqslant d_{2D} \leqslant$ 5 km $PL'_{UMa\text{-}NLOS}=13.54+39.08\log_{10}(d_{3D})+20\log_{10}(f_c)-0.6(h_{UT}-1.5)$	$\sigma_{SF}=6$	$h_{BS}=25$ m 1.5 m $\leqslant h_{UT} \leqslant$ 22.5 m
		可选 $PL=32.4+20\log_{10}(f_c)+30\log_{10}(d_{3D})$	$\sigma_{SF}=7.8$	

3GPP TR 38.901 中定义的 UMa 模型频率适用范围为 0.5GHz ～ 100GHz，UMa 模型定义（3GPP TR 38.901 协议）见表 3.8。

表3.8　UMa模型定义（3GPP TR 38.901协议）

场景	LOS/NLOS	路径损耗（dB），f_c（GHz），距离（m）	阴影衰落的标准方差（dB）	应用范围，天线高度的缺省值
3D-UMa	LOS	$PL_{UMa\text{-}LOS}=\begin{cases} PL_1,\ 10\text{ m} \leqslant d_{2D} \leqslant d'_{Bp} \\ PL_2,\ d'_{Bp} \leqslant d_{2D} \leqslant 5\text{ km} \end{cases}$ $PL_1=28.0+22\log_{10}(d_{3D})+20\log_{10}(f_c)$ $PL_2=28.0+40\log_{10}(d_{3D})+20\log10(f_c)-9\log_{10}[(d'_{Bp})^2+(h_{BS}-h_{UT})^2]$	$\sigma_{SF}=4$	1.5 m $\leqslant h_{UT} \leqslant$ 22.5 m $h_{BS}=25$ m
	NLOS	$PL_{UMa\text{-}NLOS}=\max(PL_{UMa\text{-}LOS},\ PL'_{UMa\text{-}NLOS})$ 10 m $\leqslant d_{2D} \leqslant$ 5 km $PL'_{UMa\text{-}NLOS}=13.54+39.08\log_{10}(d_{3D})+20\log_{10}(f_c)-0.6(h_{UT}-1.5)$	$\sigma_{SF}=6$	1.5 m $\leqslant h_{UT} \leqslant$ 22.5 m $h_{BS}=25$ m
		可选 $PL=32.4+20\log_{10}(f_c)+30\log_{10}(d_{3D})$	$\sigma_{SF}=7.8$	

3GPP TR 38.901 中定义的 UMa 模型与平均建筑物高度 W、平均街道宽度 h 无关，仅与使用频率、接收天线高度、天线间距离有关，适用于天线挂高为 25 m 的场景。

2. RMa 模型

RMa 主要用于宏基站组网的农村场景。3GPP TR 36.873 中的 RMa 模型定义见表 3.9。在 3GPP TR 38.900/38.901 中 RMa 模型定义见表 3.10。

表3.9　RMa模型定义（3GPP TR 36.873协议）

场景	LOS/NLOS	路径损耗（dB），f_c（GHz），距离（m）	阴影衰落的标准方差（dB）	应用范围，天线高度的缺省值
3D-RMa	LOS	$PL_1=20\log_{10}(4\pi d_{3D}f_c/3)+\min(0.03h^{1.72},10)20\log_{10}(d_{3D})-\min(0.044h^{1.72},14.77)+0.002\log_{10}(h)d_{3D}$ $PL_2=PL_1(d_{BP})+40\log_{10}(d_{3D}/d_{BP})$	$\sigma_{SF}=4$ $\sigma_{SF}=4$	$10\text{ m}<d_{2D}<d'_{BP}$ $d'_{BP}<d_{2D}<10000\text{ m}$ $h_{BS}=25\text{ m}$ $1\text{ m}\leqslant h_{UT}\leqslant 10\text{ m}$
	NLOS	$PL=161.04-7.1\log_{10}(W)+7.5\log_{10}(h)-(24.37-3.7(h/h_{BS})^2)\log_{10}(h_{BS})+(43.42-3.1\log_{10}(h_{BS}))(\log_{10}(d_{3D})-3)+20\log_{10}(f_c)-(3.2(\log_{10}(11.75h_{UT}))^2-4.97)$	$\sigma_{SF}=8$	$10\text{ m}<d_{2D}<5000\text{ m}$ $5\text{ m}<h<50\text{ m}$ $5\text{ m}<W<50\text{ m}$ $10\text{ m}<h_{BS}<150\text{ m}$ $1\text{ m}\leqslant h_{UT}\leqslant 10\text{ m}$

表3.10　RMa模型定义（3GPP TR 38.900/38.901协议）

场景	LOS/NLOS	路径损耗（dB），f_c（GHz），距离（m）	阴影衰落的标准方差（dB）	应用范围，天线高度的缺省值
3D-RMa	LOS	$PL_{RMa\text{-}LOS}=\begin{cases}PL_1, & 10\text{ m}\leqslant d_{2D}\leqslant d'_{Bp}\\ PL_2, & d'_{Bp}\leqslant d_{2D}\leqslant 5\text{ km}\end{cases}$ $PL_1=20\log_{10}(40\pi d_{3D}f_c/3)+\min(0.03h^{1.72},10)\log_{10}(d_{3D})-\min(0.044h^{1.72},14.77)+0.002\log_{10}(h)d_{3D}$ $PL_2=PL_1(d_{BP})+40\log_{10}(d_{3D}/d_{BP})$	$\sigma_{SF}=4$ $\sigma_{SF}=6$	$h_{BS}=25\text{ m}/35\text{ m}$ $h_{UT}=1.5\text{ m}$ $W=20\text{ m}$ $h=5\text{ m}$ h 为平均房屋高度 W 为平均街道宽度 适用范围： $5\text{ m}\leqslant h\leqslant 50\text{ m}$ $5\text{ m}\leqslant W\leqslant 50\text{ m}$ $10\text{ m}\leqslant h_{BS}\leqslant 150\text{ m}$ $1\text{ m}\leqslant h_{UT}\leqslant 10\text{ m}$
	NLOS	$PL_{RMa\text{-}NLOS}=\max(PL_{RMa\text{-}LOS}, PL'_{RMa\text{-}NLOS})$ $10\text{ m}\leqslant d_{2D}\leqslant 5\text{ km}$ $PL'_{RMa\text{-}NLOS}=161.04+7.1\log_{10}(W)+7.5\log10(h)-(24.37-3.7(h/h_{BS})^2)\log_{10}(h_{BS})+(43.42-3.1\log_{10}(h_{BS}))(\log_{10}(d_{3D})-3)+20\log_{10}(f_c)-(3.2(\log_{10}(11.75h_{UT}))^2-4.97)$	$\sigma_{SF}=8$	

3.UMi 模型

UMi 主要应用于小站组网的密集城区 / 城区场景。3GPP TR 36.873 中 UMi 定义见表 3.11。在 3GPP TR 38.900/38.901 中 UMi 模型定义见表 3.12。

表3.11 UMi模型定义（3GPP TR 36.873协议）

场景	LOS/NLOS	路径损耗（dB），f_c（GHz），距离（m）	阴影衰落的标准方差（dB）	应用范围，天线高度的缺省值
3D-UMi	LOS	$PL=22.0\log_{10}(d_{3D})+28.0+20\log_{10}(f_c)$ $PL=40\log_{10}(d_{3D})+28.0+20\log_{10}(f_c)-9\log_{10}((d'_{BP})^2+(h_{BS}-h_{UT})^2)$	$\sigma_{SF}=3$ $\sigma_{SF}=3$	$10\ m<d_{2D}<d'_{BP}$ $d'_{BP}<d_{2D}<5000\ m$ $h_{BS}=10\ m$ $1.5\ m\leqslant h_{UT}\leqslant 22.5\ m$
	NLOS	对于正六边形蜂窝结构： $PL=\max(PL_{3D\text{-}UMi\text{-}NLOS}, PL_{3D\text{-}UMi\text{-}LOS})-(24.37-3.7(h/h_{BS})^2)\log_{10}(h_{BS})$ $PL_{3D\text{-}UMi\text{-}NLOS}=36.7\log_{10}(d_{3D})+22.7+26\log_{10}(f_c)-0.3(h_{UT}-1.5)$	$\sigma_{SF}=8$	$10\ m<d_{2D}<2000\ m$ $h_{BS}=10\ m$ $1.5\ m\leqslant h_{UT}\leqslant 22.5\ m$

表3.12 UMi模型定义（3GPP TR 38.900/38.901协议）

场景	LOS/NLOS	路径损耗（dB），f_c（GHz），距离（m）	阴影衰落的标准方差（dB）	应用范围，天线高度的缺省值
3D-UMi	LOS	$PL_{UMi\text{-}LOS}=\begin{cases}PL_1, & 10\ m\leqslant d_{2D}\leqslant d'_{Bp}\\ PL_2, & d'_{Bp}\leqslant d_{2D}\leqslant 5\ km\end{cases}$ $P_{L_1}=32.4+21\log_{10}(d_{3D})+20\log_{10}(f_c)$ $PL_2=32.4+40\log_{10}(d_{3D})+20\log_{10}(f_c)-9.5\log_{10}[(d'_{BP})^2+(h_{BS}-h_{UT})^2]$	$\sigma_{SF}=4$	$h_{BS}=10\ m$ $1.5\ m\leqslant h_{UT}\leqslant 22.5\ m$
	NLOS	$PL_{UMi\text{-}NLOS}=\max(PL_{UMi\text{-}LOS}, PL'_{UMi\text{-}NLOS})$ $10\ m\leqslant d_{2D}\leqslant 5\ km$ $PL'_{UMi\text{-}NLOS}=22.4+35.3\log_{10}(d_{3D})+21.3\log_{10}(f_c)-0.3(h_{UT}-1.5)$	$\sigma_{SF}=7.82$	$h_{BS}=10\ m$ $1.5\ m\leqslant h_{UT}\leqslant 22.5\ m$
		可选 $PL=32.4+20\log_{10}(f_c)+31.9\log_{10}(d_{3D})$	$\sigma_{SF}=8.2$	

3.4 5G链路预算

3.4.1 5G链路预算方法

链路预算是评估无线通信系统覆盖能力的主要方法，是无线网络规划中的一项重要工作，是通过对系统下行（或前向）和上行（或反向）信号传播途径中各种影响因素进行考察，在满足业务质量需求的前提下，选择适当的传播模型对系统的覆盖能力进行估计，获得保持一定通信质量下链路所允许的最大传播损耗。

图 3.5 给出了链路预算影响因子。

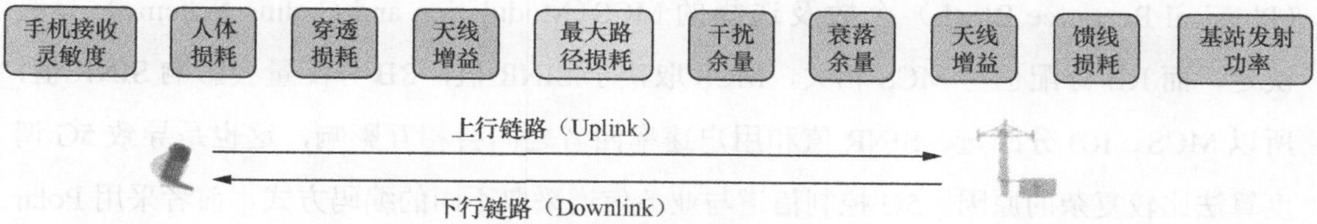

图3.5 链路预算影响因子

3.4.2 链路预算参数

5G 与 4G 无线网络规划方法基本一致，通过链路预算对比覆盖差异。现阶段 5G 链路预算多为 eMBB 场景，形式上与 4G 近似。

1. 空中接口技术

5G 定义的小区最大带宽与频段相关，Sub-6 GHz 小区最大小区带宽为 100 MHz，毫米波最大小区带宽为 400 MHz。

5G NR 上行同时采用 CP-OFDM 和 DFT-S-OFDM 两种波形，可根据信道状态自适应转换。CP-OFDM 波形是一种多载波传输技术，在调度上更加灵活，在高信噪比环境中链路性能较好，适用于小区中心用户。

R15 版本最大调制效率可支持 256QAM，后续版本会支持 1024QAM，进一步提升频谱效率，提供更高的吞吐量。5G NR 在业务信道采用 LDPC、控制信道主要采用 Polar 码。LDPC 可并行解码，支持高速业务，Polar 码则对小包业务编码性能突出。

5G NR 设计了一套灵活的帧结构，加快上下行转换，减少等待时间。3.5G NR 有 0.5、1、2、2.5、5、10 等多种帧长配置。子载波间隔可选择 15 kHz/30 kHz/60 kHz，子载波带宽增大，最小调度资源的时长（Slot）减小。对应 30 kHz，Slot 为 0.5 ms，比 4G Slot 的 1 ms 减小 0.5 ms。uRLLC 0.5 ms 时延、30 kHz 子载波间隔将成为国内 eMBB 空中接口配置首选。5G 初期采用 TDD 制式，上下行配比主要由上下行业务、覆盖决定，典型的时隙配比 2.5 ms 单周期时隙配比为 4∶1（DDDSU）；2.5 ms 双周期时隙配比为 7∶3（DDDSU+DDSUU）；5 ms 单周期时隙配比为 8∶2（DDDDDDDSUU）。

2. RB 分配与 MCS

5G 系统由于使用了 OFDM/NOMA 调制，用户的数据速率由为其分配的 PRB（Physical Resource Block）个数及选择的 MCS（Modulation and Coding Scheme）等级决定，而 RB 分配也与 MCS 相关，MCS 取决于 SINR 值，RB 分配量会影响 SINR 值，所以 MCS、RB 分配量、SINR 值和用户速率四者之间会相互影响，这也是导致 5G 调度算法比较复杂的原因。5G 控制信道与业务信道采取不同的编码方式，前者采用 Polar 码，后者采用准循环 LDPC，不同信道、不同的编码方式也导致了在不同的调制方式下，即使在同样的 BLER（块差错率）目标下，所需要的 SINR 也不同，比较而言，高阶调制方式对 SINR 值要求更高。

不同的 MCS 对应不同的频谱效率，MCS 与频谱效率见表 3.13。

RB 分配量测算方式如下。

$$Allo_{\mathrm{RB}}=\frac{\dfrac{Ve_{\mathrm{sv}}}{Fe_{\mathrm{MCS}}}}{Sc_{\mathrm{car}}}\Big/LE_{\mathrm{ch}} \tag{3.4}$$

其中，

Ve_{Sv}：业务速率；

Fe_{MCS}：信道采取相应 MCS 的频谱效率；

Sc_{car}：子载波宽度；

LE_{ch}：链路开销

需要说明的是，Sc_{car} 表示 1 个 RB 占用的 12 个连续子载波，而与 LTE 不同的是，子载波带宽可在 15 kHz、30 kHz、60 kHz、120 kHz、240 kHz 中任意选取，一般选择常用的 30 kHz，链路开销区分上、下行链路。上行链路包括 PUCCH、PRACH 等，下行链路包括 PDCCH、PBCH 等，不同信道在不同的子载波带宽条件下开销是不同的，例如，上行链路在 30 kHz 子载波带宽下的合计链路开销约为 25%，下行链路约为 29%。

表3.13　MCS与频谱效率

支持 256QAM 调制方式				不支持 256QAM 调制方式			
MCS 序号	调制阶	目标码率 ×1024	频谱效率	MCS 序号	调制阶	目标码率 ×1024	频谱效率
0	2	120	0.2344	0	2	120	0.2344

（续表）

支持 256QAM 调制方式				不支持 256QAM 调制方式			
MCS 序号	调制阶	目标码率×1024	频谱效率	MCS 序号	调制阶	目标码率×1024	频谱效率
1	2	193	0.3770	0	2	157	0.3066
…							
4	2	602	1.1758	4	2	308	0.6016
27	8	948	7.4063	27	6	910	5.3320
28	2	保留		28	6	948	5.5547
…							
31	8	保留		31	6	保留	

3. 发射功率

5G RAN 架构从 4G 的 BBU 和 RRU 两级结构演进到 CU、DU 和 AAU 三级结构。将 4G 的 BBU 基带部分拆分成 CU 和 DU 两个逻辑网元，而射频单元及部分基带物理层底层功能与天线构成 AAU。5G 组网方式更加灵活，满足 5G 需求的多样化，适合多场景组网。

5G 典型基站设备发射功率见表 3.14。

表3.14　5G典型基站设备发射功率

频段（GHz）	28	39	3.5	4.5
发射功率（dBm）	34	34	53	53

目前，多厂家典型 C-band 设备发射功率为 200 W，即 53 dBm。毫米波设备发射功率仅供参考，以厂家实际产品能力为准。

由于较高的载波频率带来更小的天线尺寸，5G 基站侧可采用大规模阵列天线增强上下行覆盖。相应地，接收终端侧也可以采用 2T4R 的天线形态、高功率终端、SRS 轮发技术，提高上行发送功率的同时获取多天线发送分集增益。

2T 指 2 根发送天线，每根天线最大发射功率为 23 dBm，终端发射功率合计 26 dBm。4R 指的是 4 根接收天线。相对于 4G LTE 1T2R 的终端形态可获得 3 dB 的功率增益、最大 3 dB 接收分集增益。

SRS 轮发是指 SRS 在哪根物理天线上发送用于信道信息的计算，如果只在固定天线发送则会丢失其他天线信息，导致可传输层数减少，发送速率降低。终端共计4根物理天线，需要在4根物理天线上实现2发4收的6根逻辑天线功能。4根物理天线时分实现上行发送和下行接收功能，上行发送天线固定在4根天线中的2根代表SRS非轮询，反之，如果上行发送天线在4根物理天线上时分轮换发送代表SRS可轮询。4根天线SRS轮发，可通过信道互易性获得下行最大4流增益[SRS非轮询只可获得下行多天线最大2流（2T）或1流（1T）增益]。

5G终端向形态多样化与技术性能差异化方向发展。5G初期的终端产品形态以eMBB场景为主。NSA支持双发终端，SA支持单发或双发。5G UE典型发射功率见表3.15。

表3.15　典型5G终端发射功率

设备类型	28 GHz	39 GHz	3.5 GHz	4.5 GHz
TUE（dBm）	20	17	26	26
CPE（dBm）	27	19	23	23
UE（dBm）	21	21	23	23

4. 天线增益

对比4G，5G NR采用Massive MIMO技术，天线数及端口数有大幅度增长。Massive MIMO对每个天线进行加权，控制大规模的天线阵列，通过业务信道赋形方向动态调整和广播信道场景化波束扫描来实现增强覆盖。赋形增益可以补偿无线传播损耗，用于提升小区等多场景覆盖，如广域覆盖、深度覆盖、高楼覆盖。5G射频模块与天线结合，一体化集成。

假设Massive MIMO由M个阵列组成，每个阵列由N个阵元构成，每个阵元又包含T个双极化阵子，总体相当于$2\times M\times N$个通道的MIMO天线。该MIMO天线的增益计算如下。

$$Gain_{MIMO}=Gain_{ZY}+Gain_{ZYF}+Gain_{BF}+Gain_{DP} \tag{3.5}$$

其中，

$Gain_{ZY}$：阵元增益；

$Gain_{ZYF}$：阵元的分集增益；

$Gain_{BF}$：该天线的赋型增益；

$Gain_{DP}$：阵子的双极化增益。

在链路预算中，把天线的增益统一纳入 $Gain_{MIMO}$ 中，不再细分天线增益。以目前应用最广泛的 64 通道 MIMO 为例，M=8，N=4，T=3，则其下行信道总体增益 $Gain_{MIMO}=Gain_{ZY}+Gain_{ZYF}+Gain_{BF}+Gain_{DP}=6+10\lg(N\times T)+10\lg M+10\lg 2=28$ dB，而对于上行控制信道，由于缺少 $Gain_{DP}=10\lg 2=3$ dB，其总体信道增益为 25 dB。类似地，如果是 256 通道的 MIMO，则其上、下行信道增益分别是 31 dB、34 dB。

3.5G NR 天线垂直半功率角更大，因此，在天线近点的场强和干扰抑制更好，特别是对于较高的站点，其覆盖特性差异更为明显。

5. 接收机灵敏度

接收机灵敏度是指接收机可以收到的并能正常工作的最低信号强度。接收机灵敏度与很多因素有关，如噪声系数、信号带宽、解调信噪比等，一般来说灵敏度越高（数值越低），说明其接收微弱信号的能力越强，但也存在容易被干扰的问题，对于接收机来说，灵敏度只要能满足使用要求即可。

一般地，接收机灵敏度计算公式为：$-174+NF+10\lg B+10\lg SINR$（$NF$ 为噪声系数、B 为信号带宽、$SINR$ 为解调信噪比）

热噪声功率谱密度＝$K\times T=1.38\times10^{-20}$ mW/K/Hz×290 K= –174 dBm/Hz

K 是波尔兹曼常数，$K=1.38\times10^{-20}$ mW/K/Hz；T 是标准噪声温度，T=290 K，灵敏度与温度有关，–174 dBm/Hz 是指在常温 25℃时的热噪声。高温时热噪声会增大，导致灵敏度变差。反之，低温时热噪声会减小，导致灵敏度变好。

接收机的噪声系数（NF，Noise Factor）指接收机输入端信噪比与输出端信噪比之比。

假设 S_{in} 为输入信号功率、N_{in} 为输入噪声、S_{out} 为输出信号功率、N_{out} 为输出噪声，则 $NF=(S_{in}/N_{in})/(S_{out}/N_{out})$。

理想接收机输出信噪比和输入信噪比相等，即无噪声，NF=0 dB。实际的接收机都是有噪声的，输出端信噪比会低于输入端信噪比，因此，NF 为正数。一般地，基站接收机的信噪比系数典型值为 2 ～ 5 dB。终端接收机的信噪系数典型值为 7 dB。

5G 系统的载波带宽从 5 MHz 到 400 MHz 可变，子载波间隔为 15 kHz、30 kHz、

60 kHz、120 kHz、240 kHz，而实际每个信道传输中占用的带宽往往只是其中的一部分，因此，针对每个信道的不同资源配置，信道的底噪功率也不同。

5G NR 系统由于 100 MHz 大带宽和 64TR 大规模阵列天线，控制信道会增加比特数指示更多的信息，比如 SS Block index、调度分配指示等信息。编码方式相同，如果占用资源不变，承载信息比特数增加，控制信道的编码率提升，会导致解调门限升高，覆盖能力降低。

信道编码率计算公式如下：

信道编码率 = bit（可用 RE 数 ×2× 信元编码率）

其中，可用 RE 数 = 信道占用 RB 数 ×12 – 不可用 RE 数（参考信号占用）；"2" 对应编码方式 QPSK；信元编码率与信道环境相关，最大为 0.9257。

结合上述参数，假设终端噪声系数取 7 dB，子载波带宽取 30 kHz，需求 SINR 为 –7.5 dB，则可算出接收机灵敏度为 –118.94 dBm。

6. 损耗

（1）穿透损耗。

实际无线通信网络规划中主要关注综合穿透损耗，即同时考虑介质穿透损耗、多径反射 / 绕射 / 衍射损耗、室内一定深度下的传播损耗等方面因素共同造成的信号的损失程度。

介质的穿透损耗是指无线信号穿透不同介质时发生的反射、折射导致的通过介质后的功率减小。频率越高，穿透损耗越小。单纯的介质穿透损耗可以在实验室专门针对不同介质进行穿透测试得到。

室内的传播损耗与电磁波的衍射性能相关，根据惠更斯原理，电磁波在遇到尺寸远大于其波长的障碍物时，会在障碍物边缘发生绕射，以次级波（Secondary Wavelets）的形式传播到障碍物的阴影区，频率越高，绕射损耗越高。

5G NR 频率相对 4G LTE 频率更高，理论上其介质穿透损耗更小而室内传播损耗更高，综合穿透损耗的性能有待在多种场景下进行实际验证。

频率越高，在传播介质中的衰减也越大。根据 3GPP 对不同材质穿透损耗的理论公式，计算出 1.8 G 和 3.5 G 的损耗差异，见表 3.16。

表3.16　3GPP对不同材质穿透损耗的理论计算

材料	穿透损耗（dB）	f=1.8 G	f=3.5 G
普通玻璃	$L_{\text{glass}}=2+0.2f$	2.36	2.7
红外隔热玻璃	$L_{\text{IIRglass}}=23+0.3f$	23.54	24.05
水泥墙	$L_{\text{concrete}}=5+4f$	12.2	19
木板	$L_{\text{wood}}=4.85+0.12f$	5.066	5.27

可以看到，3.5 GHz 与 1.8 GHz 在普通外墙材质的穿透损耗差异为 6 dB 左右。不同材质对应不同的穿透损耗；频段越高，穿透损耗越大。各频段穿透损耗取值见表 3.17。

表3.17　各频段穿透损耗取值

	穿透损耗（dB）					
频段（GHz）	低损耗	高损耗	密集城区	一般城区	郊区	乡镇
3.5	12	26	26	22	18	14
4.5	13	28	28	24	20	16
28	18	38	38	34	30	26

在密集城区场景，涂层玻璃、混凝土材质的建筑物相对较多，从而对应着较大的穿透损耗。在其他场景，上述建筑物的比重逐渐减少。

（2）植被损耗。

无线信号穿过植被，会被植被吸收或散射，从而造成信号衰减。信号穿过的植被越厚，无线信号频率越高，则衰减越大，且不同类型的植被造成的衰减不同。

在 NLOS 场景下，信号通过多个路径到达接收端，植被仅遮挡了部分路径的信号，所以总的能量损失较少。可以不考虑植被损耗。

在 LOS 场景下，信号主要通过 LOS 径到达接收端，如果 LOS 径被植被遮挡，则能量损失会相对较大。所以建议考虑植被损耗。

植被损耗参考经验值见表 3.18。

表3.18　植被损耗参考经验值

频段（GHz）	植被损耗（dB）
3.5	12
28	17

（3）人体损耗。

人体损耗包括近端损耗和遮挡损耗。

近端损耗为使用穿戴设备、手持设备时人体造成的损耗。

遮挡损耗为终端附近有行人，且行人对信号的遮挡。通常 LOS 场景的损耗较大，NLOS 场景的损耗较小。

① 在 NLOS 场景，信号通过多个路径到达接收端，人体仅遮挡了部分路径的信号，所以总的能量损失较少。

② 在 LOS 场景，信号主要通过 LOS 径到达接收端，如果 LOS 径被人体遮挡，则能量损失会相对较大。

如果终端位置相对较低，且目标场景的人流量极大时，可以适当考虑人体遮挡损耗，人体损耗取值见表 3.19。

表3.19　人体损耗取值

频段（GHz）	LOS 场景人体损耗（dB）	NLOS 场景人体损耗（dB）
3.5	6	3
28	15	8

7. 干扰余量和阴影衰落

5G NR 系统中控制信道和业务信道都采用波束赋形的方式发送。在控制信道方面，5G 系统采用波束扫描。如果合理安排扫描方案、错开不同小区的控制信道波束，则预期小区间控制信道干扰能够得到有效降低；在业务信道方面，5G 系统采用 64TR 的“3D”波束赋形，赋形更精准，对小区间业务信道干扰规避的效果应更优。因此，5G NR 链路预算中采用的上下行干扰余量比 4G LTE 系统低 2 dB，真实组网环境下的实际表现有待后续验证。

通信过程中由于障碍物阻挡造成的阴影效应导致接收信号强度下降。阴影衰落随地理位置的改变缓慢变化，属于慢衰落。频率越高，衰落越大，但差异较小。阴影衰落余量的取定与天线传播环境场景、系统边缘覆盖概率要求等相关。目前，5G NR 链路预算中对于城区环境阴影衰落余量可取为 9 dB 左右。

3.4.3　5G 链路预算举例

5G 链路预算的测算机理，与 LTE 类似，只有上述关键参数取值存在差异。

1. 5G 上行链路预算

上行链路预算又可分为控制信道和业务信道的链路预算，两者均适用于：

$$PL_{\_UL}=P_{out\_UE}-Lf_{hm}-S_{\_NR}+Ga_{\_MIMO}-L_{kj}-L_{p}-M_{f}-M_{l} \tag{3.6}$$

其中，

$PL_{\_UL}$：上行链路最大传播损耗（dB）；

P_{out_E}：终端最大发射功率（dBm）；

Lf_{hm}：人体损耗（dB）；

$S_{\_NR}$：基站接收灵敏度（dBm）；

$Ga_{\_MIMO}$：MIMO 天线增益（dBi）；

L_{kj}：馈线和接头损耗（dB）；

L_{p}：建筑物穿透损耗（dB）；

M_{f}：阴影衰落余量（dB）；

M_{l}：干扰余量（dB）。

（1）业务信道。

在取定典型参数和常规参数的前提下，以 10 Mbit/s 和 20 Mbit/s 数据业务为例，给出 5G 上行链路的业务信道链路预算，见表 3.20。

表3.20　5G上行链路的业务信道链路预算

系统参数	业务速率		一般城区 3.5 GHz · 64 MIMO	
	10 Mbit/s	20 Mbit/s		
载波带宽（MHz）	100	100		
子载波带宽（kHz）	30	30	A	μ=1
MIMO 通道	64	64		
发射功率（dBm）	23	23	B	20 W
人体损耗（dB）	2	2	C	
天线口功率（dBm）	21	21	D	D=B–C
RB 分配量	35	70	E	μ=1 时，总共 273 个 RB
热噪声（dBm）	–102.89	–99.88	F	F=174+10lg（KTB）
噪声系数（dB）	7	7	G	
接收基底噪声（dBm）	–95.89	–92.88	H	H=F+G
SNR（dB）	-0.5	0	I	MCS 4
接收机灵敏度（dBm）	–96.39	–92.88	J	J=H+I

（续表）

系统参数	业务速率		一般城区 3.5 GHz · 64 MIMO	
	10 Mbit/s	20 Mbit/s		
MIMO 增益（dBi）	25	25	L	
馈线和接头损耗（dB）	0.1	0.1	M	
建筑穿透损耗（dB）	20	20	N	
阴影衰落余量（dB）	8.3	8.3	O	
干扰余量（dB）	2	2	P	
最大路径损耗（dB）	111.99	108.48	Q	Q=D–J+L–M–N–O–P

（2）控制信道。

上行控制信道主要是 PRACH 和 PUCCH，由于大部分参数与业务信道相同，在此只列出不同的部分，见表 3.21。

表3.21　5G上行控制信道与业务信道链路预算差异

序号	项目	上行控制信道		上行业务信道（Mbit/s）	
		PRACH	PUCCH	10	20
1	所需 RB 数量	3	12	35	70
2	SINR（dB）	–3	–2.1	–0.5	0
3	接收灵敏度（dBm）	–109.56	–102.64	–96.39	–92.88
4	链路预算（dB）	125.16	118.24	111.99	108.48

对比上行控制信道和业务信道的链路预算，可知：

① 上行控制信道的覆盖能力受限于 PUCCH；

② 即便是 PUCCH，其覆盖能力也高于上行业务信道，所以上行链路为业务信道 PUSCH 时受限；

③ 上行业务信道覆盖范围随着小区边缘目标速率的增大而减小。

2. 5G 下行链路预算

类似地，可先对下行链路进行链路预算的分析。

$$PL_{\_DL}=P_{\text{out\_NR}}-Lf_{\text{k j}}-S_{\_\text{UE}}+Ga_{\_\text{MIMO}}-L_{\text{hm}}-L_{\text{p}}-M_{\text{f}}-M_{\text{I}} \tag{3.7}$$

其中，

$PL_{\_DL}$：下行链路最大传播损耗（dB）；

$P_{\text{out\_NR}}$：基站最大发射功率（dBm）；

Lf_{kj}：馈线和接头损耗（dB）；

$S_{\_UE}$：终端接收灵敏度（dBm）；

$Ga_{\_MIMO}$：MIMO 天线增益（dBi）；

L_{hm}：身体损耗（dB）；

L_p：建筑物穿透损耗（dB）；

M_f：阴影衰落余量（dB）；

M_I：干扰余量（dB）。

（1）业务信道。

以 20 ～ 50 Mbit/s 数据业务为例，5G 下行业务信道链路预算参数见表 3.22。

表3.22　5G下行业务信道链路预算

系统参数	业务速率				一般城区 3.5 GHz · 64MIMO	
	20	30	40	50		
载波带宽（MHz）	100	100	100	100		
子载波带宽（kHz）	30	30	30	30	A	μ=1
MIMO 通道	64	64	64	64		
发射功率（dBm）	43	43	43	43	B	20W
馈线和接头损耗（dB）	2	2	2	2	C	
天线口功率（dBm）	41.00	41.00	41.00	41.00	D	D=B–C
RB 分配	70	105	140	175	E	μ=1 时，总共 273 个 RB
热噪声（dBm）	–99.88	–98.12	–96.87	–95.90	F	F=–174+10lg（KTB）
噪声系数（dB）	7	7	7	7	G	
接收基底噪声（dBm）	–92.88	–91.12	–89.87	–88.90	H	H=F+G
SNR（dB）	0	0	0	0	I	MCS 4
接收机灵敏度（dBm）	–92.88	–91.12	–89.87	–88.90	J	J=H+I
MIMO 增益（dBi）	28	28	28	28	L	
人体损耗（dB）	0.1	0.1	0.1	0.1	M	
建筑穿透损耗（dB）	20	20	20	20	N	
阴影衰落余量（dB）	8.3	8.3	8.3	8.3	O	
干扰余量（dB）	2	2	2	2	P	
最大路径损耗（dB）	131.48	129.72	128.47	127.50	Q	Q=D–J+L–M–N–O–P

（2）控制信道。

下行控制信道包括 PBCH、PDCCH 等，由于大部分参数与业务信道相同，在此只列出不同的部分，见表 3.23。

表3.23 5G下行控制信道与业务信道链路预算差异

项目	下行控制信道		下行业务信道（Mbit/s）			
	PBCH	PDCCH	20	30	40	50
所需 RB 数	24	8CCE	70	105	140	175
SINR（dB）	–0.5	0	0	0	0	0
接收灵敏度（dBm）	–98.03	–95.77	–92.88	–91.12	–89.87	–88.90
链路预算（dB）	136.63	134.37	131.48	129.72	128.47	127.50

对比下行控制信道和业务信道的链路预算，可知：

① 下行控制信道的覆盖能力受限于业务信道，PBCH 能够达到最大覆盖范围；

② 在 4G 中下行信道是受限于 PDCCH，但与下行业务信道能力相差不大。而 5G 中增加了 MIIMO 信道增益，同时下行的速率要求也比 4G 高出许多，这也是导致下行业务信道受限的原因；

③ 下行业务信道覆盖范围随着小区边缘目标速率的增大而减小。

3.4.4 5G 与 4G 链路预算差异

5G 与 4G 主要无线链路参数差异见表 3.24。

表3.24 5G与4G主要无线链路参数差异

链路影响因素	LTE 链路预算	5G NR 链路预算——C-band	5G NR 链路预算——毫米波
馈线损耗	RRU 形态，天线外接存在馈线损耗	AAU 形态，无外接天线馈线损耗；RRU 形态，天线外接存在馈线损耗	AAU 形态，无外接天线馈线损耗
基站天线增益	单个物理天线仅关联单个 TRX，单个 TRX 天线增益即为物理天线增益	MM（Massive MIMO）天线阵列，阵列关联多个 TRX，单个 TRX 对应多个物理天线，链路预算中的天线增益仅为单个 TRX 代表的天线增益。 5G RAN 1.0 C-band 64T64R，64TRX，每个 TRX 天线增益为 10 dBi，整体单极化天线增益为 24 dBi，其中，14 dB 为 BF 增益，体现在解调门限中，不在天线增益中体现	MM 天线阵列，阵列关联多个 TRX，单个 TRX 对应多个物理天线，链路预算中的天线增益仅为单个 TRX 代表的天线增益。 5G RAN 1.0 毫米波 4T4R，4TRX，每个 TRX 天线增益为 28 dBi，整体单极化天线增益为 31 dBi，其中，3 dB 为 BF 增益，体现在解调门限中，不在天线增益中体现
传播模型	COST231-Hata	3GPP TR 36.873 UMa/RMa/UMi	3GPP TR 36.873 UMa/RMa/UMi
穿透损耗	相对较小	更高频段、更高穿透损耗	更高频段、更高穿透损耗
干扰余量	相对较大	MM 波束天然带有干扰避让效果，干扰较小	MM 波束天然带有干扰避让效果，干扰较小 频段较高
人体遮挡损耗	N/A	N/A	高频需要考虑
雨衰	N/A	N/A	高频 WTTX 场景需要考虑
树衰	N/A	N/A	高频 LOS 场景需要考虑

3.5　5G网络覆盖规划与设计

3.5.1　覆盖场景分类

无线覆盖一般可分为面覆盖、线覆盖及点覆盖三大类，其中，面覆盖和线覆盖多为室外覆盖，点覆盖为室内覆盖。

如图 3.6 所示，面覆盖包含密集城区、一般城区、郊区（县乡镇）、农村 4 类场景。密集城区、一般城区等场景具有楼宇分布密集、高大，楼层相对较高并且楼宇分布不规则或成片分布，穿透损耗大的特点。郊区和县乡镇场景具有楼宇楼层较低、用户较为集中、覆盖范围较小等特点，农村场景用户分散，基本分布在村庄附近。

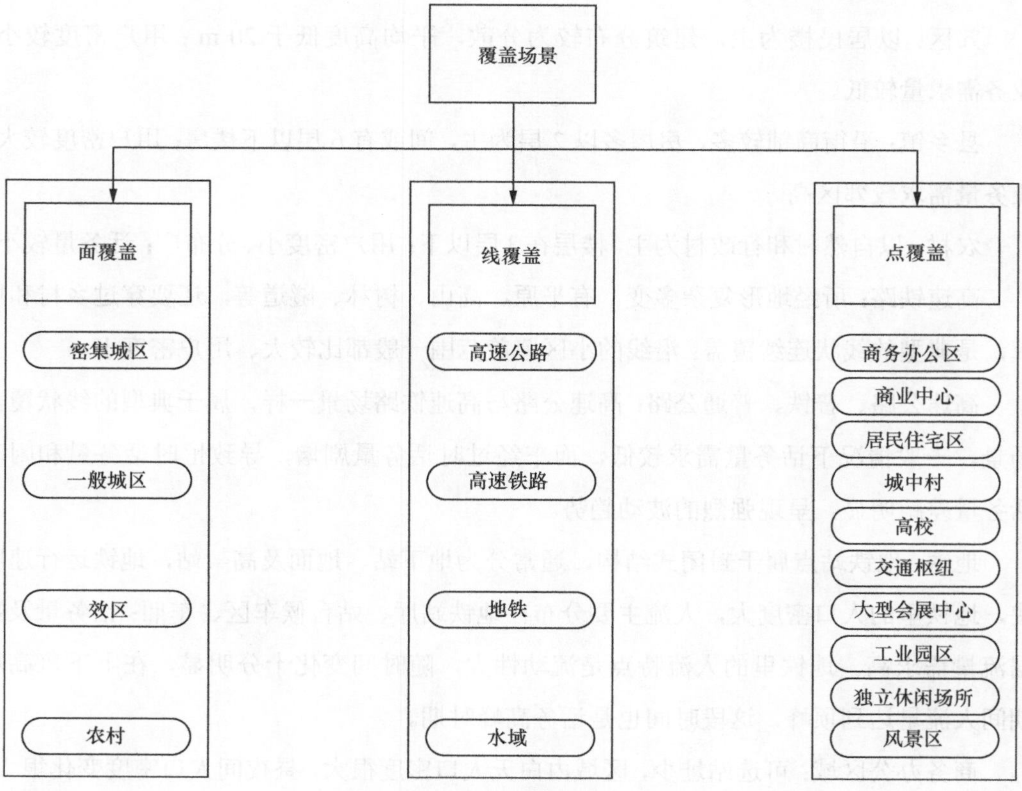

图3.6　场景分类

线覆盖包括高速铁路、普通铁路及地铁、隧道等场景。高速铁路覆盖对信号切换要求较高，否则容易影响用户感知。普通铁路及高速公路所经过的地形往往复杂多变，只需要保证信号强度即可，基站覆盖范围一般较大。地铁及隧道覆盖具有范围狭长、用户密度大、业务需求高等特点。

点覆盖包括商务办公区（CBD）、商业中心、居民住宅区、城中村、高校、交通枢纽、大型会展中心、工业园区、独立休闲场所、风景区 10 类场景。

各场景的特点如下。

密集城区：高楼林立，大多数建筑物高度在 30 m（10 层）以上；运营商的高端客户较多，对数据业务需求量大，容量需求较高，站址获取困难。

一般城区：以居民楼为主，有零星商场、店铺以及高层建筑等，较密集；用户话务量较高，站址获取困难。

郊区：以居民楼为主，建筑分布较为分散，平均高度低于 20 m；用户密度较小，业务需求量较低。

县乡镇：沿街商铺较多，房屋多以 2 层为主，间或有 6 层以下楼房；用户密度较大，业务量需求较郊区高。

农村：以自然村和行政村为主，楼层在 3 层以下；用户密度小、分布广；话务量较小。

高速铁路：所经地形复杂多变，有平原、高山、树林、隧道等，还要穿过乡村和城镇，是典型的线状连续覆盖；沿线的小区覆盖范围一般都比较大、用户密度小。

高速公路、普铁、普通公路：高速公路与高速铁路场景一样，属于典型的线状覆盖场景。一般情况下话务量需求较低，而车经过时话务量剧增，导致忙时话务量和闲时话务量差距明显，呈现强烈的波动趋势。

地铁：地铁站点属于封闭式结构，通常分为地下站、地面及高架站，地铁运行速度快，地铁里的人口密度大，人流主要分布在地铁站厅、站台候车区、车厢；话务量及数据流量需求高。地铁里的人流特点是流动性大，随时间变化十分明显，在上下班高峰期间人流量达到顶峰，这段时间也是话务高峰时期。

商务办公区域：可选站址少，区域内白天人口密度很大，昼夜间人口密度变化很大，白天话务量及数据流量很高，潮汐现象较为明显。

商业中心：中心商铺多，纵深较大，受建筑阻挡，室外信号穿透能力差，店内多信号弱区、盲区；人流量密集，话务量和数据流量需求很高，尤其在节假日达到话务高峰。

居民住宅区：典型住宅区分为高层住宅区、小高层住宅区、老式居民小区及别墅区。

城中村：居住用地、工业用地、商业用地等相互交织，建筑物密集杂乱，楼间距往往只有 1 ～ 2 m，呈现出“一线天”状况，建筑物以 5 ～ 7 层为主，低层弱覆盖现象比较普遍；话务量需求较高。

高校：高校区域一般包括宿舍楼、图书馆、行政楼、教学楼、校园内的医院、食堂等室内环境，以及操场、小公园、校园主干道等室外环境。楼宇稀疏，且以中低层为主；高校内日间教学楼区域、晚间学生宿舍区域语音及数据业务均忙。

交通枢纽：建筑结构以中低层为主，内部隔断少，空间大。

大型会展中心：含室内型、室外型两种，单体建筑以中低层为主，面积大。场地部分空旷，办公区域隔断多，建筑结构复杂，穿透覆盖难度大。

工业园区：工业园区主要分为办公区、生产区、宿舍区以及室外区域；在生产空闲时语音业务需求及数据业务需求均较大。

独立休闲场所：空间相对封闭，多采用钢筋混凝土框架，房间间隔主要为砖混结构体结构，建筑物阻挡严重，穿透损耗大。

风景区：分为重点风景区和非重点风景区。重点风景区分为旅游旺、淡季季节性，旺季话务流动性大，业务需求量高。非重点风景区人流量一般，话务量及数据流量需求一般，旅游旺季业务需求具备突发性。

3.5.2　覆盖规划与设计流程

5G 网络覆盖估算的目的是从覆盖和区域特性的角度按照站间距估算所需的基站数目，规划覆盖流程如图 3.7 所示。

在规划初期确立建网目标时，先确定覆盖场景、目标区域覆盖范围等。链路预算部分则是根据覆盖目标的需求，结合不同的参数和场景计算出无线信号在空中传播时最大允许路径损耗（MAPL，Maximum Allowable Path Loss），并根据相应的传播模型估算出小区的覆盖半径。根据覆盖半径计算满足覆盖区域内站点数。

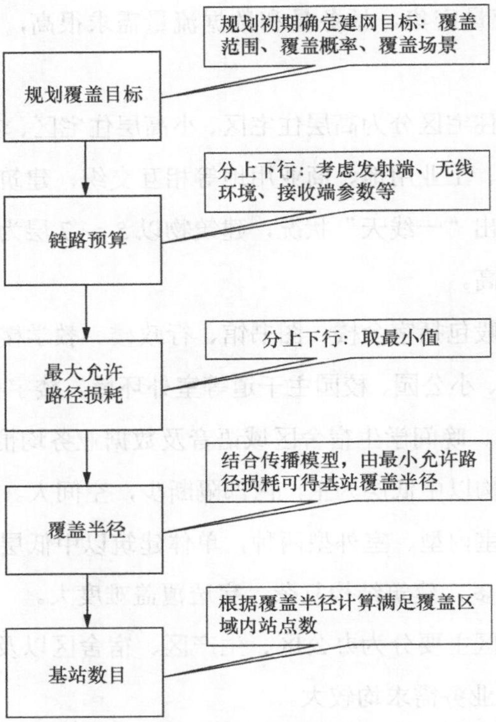
规划初期确定建网目标：覆盖范围、覆盖概率、覆盖场景
规划覆盖目标
分上下行：考虑发射端、无线环境、接收端参数等
链路预算
分上下行：取最小值
最大允许路径损耗
结合传播模型，由最小允许路径损耗可得基站覆盖半径
覆盖半径
根据覆盖半径计算满足覆盖区域内站点数
基站数目

图3.7 规划覆盖流程

3.5.3 覆盖半径计算

例如，对于带宽 100 MHz 的 3.5 GHz 频段组网的 5G NR，采用 3GPP TR 36.873 UMa NLOS 模型，基于上行 5 Mbit/s、下行 100 Mbit/s 的目标边缘速率，评估密集城区、一般城区、郊区场景下小区覆盖半径，并结合仿真及路测结果，建议的各覆盖场景采用 5G 站间距见表 3.25。

表3.25 典型5G站间距建议

覆盖场景	5G 站间距（m）
密集市区	150 ～ 200
一般市区	300 ～ 400
郊区	600 ～ 800

3.5.4　站址规划与设计

1. 基站选址原则

为了解决移动基站选址难的问题，应从规划布局、选址管理、站址优化 3 个方面着手。

首先，科学布局、合理规划。根据网络制式的特点，结合现网分布网络结构，合理规划站址位置。其次，加强选址工作的管理力度，提升选址人员专业水准，提升选址效率和站址的稳定性。最后，对于一些敏感地带、选址困难区域，采取灵活的优化替代方案。

通信基站站址选择就是在总体网络规划的基础上，为了避免由于地形及地面建筑物的不规则性造成的信号强度覆盖图形的不均匀性以及干扰，为基站选择一个最优的建设位置。在 5G 网络中，相邻节点的传输损耗一般差别不大，这将导致网络中多个干扰源强度相近，引起网络性能恶化。因此，在选址时，既要考虑覆盖要求，又要考虑与相邻基站、相邻系统间的干扰。而且在移动通信网络中，不应只考虑一个基站的位置，应整体把握网络布局。所有这些因素的变化，将对其他基站的站址产生影响。

站址选择应满足的一般原则包括布局结构、话务分布、站址高度、干扰、周围配套、成本。

（1）站址布局应符合蜂窝网络结构。基站布局要与周边环境相匹配，基站之间要尽量形成理想的蜂窝结构。应在统一的规划指导下，结合网络实际情况进行选址，为确保实现较好的覆盖效果，实际选址位置偏离规划站址位置应控制在 R/4 范围内（R 为基站覆盖半径），以保持网络结构的合理性与稳定性。

（2）话务尽量集中。避免将小区边缘设置在用户密集区，良好的覆盖是有且仅有一个主力覆盖小区。

（3）站址高度高于周边平均高度。通常情况下，宏基站天线挂高宜高于周边建筑物平均高度 5 m 以上，确保覆盖效果。天线挂高应尽量保持一致，不宜过高，避免形成越区覆盖，且要求天线主瓣方向无明显阻挡，满足覆盖的需求。

① 密集城区，基站天线挂高宜控制在 20 ~ 40 m；

② 一般城区，基站天线挂高宜控制在 20 ~ 50 m；

③ 乡镇农村，基站天线挂高宜控制在 35 ~ 50 m；

④ 特殊情况下，如某建筑较为封闭的小区，在小区中心新建基站覆盖本小区，天线挂高须低于小区建筑物平均高度。

（4）基站应避免大的干扰源。大功率电台附近底噪较高，造成通话质量急剧降低；频率相近的其他无线设备会产生相关干扰，造成掉话、通话质量差等问题。

（5）站点应选在交通方便、市电供应良好、环境安全的地方。站点的选择考虑好配套设施问题，能给基站的建设和维护带来便利，如交通方便能提高建设及维护的速度；市电供应良好能使基站更安全的运行；环境安全能降低移动通信设施被破坏的概率。

（6）在选址时，尽量选取成本低的站址。在不影响总体布局的情况下，选取成本低的站址对于企业的经营有利。

2. 站址规划优化方案

在 5G 网络实际建设中，可能在最优位置不能建基站，需要调整原有布局，可以采用以下方案。

（1）宏＋微。指在原规划位置宏基站需求选址困难的情况下，调整宏基站规划位置，结合仿真数据新增一个微小站辅助，形成一个“主＋辅”布局，达到原有规划位置建设覆盖效果的目的。

（2）改＋微。指在原规划位置选址困难的情况下，经现场勘察选取合适的其他运营商现网站址，结合仿真数据新增一个微小站辅助，形成一个“改＋辅”布局，达到与在原有规划位置建设基站一样的覆盖效果。

（3）改＋改。指在原规划位置选址困难的情况下，经现场勘察选取周边两个合适的其他运营商现网站址，结合仿真效果，形成一个“改＋改”布局，达到与在原有规划位置建设基站一样的覆盖效果。

在实际操作中，可以灵活选择这 3 种选址优化方案，对于一些选址困难、地理位置敏感的站址，结合实际情况，可采用“宏＋2 微”模式，类似有“改＋2 微”等模式。敏感区域尽量选择美化方案，降低阻工风险。

3. 偏远地区 5G 基站精准选址

由于 5G 系统频率高、传输损耗大，5G 基站的精准选址具有非常重要的意义，同时也面临一些困境，如下。

（1）偏远地区存在地广人稀、道路弯曲的特点，覆盖目标分散。而 5G 频段高，覆盖距离短，精准定位待覆盖目标是一个重要的前提。此外，偏远地区地形地貌复杂、阻挡多，而 5G 系统在传输时接近直线传播，这意味着在针对待覆盖目标精准布设 5G 基站时，需要考虑非常复杂的环境因素。

（2）在以往的基站选址中，更多地依靠选址工程师实地勘察，依据经验在现场针对覆盖目标选取若干个备选站址，之后在电子地图上结合现网进行整体判断，最终确定选址位置。这种选址流程更多地依靠选址工程师的主观经验，无法保证选址位置最优。

（3）目前对选址缺乏一套行之有效、简便且低成本的评估方法。

对于农村、山区、旅游景区等偏远地区，在 5G 无线网络建设中，重点需要保障民众聚集区、劳作区、道路等的覆盖。为了有效评估 5G 基站选址质量，结合常用的三维地图软件，研究人员提出一套评估办法，并量化选址效果。图 3.8 为偏远地区选址的典型模型。

在图 3.8 中，拟选址位置为 T，基站覆盖半径为 R，待覆盖目标为村庄 V_m 以及乡村道路 S。当待覆盖目标距离选址位置超出 R 时认为不能覆盖。S_i 为乡村道路 S 上按照一定距离离散化的点，TS_i 为 T 和 S_i 之间的距离，且 TS_i 满足视距传播无阻挡。量化评估选址位置 T 的步骤如下。

（1）判断 T 是否能够以视距覆盖村庄，且 TV_m 的距离是否满足小于或等于 R，如果都满足，则可以进行下一步评估，同时计 Q_m 为覆盖村庄获得的分值，可以归纳为点覆盖分值。

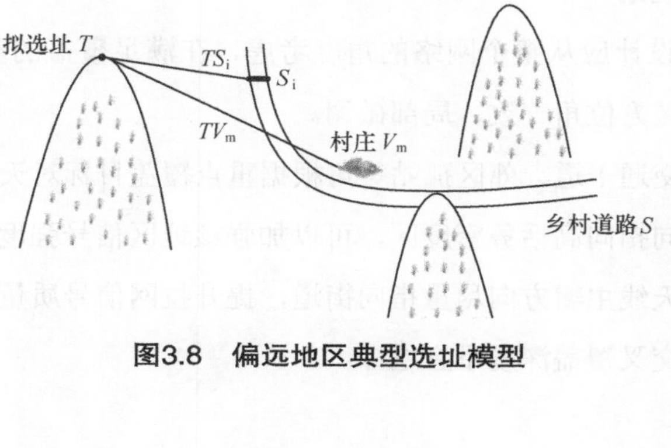

图3.8　偏远地区典型选址模型

（2）利用三维地图软件，识别 T 能够进行视距覆盖的乡村道路 S 的范围，将该路段按照一定的间隔距离离散化为一系列独立的点 S_i。

（3）以覆盖半径作为基准，剔除掉 TS_i 长度大于覆盖半径的离散点，取其他离散点对应的 TS_i 的分值并求和，可以归纳为线覆盖分值，TS_i 越小，覆盖效果越好，线覆盖分值越大。

（4）选址 T 的评估结果为点覆盖分值与线覆盖分值之和。

用 Q 表示 T 选址效果的量化结果，用数学式可以表示如下：

$$Q=\sum Q_m+\sum+\left[\left(\frac{R}{TS_i}\right)^x\times c\right] \tag{3.8}$$

其中，χ为幂指数，当 $\chi>1$时，TS_i小于覆盖半径，且 χ 越小，覆盖效果越好，分值升高得越快。c为一个常量，c和Q_m的相对关系可以表示在偏远地区的选址评估中，村庄、劳作区、景点等点覆盖和道路等线覆盖的重要性比较。

3.5.5 Massive MIMO 规划

Massive MIMO 作为5G的主要特性之一，实现波束赋形，形成极精确的用户级超窄波束，并随用户位置的改变而改变，将能量定向投放到用户位置，相对传统宽波束天线可提升信号覆盖能力，同时降低小区间用户干扰。

Massive MIMO 天线波束分为静态波束和动态波束，SSB 及 PDCCH 中小区级数据、CSI-RS 采用小区级静态波束和时分扫描的方式，PDSCH 中用户数据采用用户级动态波束，根据用户的信道环境实时赋形。

1. 天线方位角规划

天线方位角的设计应从整个网络的角度考虑，在满足覆盖的基础上，尽可能保证城区各基站的三扇区方位角一致，局部微调。

城郊结合部、交通干道、郊区孤站等可根据重点覆盖目标对天线方位角进行调整。

天线的主瓣方向指向高话务密度区，可以加强该地区信号强度，提高通话质量；关键道路覆盖场景，天线主瓣方向尽量指向街道，提升拉网信号质量。

异站相邻扇区交叉覆盖深度不宜过深。

一般同基站相邻扇区天线方向夹角不宜小于 90°。

为防止越区覆盖，密集城区应避免天线主瓣正对较直的街道。

2. 广播波束规划

5G 64T64R AAU 支持 7 种波束配置，垂直面波宽有 6°、12°、25° 这 3 种，其中，基本波束宽度为 6°，波宽为 12° 的波束由两个基本波束合成；波宽为 25° 的波束由 4 个基本波束合成。3.5G 波束定义见表 3.26。

表3.26　3.5G波束定义

场景	水平扫描范围	水平面波束个数	垂直扫描范围	垂直面波束个数	数字倾角
1	105°	7+1	6°	2	–6° ～12°
2	65°	1	6°	1	–6° ～ 12°
3	110°	8	25°	1	
4	110°	8	6°	1	–6° ～ 12°
5	90°	6	12°	1	–3° ～ 9°
6	65°	6	25°	1	
7	25°	2	25°	4	

波束配置 1：既可获得远点相对高的增益，又可以保证近点用户的接入。

波束配置 2：与传统的宽波束类似，水平覆盖范围有限，主要用于峰值场景，节约开销。

波束配置 3：在垂直覆盖要求比较高时，垂直面可以覆盖更大的角度，但波束增益下降。

波束配置 4：水平覆盖要求较高的广覆盖场景，相对于场景 1，垂直面波宽更窄，波束增益更高，可以提升远点覆盖性能。

波束配置 5：适用于广范围立体浅覆盖，但是水平范围比场景 1 略小。

波束配置 6：适用于楼宇浅覆盖，相对于场景 1，水平范围较小，垂直范围较大。

波束配置 7：适用于楼宇深度覆盖，垂直维度的波束增益较高。

3. 下倾角规划

LTE 传统宽波束小区只有一个宽波束，下倾角仅分为机械下倾角和电下倾角两部分，LTE 机械下倾角 + 电下倾角的规划原则是波束的 3 dB 波宽外沿覆盖小区边缘，控制小区覆盖范围，抑制小区间干扰。

5G Massive MIMO 波束下倾角和 LTE 传统宽波束不同，分为机械下倾角、预置电下倾角、可调电下倾角和波束数字下倾角 4 种，最终下倾角是 4 种组合在一起的结果。

5G Massive MIMO 波束下倾角包括公共波束下倾角和业务波束下倾角，如图 3.9 所示。

公共波束下倾角：由机械下倾角和数字下倾角确定，调整公共信道波束，影响用户在网络中的驻留，优化小区覆盖范围。

业务波束下倾角：由机械下倾角和可调电下倾角确定，调整业务信道倾角，影响用户 RSRP（参考信号接收功率）和速率。

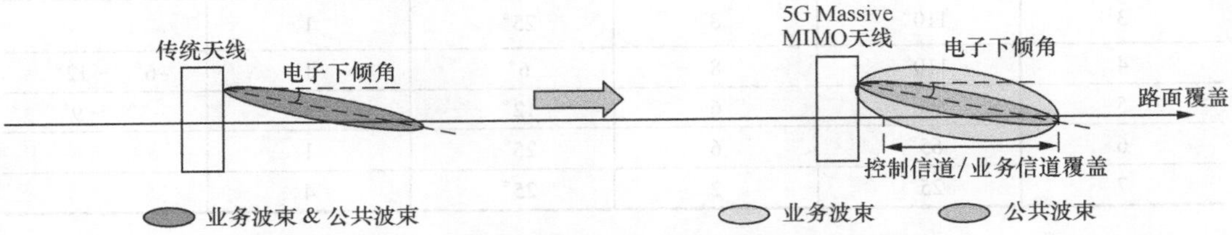

图3.9　控制信道覆盖和业务信道覆盖的差异

由机械调整决定的下倾角，同时对公共波束和业务波束进行调整。

电下倾角通过改变天线振子的相位来改变垂直分量和水平分量的幅值大小，进而改变合成场强的强度，从而使天线的方向图整体下倾。

天线预置下倾角是单 TRX 预置电下倾，对于广播波束，预置下倾仅影响数字倾角调整范围和最大增益，不影响实际控制信道倾角度数（仅取决于数字权值）；对于业务波束，影响可调电下倾角调整范围和业务包络最大增益。

对于广播波束，可调电下倾角仅影响数字倾角调整范围和最大增益指向，不影响实际控制信道倾角度数（仅取决于数字权值）；对于业务波束，可调电下倾角决定了业务信道倾角指向；当数字权值导向矢量、可调电下倾角和预置电下倾角指向相同时，业务信道包络获得最大增益。

波束数字下倾角功能仅支持广播波束下倾角的调整，不支持业务信道动态波束下倾角的调整。

5G Massive MIMO 天线下倾角规划原则如下（如图 3.10 所示）。

（1）PDSCH 覆盖最优原则，PDSCH 倾角最优原则。

（2）控制信道与业务信道同覆盖原则，默认控制信道倾角与业务信道倾角一致。

（3）新建 5G 站点时，以波束最大增益方向覆盖小区边缘，垂直面有多层波束时，原则上以最大增益覆盖小区边缘。

（4）对于已有 3G/4G 网络运营商，预规划时共站比例都很高，LTE 下倾的规划原则是波束 3 dB 波宽外沿覆盖小区边缘，以控制小区覆盖范围，抑制小区间干扰。建设 5G 站点时，以波束最大增益方向覆盖小区边缘。

业务信道下倾角的规划原则：4G 机械下倾角 + 电下倾角 =5G 机械下倾角 + 可调电下倾角 +2°。

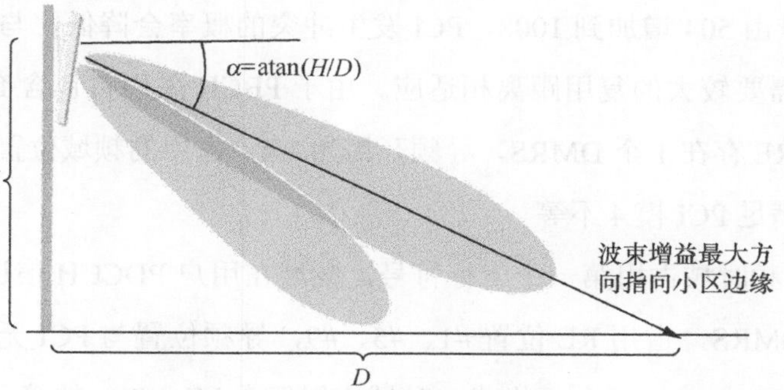

图3.10 5G下倾角规划原则

控制信道下倾角的规划原则：4G 机械下倾角 + 电下倾角 =5G 机械下倾角 + 数字下倾角 +2°。

（5）倾角调整优先级：设计合理的预置电下倾角→调整可调电下倾角→数字下倾角→调整机械下倾角。

3.5.6 其他参数规划

1. 邻区规划

在 SA 组网模式下，5G 系统与 4G 系统邻区配置一致；在 NSA 组网模式下，以 4G 作为锚点，5G 无须配置邻区。在 SA 组网模式下，宏基站与宏基站的邻区配置原则为添加本站所有小区互为邻区，添加第一圈小区为邻区，添加第二圈对打小区为邻区（需要根据周围站址密度和站间距来判断）。宏基站与室内分布的邻区配置原则为5G室内分布底层小区根据室内分布出入口处的5G信号强度，配置3～6个最强的5G宏基站邻区；同时这些5G宏基站也需要添加该5G室内分布小区作为邻区；5G室内分布高层如窗户边宏基站信号很强，可以考虑添加宏基站小区到室内分布小区的单向邻区。

2. PCI规划

5G NR的PCI规划原则与LTE类似，也要满足相同PCI的复用距离足够远，避免同一个基站的小区以及该基站的邻区列表出现PCI相同的情况，保留适量的PCI用于室内分布规划、位置边界规划和网络的扩展。与LTE相比，5G NR的PCI规划有以下变化。

PCI的数量由504增加到1008，PCI发生冲突的概率会降低，与5G NR的小区覆盖范围较小，需要较大的复用距离相适应。由于PBCH采用自包含DMRS，在两个符号上，每4个RE存在1个DMRS，导频开销为1/4，占用的频域位置满足条件，因此，相邻小区需要满足PCI模4不等。

PDCCH导频时域占用第一个下行符号，频域在用户PDCCH信道带宽内每隔3个RE插入一个DMRS，占用RE位置#1、#5、#9，导频位置与PCI无关。PDSCH的前置导频采用Configuration Type 1格式，时域占用每个Mini-Slot的第一个PDSCH符号，频域在用户PDSCH信道带宽内每两个RE插入一个DMRS，导频位置与PCI无关，导频序列和PCI相关，因此，相邻小区要满足PCI不同的条件。

上行PUSCH的参考信号和下行参考信号的导频序列生成方式相同，都是Gold序列，只需要相邻小区满足PCI不同的条件，但是对于PUCCH的导频和SRS，仍然采用ZC序列的生成方式，因此，相邻小区要满足PCI模30值不同。

3. PRACH根序列规划

当小区使用相同的PRACH根序列时，将导致虚警概率提升或碰撞概率提升。如果两个小区根序列相同，虚警的产生主要是由于小区边界UE发起前导接入时，两个小区均能正确检测，但UE只能接入其中一个小区，对于另外一个小区此前导为虚警。

虚警增加，UE 接入碰撞（两个 UE 同一时刻使用相同的前导接入同一个小区）的概率也增加，其中一个 UE 会延迟接入，影响接入时延。因此，为 NR 小区分配合适的 PRACH ZC 根，并解决网络中潜在的 PRACH ZC 根冲突，对 NR 无线网络的建设、维护有着重要意义。

ZC 根序列规划通过网络规划为多个小区自动分配合理的根序列，保证高速小区优先分配检测性能较好的前导序列，且相邻小区分配不同前导序列以降低干扰。

前导格式用于封装前导序列，前导序列对应一个 ZC 根序列，而一个 ZC 根序列通过循环移位（*N*cs）可以产生较多的前导序列。ZC 根序列规划首先要先确定前导格式，再根据小区半径确定 *N*cs，最后得到每个小区使用的根的集合，ZC 根序列规划要求相邻小区间 ZC 根集合不重叠，使用相同 ZC 根的小区隔离度尽可能大。ZC 根序列索引分配应该遵循以下几个原则：

（1）按照高速大半径 > 高速小半径 > 低速大半径 > 低速小半径顺序规划小区 ZC 序列；

（2）由于 ZC 根序列索引个数有限，如果在某待规划区域内，ZC 根序列索引使用完后，应对 ZC 根序列索引的使用进行复用，复用规则为当两个小区之间的距离超过一定范围时，两个小区可以复用同一个 ZC 根序列索引，同时要求两个小区之间隔离的小区个数越多越好。

4. TA/TAL 规划

在新建 5G 网络时，TA/TAL 作为重要的无线网络参数，需要进行精细的规划，避免由于 TA/TAL 规划不合理而引起网络性能问题。

TA/TAL 太小或边界不合理会使处于追踪区边界的用户发起大量 TAU。

TA/TAL 太大会引起寻呼负载过高，容易引起高的寻呼时延或者寻呼丢弃。

过高的 TAU 次数和寻呼次数会影响 gNB 的 CAPS（CPU 负载的量化指标），进而影响后续用户的接入。

进行 TA/TAL 规划时，需要综合考虑当前网络规模、用户分布、后续网络扩容规模和产品支持的寻呼规格等因素，给出最佳的 TA/TAL 规划配置。

| 3.6 | 5G 网络容量规划与设计

3.6.1 容量规划与设计流程

容量规划是通过计算满足一定话务需求所需要的无线资源数目，进而计算出所需要的载波配置、基站数目。容量估算的三要素：话务模型、无线资源、资源占用方式，也就是说，容量估算是在一定的话务模型下，按照一定的资源占用方式，求取无线资源占用数量的过程，以满足一定的容量能力指标。

5G 业务相较于 4G 发生了很大的变化，分为三大场景：eMBB、mMTC、uRLLC，各场景业务特征、覆盖场景、用户行为等都不相同。但是容量规划的原理依然相似，5G 容量规划流程如图 3.11 所示。

5G 容量规划主要完成业务总需求与单基站能力的核算，业务总需求为规划区域内用户的总业务需求（总吞吐量、总连接用户数、总激活用户数等）；单基站能力为单基站所能提供的容量（吞吐量、连接用户数、激活用户数等）。基站需求数为总业务需求 / 单基站能力的最大数量。同时考虑到到实际网络中的话务分布不均衡等因素，需要对相应结果进行修正。

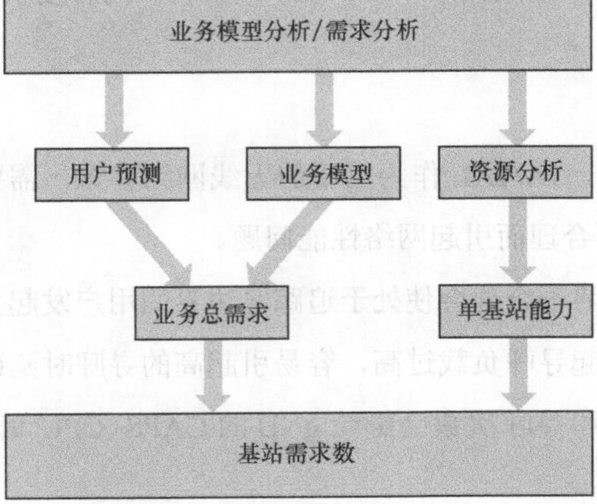

图3.11 5G容量规划流程

3.6.2　业务模型

业务模型主要指用户使用各种业务的规律性及业务本身的属性，包括用户行为模型和业务统计模型。

业务模型是通信网络规划的基础，为有效地利用频谱资源，需要根据业务模型建立有效的资源分配策略。

在网络规划过程中，用户行为模型与业务统计模型要同时给出，才能进行容量规划。对系统容量的评估需要针对具体的网络应用业务进行，因为不同业务各自具有的特性会给系统带来不同的业务负荷，从而影响整个系统性能的评估。

5G 网络能够提供高速率、超低时延、海量连接的增强型移动宽带服务。现有关于系统容量的评估方法通常是基于业务模型和话务模型的抽象模型，或通过系统平均频谱效率分析获得，一般首先基于单业务模型，考虑业务数据经过各个传输协议层处理后到达物理传输层的实际速率需求，再结合空中接口平均吞吐量，从而获得单业务的用户容量；然后依据用户的话务模型分布，即各种业务的分布比例等特征，获得综合业务的用户容量。

4G 业务模型示例见表 3.27，5G 网络承载的业务类型相较于 4G 更多，需要根据各网络承载的业务类型进行增减，同时业务模型与各运营商的业务发展策略及网络建设情况、用户的使用习惯、用户的终端成熟情况等有很大关系，需要根据实际情况进行科学统计调整。

表3.27　4G业务模型示例

业务类型	BHSA	上行					下行				
		承载速率（kbit/s）	PPP 连接时长（s）	PPP 会话占空比	BLER	每用户吞吐量（kbit/s）	承载速率（kbit/s）	PPP 连接时长（s）	PPP 会话占空比	BLER	每用户吞吐量（kbit/s）
VoIP	1.4	26.9	80	0.4	5%	0.33	26.9	80	0.4	5%	0.33
视频电话	0.2	62.52	70	1	5%	0.24	62.52	70	1	5%	0.24
视频会议	0.2	62.52	1800	1	5%	6.25	62.52	1800	1	5%	6.25

（续表）

业务类型	BHSA	上行					下行				
		承载速率（kbit/s）	PPP 连接时长（s）	PPP 会话占空比	BLER	每用户吞吐量（kbit/s）	承载速率（kbit/s）	PPP 连接时长（s）	PPP 会话占空比	BLER	每用户吞吐量（kbit/s）
实时游戏	0.2	31.26	1800	0.2	5%	0.63	125.05	1600	0.4	5%	4.45
视频流	0.2	31.26	1200	0.05	5%	0.10	250.11	1200	0.95	5%	15.84
网页浏览	0.6	62.52	1800	0.05	5%	0.94	250.11	1800	0.05	5%	3.75
文件传输	0.3	140.68	600	1	5%	7.03	750.33	600	1	5%	37.52
IM	0.4	342.72	50	0.6	3%	1.14	890.21	15	0.3	5%	0.45

根据 4G 模型示例，可以通过简单的数据相加计算出 4G 单用户业务需求量为 68.83 kbit/s。该方法仅通过数据相加计算，并未考虑各用户间的差异情况与各业务之间的 QoS 要求，在实际容量核算中需要预留一定的余量。

5G eMBB 典型业务有视频通话及 VR 业务，在进行 5G 覆盖和容量规划时需要确定网络边缘速率或承载速率。

VoLTE 视频通话业务为上下行对称业务，上下行速率需求一致，在规划时主要满足上行业务需求；高清视频及 VR 业务为非对称业务，下行速率远高于上行速率，在规划时需要满足下行业务需求。

根据协议核算的 VoLTE 视频业务、高清视频及 VR 业务需求情况如下。

（1）实现 H.265 480P 视频业务需要满足上下行速率为 0.75 Mbit/s。

（2）实现 H.265 720P 视频业务需要满足上下行速率为 1.25 Mbit/s。

（3）实现高清视频 1080P 视频业务需要满足下行速率为 4 Mbit/s。

（4）实现高清视频 1080PVR 业务需要满足下行速率为 10 Mbit/s。

（5）实现高清视频 4K 视频业务需要满足下行速率为 15 Mbit/s。

（6）实现高清视频 4KVR 业务需要满足下行速率为 40 Mbit/s。

传统的容量评估方法有以下缺点。

（1）基于业务模型和话务模型进行分析，业务模型和话务模型的准确性直接影响容量分析结果。目前，各种移动应用业务在快速发展，其种类和数量远超已有的经验模型，经验模型无法准确反映实际的业务特征，因此，现有容量评估方法的基础依据存在一定的不准确性和不完备性。

（2）现有的分析方法需要分析业务源数据分组从应用层经过各个协议层的开销，各个协议层的处理过程在分析中通常只能简化建模分析，一方面准确性不高，另一方面该分析过程需要各种分段打包处理，分析过程过于烦琐复杂。

（3）现有的方法只适用于建网初期的网络容量模糊评估，无法对网络容量的发展进行有效的预测，对于网络扩容和未来网络升级不具备指导意义。

因此，有研究者提出了下面一种新的容量预测方法。

未来的 5G NR 系统普通用户基本是升级的现网 LTE 网络用户，因此，目前 LTE 用户的实际业务状态与未来 5G NR 系统中的业务存在一定的关联性和趋势性关系，可以利用现网大数据的分析结果，结合 5G NR 系统与 LTE 系统的频谱效率差异、带宽差异等，估算 5G NR 系统的用户容量。

基于大数据的容量分析基本过程，通过对 LTE 网络的网元统计量、城市维度、时间维度、区域维度、人群分布维度等进行分析，对系统容量相对于各项参考值的趋势关系进行建模，从而对未来系统容量进行预测，5G 网络容量预测流程如图 3.12 所示。

通过以上步骤，不仅可以预测 5G NR 系统的用户容量，还可以获得 5G NR 系统未来的用户容量随时间变化的规律，对于未来 5G 网络的规划、扩容以及负荷均衡都有指导意义。

以某市 LTE 现网提供的数据分析为示例，首先对业务资源利用率和用户容量进行分析。通过对业务资源利用率切片进行切片统计。

从 LTE 网络统计的分析数据来看，目前，LTE 网络小区容纳的最大用户数约为 420，该用户容量是在系统硬件设备限制以及各种物理信道资源容量限制下的最大用户容量。LTE 网络小区在极限负荷（90%）状态下，平均在线用户数为 60。该用户容量是实际网络在各种物理信道资源容量限制下的综合用户容量。采用 LTE 系统容量估算 5G NR 系统容量时，需要考虑几个对容量有重要影响的因素，包括系统带宽差异、子帧配置差异、频谱效率差异、硬件设备差异等。

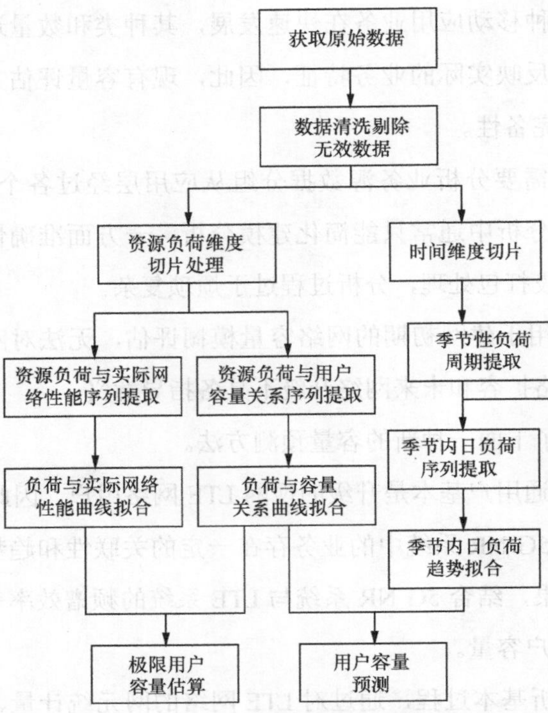

图3.12　5G网络容量预测流程

依据示例中LTE现网采集的数据分析推算，5G NR系统在极限负荷状态（90%）下系统平均的在线连接容量至少达422个用户。

3.6.3　单站容量核算

5G单站容量与系统带宽、Massive MIMO、调制编码方式有关。根据香农公式可知，信道容量与系统带宽和信噪比正相关，系统带宽越宽，可携带的信息量越大。Massive MIMO不再是扇区级的固定宽波束，而是采用用户级的动态窄波束来提升覆盖能力；同时，为了提升频谱效率，波束相关性较低的多个用户可以同时使用相同的频率资源（MU-MIMO），从而提升网络容量。5G数据信道支持QPSK、16QAM、64QAM、256QAM等方式，调制阶数越高，系统容量越高，但对信号质量（信噪比）要求也越高，在实际网络中，处于覆盖近点的位置信噪比较好才能获得更高的调制阶数。

5G商用初期不承载语音业务，语音业务主要由4G承载，后期随着5G覆盖逐渐完善及 VoNR 技术发展逐步过渡到 VoNR 承载，因此，假设系统资源完全用于提供数据业务。

峰值速率定义为单用户在系统中被分配最大的带宽、最高的调制编码方式、处于理想的无线环境时所能达到的最高速率。对应到实际网络测试中，当一个用户独占小区所有带宽、靠近基站、邻小区干扰极微弱时，测得的实际速率有可能达到该网络的峰值速率。所以在实际网络中，用户只有在某些情况下才可以达到系统设计的峰值速率，大部分终端在大多数情况下是达不到峰值速率的。

由于峰值速率是单一用户独占模式，在实际网络中大部分基站均处于大量用户分享资源的模式，此时的基站速率远小于峰值速率，该速率对于无线容量规划具有十分重要的意义。在实际容量规划中，将系统实际能达到的平均吞吐量作为基站容量承载能力。

对于 eMBB 场景，5G 的最大特点是能提供更高的峰值速率和频谱效率，5G 峰值速率与使用频段、频谱带宽、Massive MIMO 方式、调制方式等关系密切。

根据 5G 低频站和高频站的典型配置参数，按照 NGMN（下一代移动通信网络联盟）建议的基站带宽计算方法，可以核算出单基站的峰值、均值速率，见表 3.28。其中给出的频谱效率的峰值和均值是无线厂家提供的典型值。

根据 5G 单基站峰值与均值速率可知，5G 低频站使用的频宽为 100 MHz、64T64R 情况下的峰值速率为 4.65 Gbit/s，均值速率为 2.03 Gbit/s；5G 高频站使用的频宽为 800 MHz、4T4R 情况下的峰值速率为 13.33 Gbit/s，均值速率为 5.15 Gbit/s。

表3.28　5G单站容量承载能力核算

参数	5G 低频	5G 高频
频谱资源	3.4 ～ 3.5 GHz，100 MHz 频宽	28 GHz 以上频谱，800 MHz 频宽
基站配置	3 小区，64T64R	3 小区，4T4R
频谱效率	峰值 40 bit/Hz，均值 7.8 bit/Hz	峰值 15 bit/Hz，均值 2.6 bit/Hz
其他考虑	10% 封装开销，5%Xn 流量，1 ：3 TDD 上下行配比	10% 封装开销，1 ：3 TDD 上下行配比
单小区峰值 [a]	100 MHz×40 bit/Hz×1.1×0.75=3.3 Gbit/s	800 MHz×15 bit/Hz×1.1×0.75=9.9 Gbit/s
单小区均值 [b]	100 MHz×7.8 bit/Hz×1.1×0.75×1.05= 0.675 Gbit/s（Xn 流量主要发生于均值场景）	800 MHz×2.6 bit/Hz×1.1×0.75= 1.716 Gbit/s（高频站主要用于补盲补热，Xn 流量已计入低频站）

（续表）

参数	5G 低频	5G 高频
单站峰值 [c]	3.3+（3–1）×0.675=4.65 Gbit/s	9.9+（3–1）×1.716=13.33 Gbit/s
单站均值 [d]	0.675×3=2.03 Gbit/s	1.716×3=5.15 Gbit/s

注：a 单小区峰值带宽 = 频宽 × 频谱效率峰值 ×（1+ 封装开销）×TDD 下行占比；
b 单小区均值带宽 = 频宽 × 频谱效率峰值 ×（1+ 封装开销）×TDD 下行占比 ×（1+Xn）；
c 单站峰值带宽 = 单小区峰值带宽 ×1+ 单小区均值带宽 ×（*N*–1）；
d 单站均值带宽 = 单小区均值带宽 ×*N*。

| 3.7 | 5G 网络组网与部署策略

3.7.1 5G 基站的架构

1. 5G 基站的逻辑架构

5G 基站主要用于提供 5G 空中接口协议功能，支持与 UE、核心网之间的通信。按照逻辑功能划分，5G 基站可分为 5G 基带单元与 5G 射频单元，两者之间可通过 CPRI 或 eCPRI 接口连接，如图 3.13 所示。

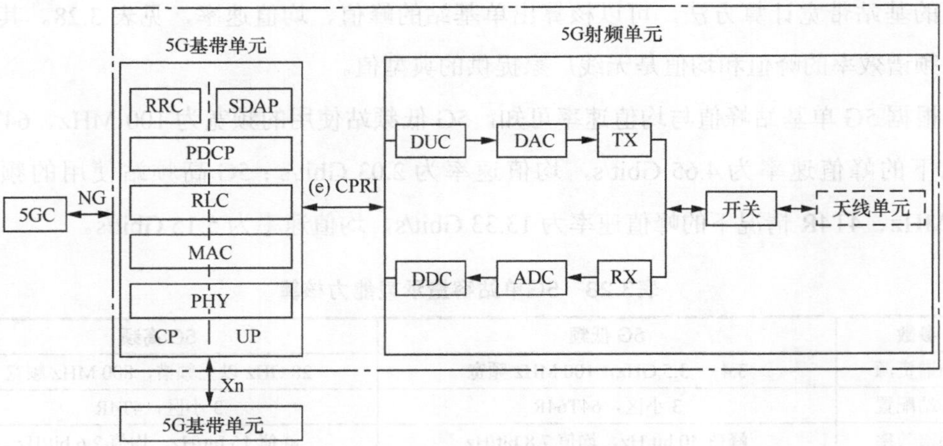

图3.13　5G基站的逻辑架构

5G 基带单元负责 NR 基带协议处理，包括整个用户面（UP）及控制面（CP）协议处理功能，并提供与核心网之间的回传接口（NG 接口）以及基站间互连接口（Xn 接口）。

5G 射频单元主要完成 NR 基带信号与射频信号的转换及 NR 射频信号的收发处理功能。在下行方向接收从 5G 基带单元传来的基带信号，经过上变频、数模转换以及射频调制、滤波、信号放大等发射链路（TX）处理后，经由开关、天线单元发射出去。在上行方向，5G 射频单元通过天线单元接收上行射频信号，经过低噪放、滤波、解调等接收链路（RX）处理后，再进行模数转换、下变频，转换为基带信号并发送给 5G 基带单元。

2. 5G 基站架构

不同于 LTE 基站，5G NR 对基站架构进行了重新定义，5G 基带单元将传统的 BBU 切分为 CU、DU 两个物理实体，二者配合共同完成整个 NR 基带处理功能。其中，DU 是分布式接入点，负责完成部分底层基带协议处理功能；CU 是中央单元，负责处理高层协议功能并集中管理多个 DU。CU 与 DU 之间的功能切分存在多种选项，3GPP 讨论了 8 种候选方案，即 Option 1 ～ Option 8，如图 3.14 所示，不同方案下 CU、DU 分别支持不同的协议功能。目前，标准化工作主要集中在 Option 2，即 CU 主要完成 RRC/PDCP 层基带处理功能，DU 完成 RLC 及底层基带协议功能。

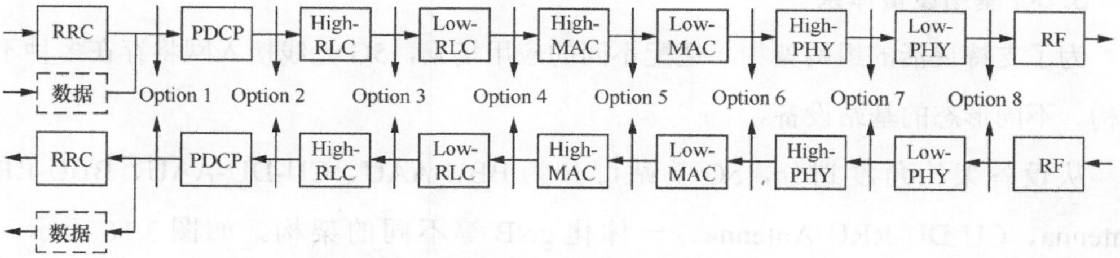

图3.14 CU–DU功能切分方案

由于两个功能实体的重新划分，在协议上将对各层功能的设计有一定影响。由于功能的分离，在 5G RAN 侧增加 CU 和 DU 间 F1 接口，3GPP 对该接口的定义和消息交互也进行了标准化。图 3.15 对 LTE 及 NR 基站架构进行了对比。

由于高层基带处理功能对于实时性的要求不是很高，CU 设备可基于 x86 通用硬件平台实现，采用高性能服务器结合硬件加速器的方案，提供信令处理、数据交换、加解密等硬件处理能力，满足 CU 设备大容量、大带宽的性能要求，同时可支持灵活的扩缩容，并基于网络部署需求，连接不同数量的 DU。

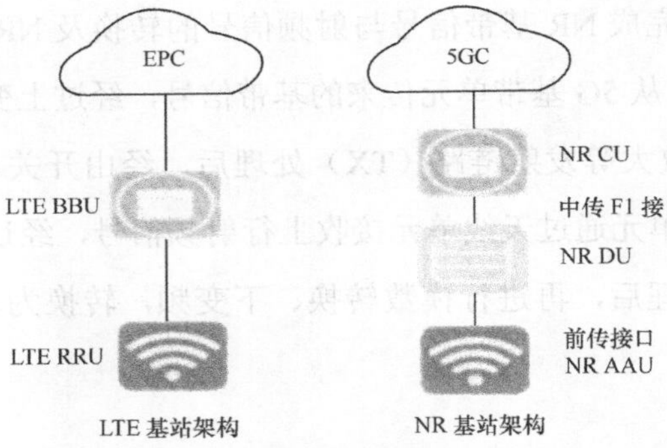

图3.15　LTE及NR基站架构对比

DU 作为底层基带协议处理单元，一般基于专用硬件实现，采用机框或一体化板卡的结构，与 CU/DU 合设的 BBU 类似，但是，DU 不具备完整的基带处理功能，不能单独作为 5G 基带单元使用。

在 5G 无线接入网中，CU 与其连接的多个 DU 对 5G 核心网及其他基站而言，仅是一个节点，CU 与 DU 之间通过 F1 接口进行信令交互及用户数据传输，该接口为点对点的逻辑接口。

3. 5G 基站设备体系

为了支持灵活的组网架构，适配不同的应用场景，5G 无线接入网将存在多种不同架构、不同形态的基站设备。

从设备架构角度划分，5G 基站可分为 BBU-AAU、CU-DU-AAU、BBU-RRU-Antenna、CU-DU-RRU-Antenna、一体化 gNB 等不同的架构。如图 3.16 所示，在 BBU-AAU 架构中，基带单元映射为单独的一个物理设备 BBU，AAU 集成了射频单元与天线单元，如果采用 eCPRI，AAU 内部还包含部分物理层底层处理功能。在 CU-DU-AAU 架构中，基带功能分布到 CU、DU 两个物理设备上，二者共同构成 5G 基带单元，CU 与 DU 间的 F1 接口为中传接口。在 BBU-RRU-Antenna 架构中，RRU 功能与 AAU 相同，区别在于 RRU 无内置天线单元，需要外接天线使用，主要用于郊区等低容量需求或室内覆盖场景。一体化 gNB 架构集成了 5G 基带单元、射频单元以及天线单元，属于高集成度、紧凑型设备，可用于局部区域补盲或室内覆盖等特殊场景。

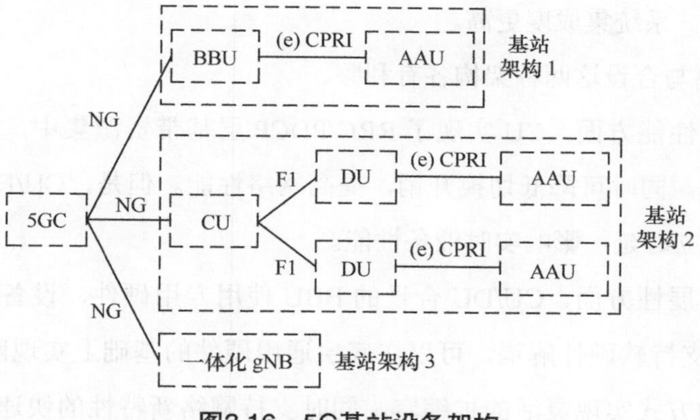

图3.16　5G基站设备架构

从设备形态角度划分，5G 基站可分为基带设备、射频设备、一体化 gNB 设备以及其他形态的设备，如图 3.17 所示。其中，5G 基带设备又包含 BBU、CU、DU 不同类型的物理设备，5G 射频设备包含 AAU 和 RRU 设备。

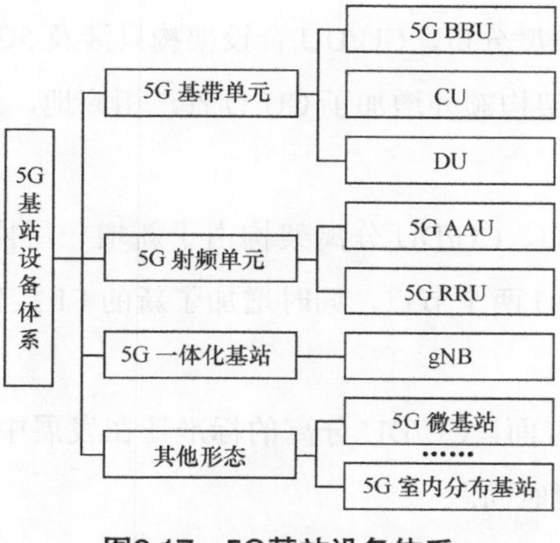

图3.17　5G基站设备体系

4. 5G 两种基带单元架构

对于 5G 基带单元，存在两类不同的设备架构：CU/DU 合设、CU/DU 分离。CU/DU 合设的 5G BBU 设备与 3G/4G BBU 类似，所有的基带处理功能都集成在单个机框或板卡内。对于机框式结构的 BBU，整个 BBU 机框分为多个槽位，分别插入系统控制、基带处理、传输接口等不同功能的板卡，并可基于容量需求灵活配置不同板卡的组合。对于一体化板卡结构的 BBU，所有信令面、用户面处理以及传输、电源管理功能均集成在单个板卡上，系统集成度更高。

CU/DU 分离与合设这两种架构各有利弊。

（1）在设备性能方面，CU 实现了 RRC/PDCP 层基带资源集中，可获得网络协同及资源共享增益，同时可降低切换开销，提高网络性能。但是，CU/DU 分离将增加控制面以及业务建立时延，影响实时业务性能。

（2）在可扩展性方面，CU/DU 合设的 BBU 使用专用硬件，设备扩容需要更换或新增板卡。CU 支持软硬件解耦，可以在底层通用硬件的基础上实现网络功能虚拟化；通过修改软件的方式实现灵活的扩缩容，同时支持网络新特性的快速引入，设备的可扩展性更强。

（3）在设备部署方面，CU/DU 合设的 BBU 设备在网络中的部署位置与 3G/4G BBU 相同，可利旧现有的机房及配套设备快速部署。CU 设备的体积、功耗与 3G/4G BBU 差异很大，对机房空间、电源的需求大幅增加，需要进行机房改造或新建，部署周期较长。从部署成本角度分析，CU/DU 合设架构只涉及 5G BBU 成本，不引入新的设备成本。CU/DU 分离架构额外增加了 CU 设备，相应地，还需增加部署 CU 的机房及电源等配套成本。

（4）在设备维护方面，CU/DU 分离架构由于新增一层网元，维护节点由原来的 BBU 单节点变为 CU、DU 两个节点，同时增加了新的 F1 接口，设备维护的工作量随之增加。

（5）在设备成熟度方面，CU/DU 分离的标准还在发展中，距 CU/DU 分离设备的成熟商用部署还需要一段时间。

5. 5G 射频单元的两种架构

5G 射频单元主要采用 AAU 架构，设备内部将射频收发单元与天线阵单元集成在一起，构成有源天线阵列，支持 Massive MIMO。5G AAU 存在两类不同架构的设备：基于 CPRI 的 AAU 与基于 eCPRI 的 AAU。

CPRI 普遍应用于 3G/4G 基站，是一个标准的基带 - 射频接口协议，基于 CPRI 的 AAU 功能相对简单，只完成射频处理功能，所有的基带功能都在基带单元完成，基站软件特性的修改不影响射频单元。CPRI 传递的是时域 IQ 信号，接口带宽与载波带宽、收发通道数相关。由于 NR 支持 100 MHz 以上大带宽、Massive MIMO 技术，这导致 5G CPRI 带宽急剧增加。例如，在 100 MHz 带宽、64T64R 的情况下，CPRI 带宽将达到 200 GHz 以上。因此，基于 CPRI 的 5G AAU 需要使用高速光模块，目前，100G 高速光模块成本较高，导致 5G 基站的部署成本也会增加。

因此，5G 射频单元引入了 eCPRI，通过在 5G 基带单元与射频单元之间重新进行功能切分，降低前传带宽的需求。在 100 MHz 载波带宽、64T64R 的情况下，采用 eCPRI 可将前传带宽降低至 25 GHz，光模块成本相应降低。目前，eCPRI 标准提供了几种可选的切分方式（包括 D、ID、IID、IU），支持在物理层内部的不同位置进行切分，各厂商在设备实现时也会采用不同的切分方式，因此，异厂商之间难以互通。与 CPRI 相比，基于 eCPRI 的 AAU 除了完成射频处理功能外，还增加了部分基带物理层功能。因此，须增加基带处理芯片，使硬件实现更加复杂，设备功耗也会增加。此外，在协议后向演进时，不仅需要对基带单元进行升级，还需要改动射频单元，设备维护的难度将会增加。

3.7.2 5G 基站的部署策略

1. 5G 设备部署面临的挑战

为了满足更高速率、更大连接数、更低时延的 5G 网络性能要求，5G 基站需要具备更高的硬件处理能力，设备形态与架构也发生了一定的变化，出现了 CU、DU、BBU、AAU 等多样化设备，并支持 100 MHz 载波带宽、200 W 发射功率、20 Gbit/s 吞吐率等高性能指标。5G 基站在诸多方面均与 3G/4G 存在显著差别，这为 5G 设备的部署带来了新的挑战。

随着 5G 基站的性能成倍提升，5G 设备的功耗也大幅增加，无论是 5G BBU、AAU，还是新引入的 CU，最大功耗均高于现有的 3G/4G 设备，达到了几百至几千瓦的量级，这对站址的供电能力提出了挑战。

5G 基站存在两种前传接口，如果采用 CPRI，则需要使用 100G 高速光模块，短期内设备部署成本较高；如果采用 eCPRI，则 AAU 设备的复杂度及功耗有可能增加，且后向升级较为复杂。在设备部署时，既需要考虑光模块产业发展情况，尽可能降低设备成本，又需要评估基于eCPRI的设备性能，满足网络未来演进的需求。

5G基站引入了CU/DU分离架构，在无线侧增加新的CU设备。与传统的基带设备不同，CU体积较大，需要独立的机房空间。同时，CU的功耗远高于现有BBU，CU部署机房需要具备大容量供电能力，这些都将增加设备部署的复杂度。此外，由于CU集中管理多个DU，CU连接DU数量越多，需要的回传带宽越大，现有的传输网扩容改造的难度越大。

2. 不同业务场景对无线网络架构的需求

CU/DU部署方式的选择需要综合考虑多种因素，包括业务的传输需求（如带宽和时延等因素）、接入网设备的实现要求（如设备的复杂度和池化增益等）以及协作能力和运维难度等。当前传网络为理想传输，即当前传输网络具有足够高的带宽和极低时延时（如光纤直连），可以将协议栈高实时性的功能进行集中，CU与DU可以部署在同一个集中点，以获得最大的协作化增益。如果前传网络为非理想传输（传输网络带宽和时延有限时），CU可以集中协议栈低实时性的功能，并采用集中部署的方式，DU可以集中协议栈高实时性的功能，并采用分布式部署的方式。另外，CU作为集中节点，部署位置可以根据不同场景的需求进行灵活调整。

不同场景对于网络架构的需求主要体现在时延、速率和业务数据处理的容量等方面。

（1）eMBB场景。

面向增强的移动宽带业务场景，5G提供更高体验速率和更大带宽的接入能力，支持解析度更高和体验更鲜活的多媒体内容。eMBB场景须保证最高达吉比特级别的带宽，如AR/VR和高清流媒体业务等，须满足最高移动速度达500 km/h的移动性要求，如高铁上的移动宽带应用。eMBB场景对时延的相对敏感度低些，一般几十毫秒就能满足需求。

CU/DU分离为eMBB业务带来的小区协作增益不明显，意义不大，因此，面向eMBB场景，CU/DU优先采用合设方式，节省网元数量，降低运维复杂度。

（2）uRLLC场景。

uRLLC场景可靠性和实时性的需求极高，而对带宽敏感度相对较低，最高端到端时延要求达到1 ms，最高移动速度满足500 km/h，连接可靠性达到99.999%，如无人驾驶和远程医疗等。网络架构设计需要重点考虑时延和可靠性。针对这种业务，需要考虑前传的理想传输以保证时延，同时可以采用多个小区信号的联合发送和接收以保证信号的可靠性。

DU尽量靠近用户侧部署，可以利用光纤直连方式连接AAU，以降低传输时延。同时对小区间的协同和干扰协调要求非常高，CU集中部署增益非常明显，因此，CU和DU采用分设的策略，CU集中部署在骨干汇聚机房增强小区间协作。DU根据条件可以集中组成基带池，也可以不集中，靠近站点部署。

（3）mMTC场景。

mMTC场景需要考虑机器通信的特点。数据量少而且稀疏，连接数量多，覆盖距离可大可小，实时性要求不高，如抄表类业务。在5G标准中，对于传感器类的MTC要求为每平方千米100万连接数，如此巨大的数目需要设计合理的网络结构以降低成本。

可以使一个CU同时管理和连接几十个DU，CU与核心网共平台集中部署在骨干汇聚机房，以减少核心网与无线网之间的信令交互，减少机房占用空间。

3. CU/DU部署方式

5G网络部署需要根据传输情况、机房环境等不同的部署条件确定5G基站的设备形态及部署方式。

对于CU/DU分离架构，CU可集中不同数量的DU，CU容量越大、连接的DU越多，系统可获得的资源池化增益越大，但同时对于回传接口的带宽要求也越高。在部署CU时，需要基于设备容量确定其在传输网中的部署位置。一般情况下，传输网分为接入层、汇聚层、核心层三级架构，对应地，CU可部署于接入机房、汇聚机房、核心机房这些不同的位置。如果CU容量需求较大，连接几百个DU，则对于回传的带宽要求较高，需要将CU部署于汇聚机房或核心机房，需要100 GHz以上传输带宽。此外，如果现有汇聚层不支持网络层三功能，则还需要进行传输改造，可能会增加部署复杂度。如果CU容量需求较小，支持连接几十个DU，则回传带宽需求较低，25 GHz以上接入环带宽可满足需求，CU可部署于接入机房。CU管理的DU越多，CU中断后造成的故障范围越大，对CU设备的可靠性要求也就越高，需要考虑容灾备份方案。

CU、DU分离会引入额外的中传接口时延，该时延与CU、DU的相对位置相关，CU在传输网中的部署位置越高，CU与DU间的传输时延越大。考虑到业务性能要求，eMBB、uRLLC业务端到端时延要求分别为10 ms、2 ms，一般情况下，中传接口时延需要控制在10 ms以内。对于uRLLC等时延敏感的业务场景，需要将CU尽量下沉并靠近DU部署，但相应地，CU所带的DU数量也会减少，CU的覆盖范围收缩。对于mMTC等要求广覆盖、大连接数且对时延要求不高的业务场景，则可将CU部署于传输网中较高的位置，扩大CU的覆盖范围，同时获得更大范围的资源集中所带来的性能增益。

DU的部署存在分布式与集中式两种方式，在分布式部署的情况下，DU可位于接入机房，与3G/4G BBU共址部署，利旧现有的机房配套设施，而且4G/5G基带共址部署也便于支持网络协同以及NSA组网。在DU集中化部署的情况下，多个DU可堆叠于现有的BBU池机房，组成DU资源池，便于集中化管理与资源共享。CU/DU合设的BBU部署方式类似于DU，可分布式部署或组成BBU池集中化部署于接入机房。

图3.18列出了几种可能的5G基站设备部署方案。

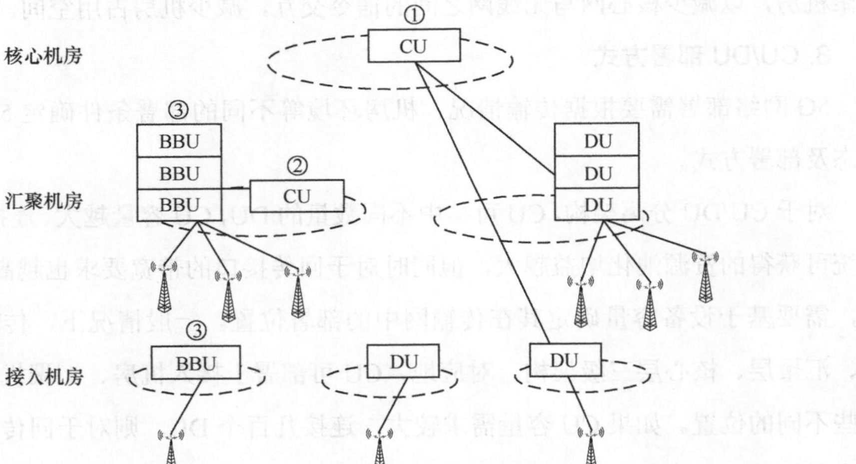

图3.18 5G基站设备部署方案

（1）CU/DU合设部署。

与传统的3G/4G基站类似，RRU与天线合设为AAU，CU/DU同址安装于本站机房，RRU与DU通过光纤直连，如图3.19所示。

图3.19　CU/DU部署

（2）DU 前置，CU 集中部署。

此部署方式中 RRU 与天线合设为 AAU，DU 同址安装于本站机房，RRU 与 DU 通过光纤直连，CU 集中安装于中心机房，CU 与 DU 通过传输网络连接，如图 3.20 所示。

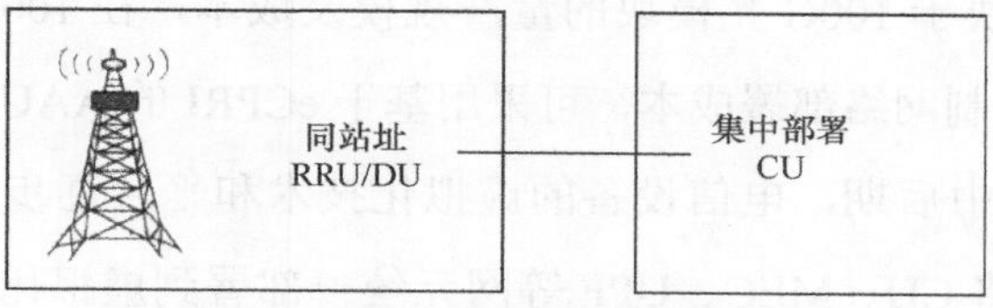

图3.20　DU前置CU集中部署

（3）DU/CU 集中部署。

此部署方式中 RRU 与天线合设为 AAU，DU/CU 集中安装于中心机房，RRU 与 DU 通过传输网络连接，如图 3.21 所示。

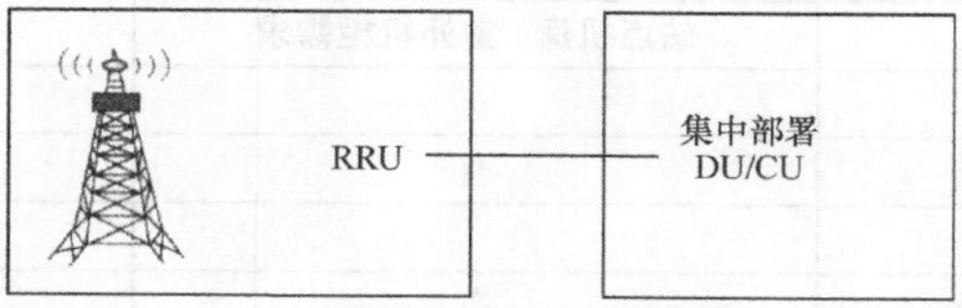

图3.21　DU/CU集中部署

（4）DU 集中部署，CU 云化。

此部署方式中 RRU 与天线合设为 AAU，DU 集中安装于中心机房，RRU 与 DU 通过传输网络连接，CU 云化，并通过传输网络与 DU 连接，如图 3.22 所示。

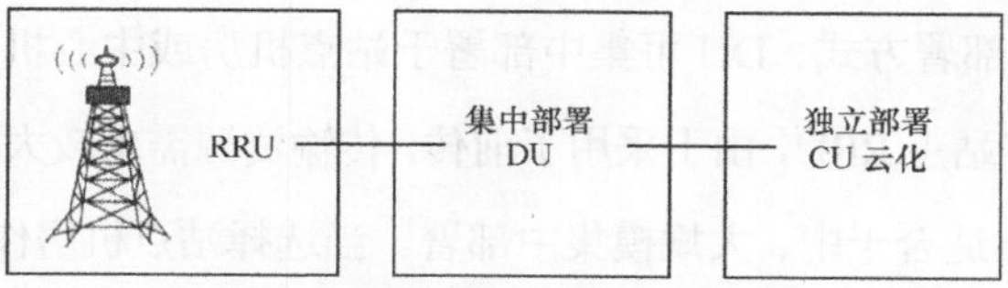

图3.22　DU集中部署，CU云化

4. CU/DU 部署建议

不同形态的 5G 基站设备带来了组网的灵活性，也能更好地支持各类不同的业务场景，在 5G 建网过程中，需要结合网络发展情况分阶段、分场景引入。

在 5G 商用初期，新的业务模式尚不成熟，网络承载的主要业务还是 eMBB，此阶段可部署 CU/DU 合设架构，利旧现有机房及配套设施部署 5G BBU 设备，实现快速建网。如果 CU 设备已具备商用能力，也可在机房、传输具备改造条件的情况下，按需引入 CU/DU 分离架构，将 CU 部署于核心机房或汇聚机房，获得更高的网络性能。AAU 设备的选型取决于 100G 光模块的量产规模及成本，在 100G 高速光模块成本较高的情况下，为了控制网络部署成本，可采用基于 eCPRI 的 AAU。

在 5G 网络部署中后期，电信设备的虚拟化技术和平台逐步成熟后，可规模部署 CU/DU 分离设备，将 CU、MEC、UPF 等网元统一部署到虚拟化平台上，从而更好地支持 uRLLC 与 mMTC 等垂直行业应用，拓展 5G 的商业模式。

5. 机房资源需求分析

不同的 CU/DU 部署方式对机房资源的需求是不同的，具体见表 3.29。

表3.29　不同的CU/DU部署方式对机房资源的需求

部署方式	站点机房 / 室外机柜需求	中心机房空间需求
传统基站部署	有	
DU 前置，CU 集中部署	有	小
DU/CU 集中部署		大
DU 集中部署，CU 云化	有	大

（1）传统基站部署方式。CU/DU 均部署在站点机房或室外机柜，但 CU 可扩展性小，不便于统一管理，因此，传统部署方式更适合部分对时延要求极其敏感的业务。

（2）DU 前置，CU 集中部署方式。DU 部署在站点机房或室外机柜，CU 部署在中心机房，传输资源需求小，统一部署，便于管理维护，适合于小规模集中部署。

（3）DU/CU 集中部署方式。DU 可集中部署于站点机房或中心机房，CU 部署于中心机房，单一 DU 可管理多站点 RRU，由于采用了前传，传输资源需求较大，但 DU/CU 集中部署，管理和维护较为便利，适合于中、大规模集中部署。当选择站点机房作为 DU 集中部署点时，须关注机房传输资源是否丰富、是否具备可扩容能力、站点是否具备高可靠性等问题，当选择在中心机房部署 CU/DU 时，须关注是否满足中心机房空间，并做好容灾备份。

（4）DU 集中部署，CU 云化方式。DU 可集中部署于站点机房或中心机房，CU 云化后，MEC 等应用下沉到中心机房，与 CU 共享硬件，逻辑独立，有利于提升用户体验。CU 云化可实现统一的多连接锚点，位置较高，减少传输反传，减少不必要的切换，集中的控制面可以实现资源的合理调度，享受统计复用增益，但同时也存在一定的弊端，首先是管理复杂度增加，安全性和可靠性要求提高，由于 CU 层级提高，信令时延也相应增加，在考虑 CU 云化部署时，需要综合考虑以上因素。

3.7.3　5G 组网策略

5G 组网方式分为独立组网（SA）和非独立组网（NSA）两种。5G 独立组网采用全新的 5G 核心网 NGC，建立端到端网络，充分利用 5G 技术优势以提高服务质量；5G 非独立组网则进行 5G 与 LTE 的联合组网，采用双连接技术，便于利用现有的网络资源来降低 5G 网络建设成本。

1. 独立组网

5G 独立组网采用新网络架构——新型核心网 NGC，无线系统采用 gNodeB，支持 5G 新空中接口，提供 5G 类服务。如图 3.23 所示，5G 核心网与 5G 基站由 NG 接口直接相连，传递 NAS 信令和数据；5G 无线空中接口的 RRC 信令、广播信令、数据都通过 5G NR 传递；终端只接入 5G 或 4G（单连接），手机终端可以在 NR 侧上行双发。

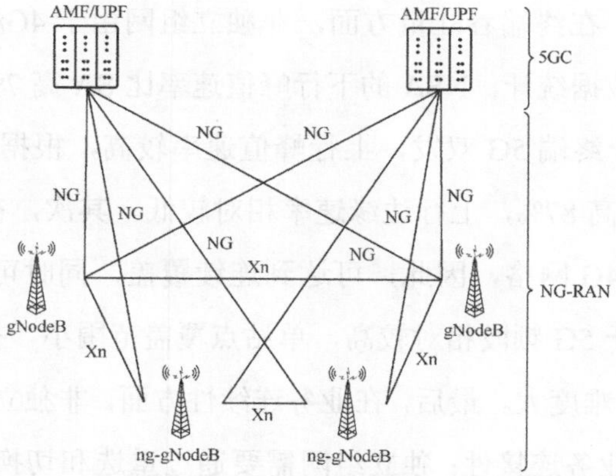

图3.23　5G独立组网架构

2. 非独立组网

5G 非独立组网采用双连接技术实现 4G 与 5G 联合组网。核心网采用 EPC。5G 无线网经由 4G 网络融合到 4G 核心网 EPC，融合的锚点在 4G 无线网中。4G 基站和 5G 基站用户面直连到 4G 核心网 EPC，控制面则通过 4G 基站连接到 4G 核心网 EPC。用户面通过 4G 基站、EPC 或 5G 基站进行分流，如图 3.24 所示。

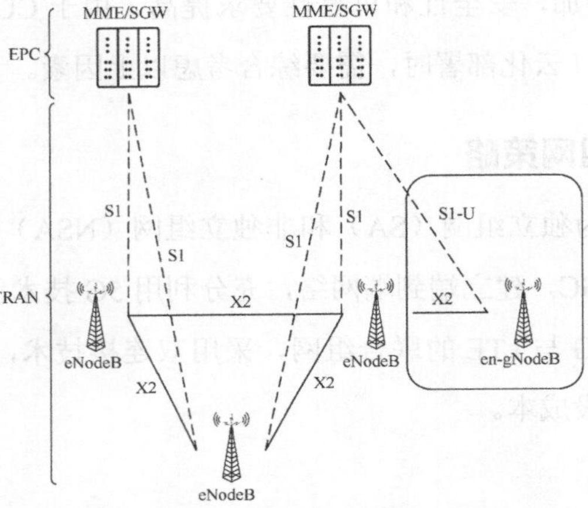

图3.24　5G非独立组网架构

3. 独立组网与非独立组网对比分析

独立组网（SA）与非独立组网（NSA）之间的差别可以从基本性能、语音能力、业务能力、对 4G 现网的改造及 5G 实施难度等方面进行对比。

基本性能。首先，在终端吞吐量方面，非独立组网由于 4G/5G 双连接，下行峰值速率较高，根据相关数据统计，NSA 的下行峰值速率比 SA 高 7%，同时上行边缘速率也较高；独立组网由于终端 5G 双发，上行峰值速率较高，根据相关数据统计，SA 的上行峰值速率比 NSA 高 87%，上行边缘速率相对较低。其次，在覆盖性能方面，非独立组网可以借助现有 4G 网络，因此，可达到连续覆盖，同时可以快速进行 5G 部署；采用独立组网时，由于 5G 频段相对较高，单站点覆盖范围小，初期进行连续覆盖建设成本高，建设周期长，难度大。最后，在业务连续性方面，非独立组网采用双连接技术，可以无缝切换，保证业务连接性；独立组网需要通过重选和切换进行 5G 与 4G 之间的互操作，业务连续性相对较差。

语音能力。非独立组网依靠双连接技术，语音方案继承 4G 现有语音方案，即 VoLTE/CSFB；独立组网采用 4G/5G 松耦合，依靠互操作，语音方案采用语音回落 4G 和 5G 承载语音的 VoNR，VoNR 性能取决于 5G 的覆盖水平。

业务能力。采用非独立组网时，受现有 4G 核心网 EPC 能力的限制，不能提供 5G 新业务，如网络切片相关业务；独立组网支持 5G 新业务，如 eMBB、mMTC 和 uMTC 等，便于拓展垂直行业，满足各类场景用户的多样化需求。

对 4G 现网的改造。非独立组网需要对现有 4G 核心网和无线网络进行升级改造。比如，升级 4G 核心网 EPC 支持 5G 终端等，独立组网需要升级 4G 基站，对现网影响大，工作量也大。相比较而言，非独立组网对 4G 现网改造较大，未来升级独立组网不能复用，存在二次改造问题。4G 软件升级支持 Xn 接口，硬件虽然基本无须更换，但需要与 5G 基站连接。独立组网对 4G 现网改造较小，4G 升级支持与 5G 互操作，配置 5G 邻区即可。

5G 实施难度。首先，在无线网方面，非独立组网新建 5G 基站，与 4G 基站连接，连续覆盖压力小，邻区参数配置少，实施难度较小；独立组网须新建 5G 基站，配置 4G 邻区，连续覆盖压力大，实施难度较大。其次，在核心网方面，非独立组网采用现有 EPC；独立组网新建 5G 核心网，须与 4G 进行网络、业务、计费、网管等融合，实施难度较大。最后，在传输网方面，非独立组网可进行现网 PTN 升级扩容，改造小，实施难度小；独立组网须新建 5G 传输平面，难度较大。

4. 网络演进方式

NSA 模式被视作 SA 模式的过渡阶段，NSA 不能独立工作，需要与现有的 LTE 网络联合组网，主要面向增强移动宽带场景，以提升用户速率和网络容量为目标，是当前全球主要运营企业选择的组网模式。我国更关注 5G 与垂直行业的融合应用，因此，国内运营企业更倾向于选择 SA 模式。

结合两种组网模式，5G 网络部署存在两条技术演进路线，如图 3.25 所示，路线 A 是初期部署 NSA，后期逐步引入 5G 核心网（5GC），依据 NSA 的部署情况，适时将 NSA 的新空中接口迁移至 5GC；路线 B 是建网初期即部署独立组网（SA）网络，实现 5GC 与 EPC 的互通，演进至融合网络，实现 4G 与 5G 的长期共存。

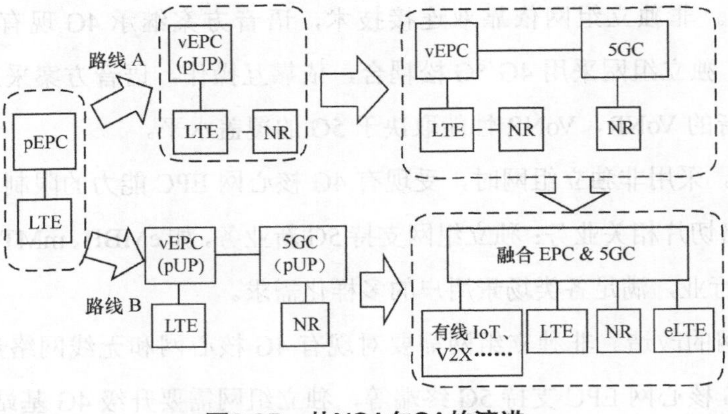

图3.25 从NSA向SA的演进

路线 A 基于演进的思想，需要对 4G 核心网 EPC 进行功能升级，以支持 5G 基站非独立组网，有利于保护现有投资和维持移动宽带业务的延续性，同时，考虑到 vEPC 已积累了部署和商用经验，该路线有利于完成云网一体化建设、快速达成云化运营的目标，也为 5GC 新功能部署和配套建设奠定基础。

路线 B 则是直接部署支持独立组网的 5G 核心网。5GC 能够快速满足 5G 三大应用场景对网络的创新需求，但考虑到 5G 核心网的直接部署涉及服务化架构、网络切片、容器等全新技术，将面临一定的技术挑战。

| 3.8 | 5G 网络语音解决方案

3.8.1 5G 语音业务概述

3GPP 已经明确基于 IMS（融合通信综合语音）提供语音业务，5G 作为 IMS 的一种 IP 接入，语音连续性性能指标与 VoLTE 保持一致（均为 300 ms），5G 语音业务需要提供 5G 与 4G 间的双向语音业务连续性，但 R15 阶段暂不提供与 2G/3G 语音的互操作。

针对 5G 网络，3GPP R15 提出了两个新的语音解决方案：新空中接口语音（VoNR，Voice over New Radio）和演进分组系统回落（EPS Fallback，Evolved Packet System Fallback）。NSA 模式（Option 3）核心网使用 EPC+、UE 双连接，控制面锚定 LTE，

语音方案与 4G 一致，使用 VoLTE。SA 模式（Option 2）核心网使用 5GC，VoNR 是目标方案，EPS Fallback 为过渡方案。5G 语音承载方案选择与演进路径如图 3.26 所示。

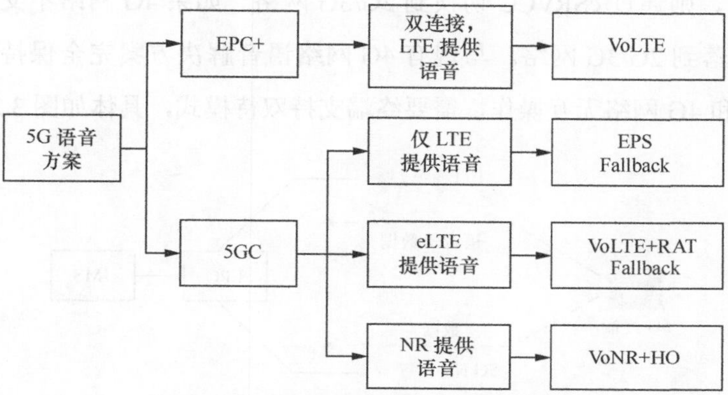

图3.26　5G语音承载方案选择与演进路径

5G 网络的建成不是一蹴而就的。5G 语音可选方案见表 3.30。

表3.30　5G语音可选方案

NR 组网模式	实现方式		5G 语音解决方案
路线 1：NSA	仅 LTE 提供语音	双连接	语音业务通过 LTE 承载（VoIMS）
路线 2：SA	仅 LTE 提供语音	EPS Fallback	发起语音时回落至 LTE（VoIMS）
		双待机	语音业务通过 LTE 承载（VoIMS），数据业务由 NR 承载
	NR 提供语音	VoNR+ 切换 LTE	NR 覆盖使用 VoNR，离开 NR 覆盖时通过单待模式切换 LTE

为确保 5G 语音服务的连续性，可通过以下三大设计原则来实现 5G 语音业务。

（1）5G Phase 1 不提供 NR/NGC 系统与 CS 语音系统的语音互操作。

（2）运营商前期在 LTE 或 NR 上提供基于现有 IMS 的语音业务。

（3）NR/NGC 语音连续性性能指标与 VoLTE 保持一致（语音连续性中断时延不超过 300 ms）。

3.8.2　非独立组网模式下的语音解决方案

非独立组网的特征之一是新引入的 5G 基站无法独立工作，需要与 LTE 基站协同。处于连接态时，终端保持与 LTE 基站和 5G 基站的双连接，语音业务由 4G 网络承载，沿用 4G 网络的语音方案，数据业务由 4G/5G 网络承载。如果 4G 网络支持 VoLTE，则通过 VoLTE 实现语音，如果终端正在 LTE 覆盖区域进行 VoLTE 通话，一旦进入 LTE 不连续覆盖区，则通过 eSRVCC 切换到 2G/3G 网络。如果 4G 网络不支持 VoLTE，则通过 CSFB 回落到 2G/3G 网络。与现有 4G 网络语音解决方案完全保持一致。这种解决方案中 5G 和 4G 网络无互操作，需要终端支持双待模式，具体如图 3.27 所示。

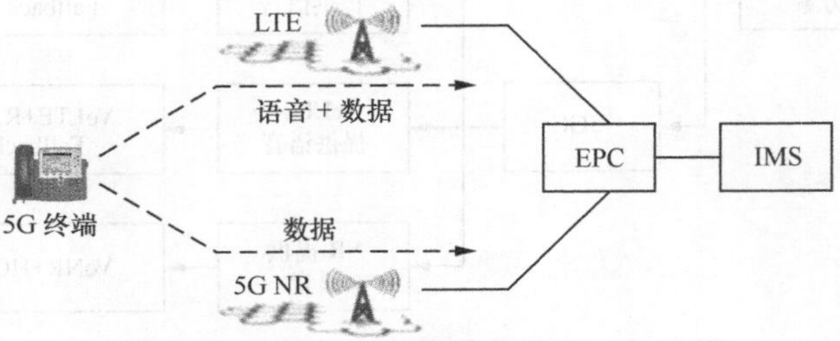

图3.27　沿用4G语音解决方案

3.8.3　独立组网模式下的语音解决方案

独立组网模式下，3GPP 标准新定义两种语音方案：EPS Fallback 和 VoNR，同时，标准也定义了 5GC 与 EPC 的互操作架构（如图 3.28 所示）。5GC 与 EPC 之间引入互操作接口 N26，AMF 和 MME 通过 N26 接口互通，在互操作过程中，源侧和目标侧核心网通过 N26 接口传递 UE 的上下文和会话信息，并将 UE 上下文和会话资源切换到目标侧，保持 IP 地址和业务的连续性。

EPS Fallback 和 VoNR 方案的总体架构如图 3.29 所示，5G 网络通过“UPF+PGW-U”融合设备与 IMS 网络互通。

1. EPS Fallback 方式

在 4G 建网初期，需要通过 CSFB 方式实现与 CS 域的互操作，EPS Fallback 同上述方式相似。5G NR 网络不提供语音业务，当终端驻留 5G，已经完成 IMS 注册，但是在发起呼叫过程中发现不支持 VoNR 时，NR 根据终端能力、N26 接口可用性、网络配置及无线状况触发回落流程，重定向到 EPS 系统或切换至连接在 5GC 的 E-UTRA。如果 AMF 指示 EPS Fallback 重定向不可行，则无法完成上述回落流程。回落过程 NR 使用切换流程还是系统内重定向流程取决于终端支持情况。EPS Fallback 如图 3.30 所示。

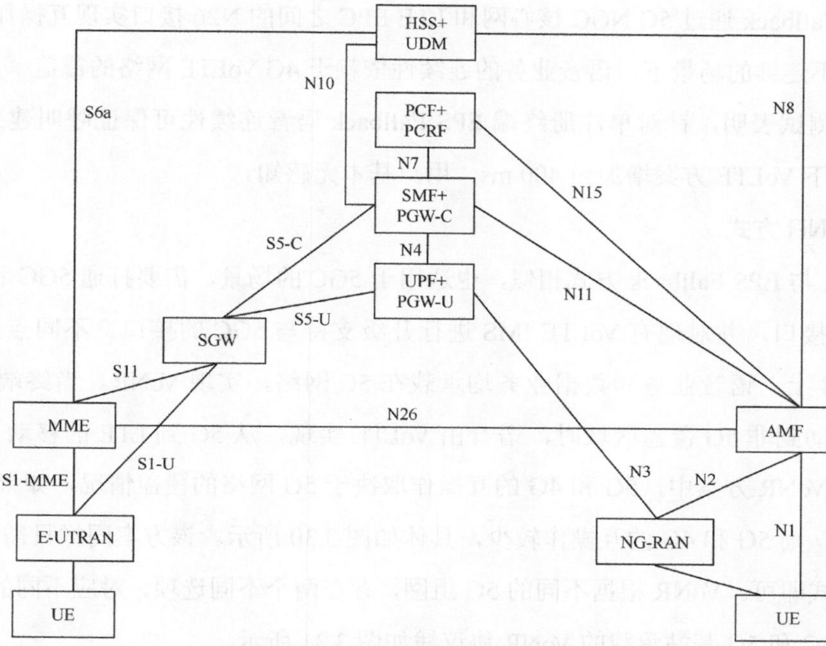

图3.28　5GC与EPC互操作架构

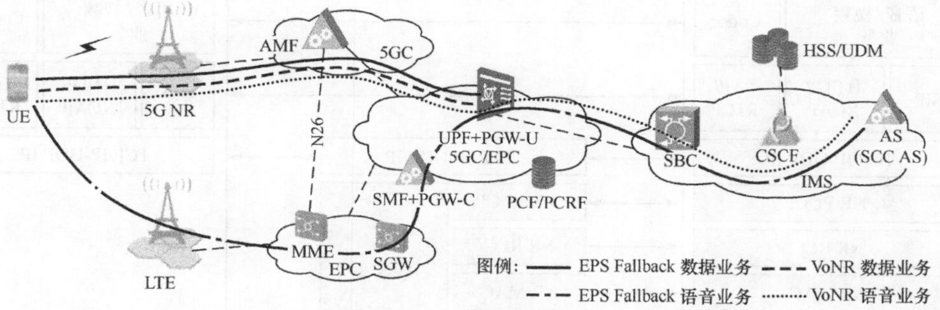

图3.29　EPS Fallback和VoNR方案的总体架构

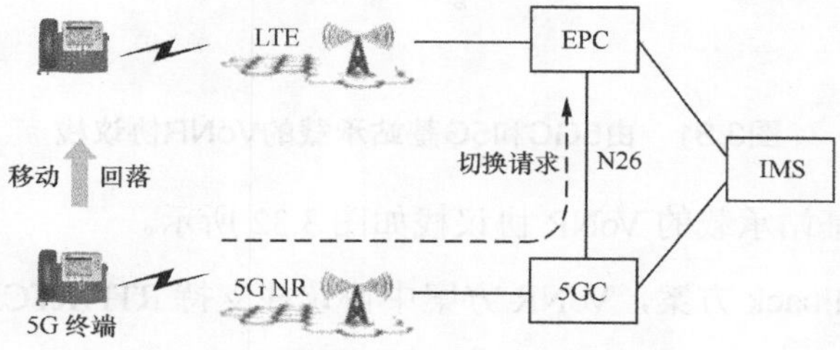

图3.30　EPS Fallback

EPS Fallback 通过 5G NGC 核心网和 LTE EPC 之间的 N26 接口实现互操作。在 5G 网络覆盖不连续的场景下，语音业务的连续性依赖于 4G VoLTE 网络的覆盖率。

外场测试表明，针对单注册终端 EPS Fallback 语音连续性可保证呼叫建立时延比 NSA 模式下 VoLTE 方案增加约 400 ms，用户基本无感知。

2. VoNR 方式

VoNR 与 EPS Fallback 方式相似，也适用于 5GC 的场景，需要打通 5GC 和 EPC 之间的 N26 接口，并对现有 VoLTE IMS 进行升级支持与 5GC 的接口。不同点是，终端驻留在 5G 上，语音业务和数据业务均承载在 5G 网络，实现 VoNR。当终端从 5G 覆盖区域移动到非 5G 覆盖区域时，语音由 VoLTE 实现，从 5G 到 LTE 的移动基于切换方式。在 VoNR 方案中，5G 和 4G 的互操作取决于 5G 网络的覆盖情况，如果 5G 网络覆盖良好，则 5G 和 4G 的互操作较少，具体如图 3.30 所示。该方案同样只需要终端支持单待模式即可。VoNR 根据不同的 5G 组网，存在两个不同选项，对应不同的协议栈。

由 5GC 和 5G 基站承载的 VoNR 协议栈如图 3.31 所示。

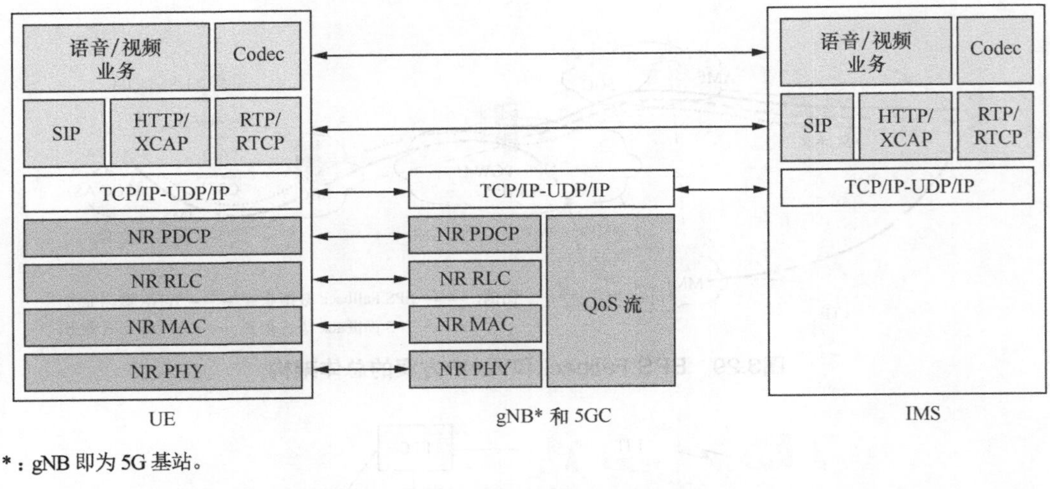

图3.31 由5GC和5G基站承载的VoNR协议栈

由 EPC 和 5G 基站承载的 VoNR 协议栈如图 3.32 所示。

区别于 EPS Fallback 方案，VoNR 方案中协议栈支持 RTP/RTCP，即具备提供 IMS 语音通道能力。终端驻留 NR，语音业务和数据业务都可承载在 NR 网络，仅当终端移动到 NR 信号覆盖较差的区域时，才发起基于覆盖的切换来实现和 4G 的互操作，切换到 LTE 并由 VoLTE 提供服务。VoNR 方案继续依赖成熟的 IMS 系统，与 VoLTE 协同保障语音业务的连续性，同时也为用户带来业务体验的一致性，VoNR 成为 5G 语音的目标解决方案将是必然。

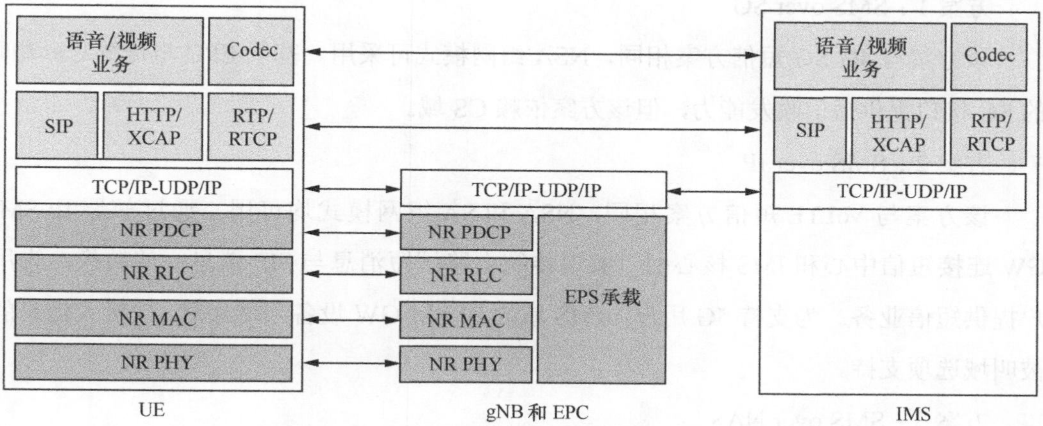

图3.32　由EPC和5G基站承载的VoNR协议栈

从以上网络语音承载方式可以看出，如果要支持 VoLTE 或 VoNR，需要在核心网侧引入 IMS，实现 PS 域语音业务。现阶段各运营商网络部署的方式存在差异，导致最终实现形式也存在差异。

3. 方案比较及部署建议

对于沿用 4G 的 5G 语音解决方案，其与 4G 语音解决方案完全一致，语音的连续性依赖于 4G 和 2G/3G 网络覆盖。

对于 EPS Fallback 语音解决方案，语音连续性完全依赖于 4G 网络覆盖，4G 网络成为 5G 语音的底层网络，如果 4G 网络覆盖不完善，是否会进一步回落到 2G/3G 网络，目前 3GPP 标准暂未确定。

对于 VoNR 语音解决方案，语音的连续性依赖于 5G 网络覆盖，但由于 5G 网络频段较高，难以实现连续覆盖，可通过切换的方式切回 4G 网络，因此，VoNR 的语音连续性根本上还是依赖于 4G 网络覆盖，4G 网络成为 5G 语音的底层网络。与 EPS Fallback 方案相似，在 VoNR 方案中，若因为 5G 无覆盖而切换回 4G 网络，假如同区域4G网络覆盖也不完善，是否会进一步回落到2G/3G网络有待3GPP标准进一步确定。

3.8.4 5G短信方案

根据组网部署方案与终端能力，实现5G短信业务的可选方案有3种。

方案1：SMS over SG

该方案与4G SG短信方案相同，NSA组网模式可采用。基于EPC与传统CS域间的SG接口提供短信收发能力，但该方案依赖CS域。

方案2：SMS over IP

该方案与VoLTE短信方案相同，NSA和SA组网模式均可用。通过部署IP-SM-GW连接短信中心和IMS核心网，实现传统电路域短消息与SIP消息间的转换，为用户提供短信业务。为支持5G用户，IMS域的IP-SM-GW设备须增加对5G接入信息的被叫域选项支持。

方案3：SMS over NAS

通过引入SMSF为5GC和短信业务系统提供交互，短消息通过UE与AMF间的NAS信令传送。AMF与UDM设备须为终端与SMSF的注册选择相关用户数据信息管理提供支持。在该方案中，每个UE仅关联一个SMSF，由AMF决定。为了支持SMS的被叫域选择，SMSF需要与IP-SM-GW及SG MSC相连。

对于支持IMS的UE，需要在UE侧配置归属运营商的MO SMS策略：如果网络没有部署SMS over IMS，那么UE只能使用SMS over NAS；如果网络部署一个SMS over IMS，并且建议优先使用，UE需要在IMS上发送SMS，如果无法发送，再回退使用SMS over NAS。

方案1和方案2可以满足5G初期短信业务需要。如果有完善的IMS网络及IP短信网关，则eMBB场景没有引入SMSF的必要性，针对物联网可以沿用现有短信方案，即基于SMS over SG，对于5G非IMS用户的消息交互场景建议基于分组数据形式完成。目前，基于SGd接口的短信方案产业链支持程度较差，随着短信中心虚拟化改造，可以考虑按需部署SMSF，支持SMS over NAS。

第4章

5G超密集组网

| 4.1 | 5G 超密集组网概述

4.1.1 5G 超密集组网的概念及需求

5G 拥有的高带宽、高速率、高可靠、低时延、低功耗、大连接等移动互联及物联网相交织的新型互联跨界业务发展前景，将产生移动数据流量爆发式增长和海量设备连接需求。虽然 5G 引入的 F-OFDM、FBMC 多载波技术以及 3D-MIMO 等多天线技术能够获得更高的频谱效率，但当前由于低频段频谱资源的稀缺，仅依靠提升频谱效率无法深层次满足 5G 广泛的业务开展，尤其是暴涨的移动数据流量的业务需求。5G 将选取更多的频谱资源以及更加密集的小区等共同满足移动业务流量增长的需求。增加单位面积内宏基站和微基站密度是解决热点地区移动数据流量飞速增长问题的最有效手段，从而实现热点区域网络异构的超密集组网（UDN，Ultra-Dense Network）。

超密集组网是指在宏基站的覆盖区域内，利用小功率基站精细控制覆盖距离，大幅增加站点数量，它是 5G 的关键技术之一。超密集组网基站部署示意如图 4.1 所示。

图4.1 超密集组网基站部署

目前，针对超密集组网的量化定义主要有两种：一种定义为一个网络中小区部署密度≥ 10^3 小区 / 平方千米即为超密集网络；另一种定义为当网络中无线接入点（AP）的密度远远大于其中活跃用户的密度时，即为超密集网络。

首先，超密集组网相比于传统的组网方式有较大的优势，超密集组网特别适用于终端密集的区域，典型的应用场景包括商场、街区、学校、办公楼、公寓、地铁等地点。在城市的覆盖盲点和偏远郊区，可以利用微小区（Small Cell）覆盖这些网络盲区从而增加面积。网络节点的大量增加，使以往网络覆盖不到的一些边角区域也能有较强的信号。从而增加网络覆盖面积．促进无缝网络覆盖的实现。

其次，超密集组网带来系统容量、频谱效率和能源利用率的有效提升。由于小区数目增多，单个小区的覆盖面积相对减小，频率可在位于网络第二层拓扑的小站间有效地进行多次复用，从而提高频率的复用效率，增大吞吐量，大幅提升热点地区的系统容量和频谱效率。又通过组网的密集化和系统容量的大幅度提升，提高用户的体验速率，尤其对于边缘用户来说，提升了用户体验质量。同时小区半径、通信距离的减小使功率损耗降低，大大提高了能源利用效率。

最后，超密集组网与传统蜂窝网络相比，适应性强、灵活度高、具有更高的可拓展性。由于超密集组网技术中加入了更多微基站，这些微基站相对于宏基站，可调控性高、更加灵活，接入方式更多样化，微基站的数量增多，可以适应复杂的网络。另外，在超密集组网的平台上，存在无限的创造力和可能。例如，可通过超密集组网平台，实现小区虚拟化技术，消除小区边界，实现网随人动的美好愿景。

国内移动网络已划分频段如图 4.2 所示。可以看到现有 2.6 GHz 以下频段已分配殆尽，仅有的间隙频段，比如 1785 ～ 1805 MHz，已分配给 TDD-LTE 作为企业专网试用。从图 4.3 所示的 5G 频率分配及主要应用场景来看，6 GHz 以下频段主要用于广覆盖，6 GHz 以上频段用于热点区域覆盖。对照图 4.2 中目前的空余频段，3.5 ～ 5 GHz 用于 5G 广覆盖比较合适，但比 4G 网络目前分配到的频段仍高出不少。由于无线电波的传播特性，即频段越高，同样距离内传播损耗越大，换言之，相同面积内需要的站点就会大大增加。

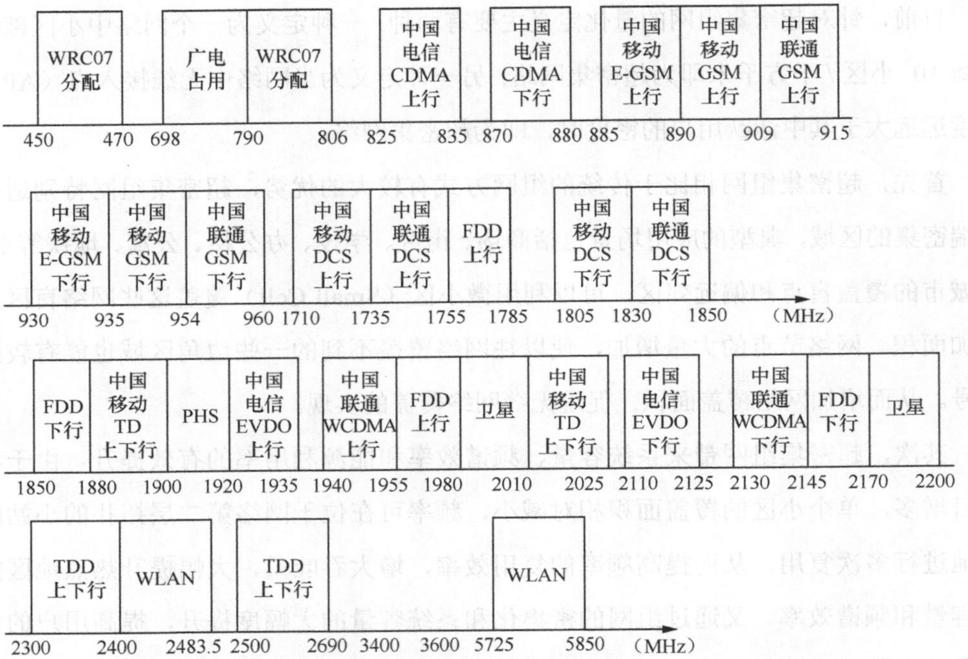

图4.2　国内移动网络已划分频段

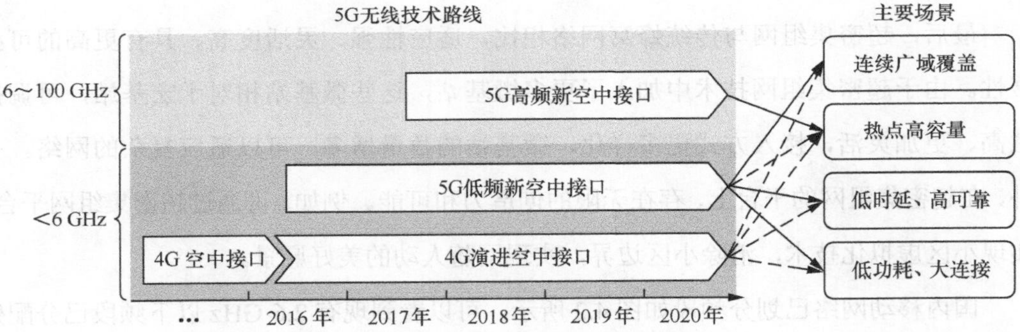

图4.3　5G频率分配及主要应用场景

5G 空中接口目前已提出许多革新的关键技术，如大规模天线技术、全频谱接入技术、新型多址技术、新型多载波技术。这些技术是 5G 高速率、低时延、多连接业务需求的必然要求，同时更高级的调制技术与更高阶的大规模天线技术则意味着更高的信噪比要求，这意味着在市区、密集市区场景，由于复杂的无线环境，5G 站点超密集部署不可避免。

4.1.2 超密集组网对网络规划的挑战

1. 需要海量的规划站点

5G 的高频段部署及本身的密集组网需求决定了 5G 网络对站点数量的需求远远超过现有的 2G、3G、4G 网络的需求。图 4.4 为密集城区场景下的基站覆盖能力比较。

从基站覆盖距离比较来看，3.5 GHz 部署覆盖距离分别是 1.8 GHz 部署覆盖距离的 1/2，是 800 MHz 部署覆盖距离的 1/4：即相同覆盖面积下，5G 在 3.5 GHz 部署需要的站点数量是在 800 MHz 部署的 16 倍，是在 1.8 GHz 部署需要的站点数量的 4 倍。如果 5G 在 4.5 GHz 等更高频段部署，则需要大量增加基站数量。从 4G 网络建设经验来看，一方面，由于市民对无线信号辐射观念不断加强，在一般城区、密集城区场景基站寻址越来越困难；另一方面，适合基站建设的楼顶、空地在 2G、3G、4G 建设过程中已消耗殆尽，新的站点诉求往往是现有站点之间或之前就是老大难区域，要在上述区域新建原来 3 倍的站点，可谓困难重重。

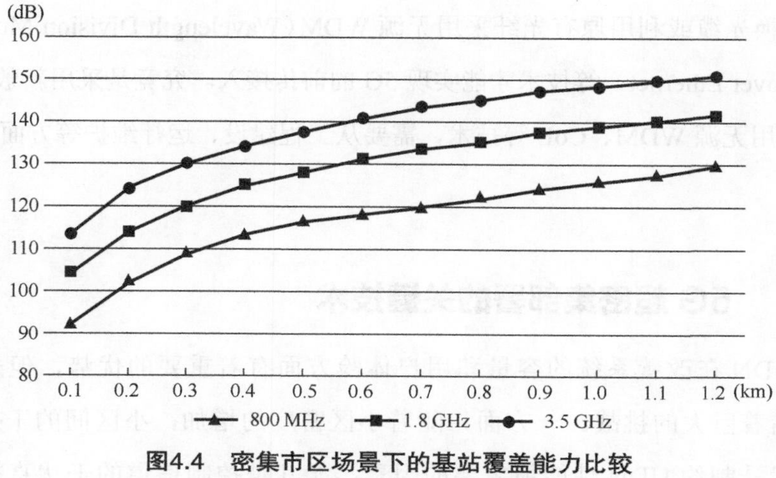

图4.4　密集市区场景下的基站覆盖能力比较

2. 需要对存量站点进行改造

在以往的无线网络升级换代中，运营商通常采用花费最小、实施最快、质量最有保障的方式，即对存量站进行升级改造。面对 5G 网络，要进行更新换代存在许多挑战。

（1）5G 室外采用了大规模天线技术。目前，实验室阶段天线尺寸很大，除非有巨大的技术突破，否则即便商用后天线尺寸可以大大缩小，也面临着不能多系统共享的局面。

（2）对于 5G 室内分布系统方案，传统 DAS 网络难以支持 3.5 GHz 以上频段，如果采用目前带 pRRU 的有源光分布系统，则存在大量现有室内覆盖系统改造的现实困难。

3. 需要海量的传输、管线资源

5G 超密集组网在管线资源方面面临的挑战如下。

（1）新增站点对管线资源的需求。即便 5G 在低频段如 3.5 GHz 频段部署，最终全覆盖所需要的站点数是目前网络的 4 倍，新增 3 倍的站点需要新建光缆，这对管道资源较少的运营商而言是巨大的挑战，管道资源较为丰富的运营商也要做好前传接入光缆的规划工作。

（2）现有基站存量管线资源不足的问题。在 4G 时代，宏基站一般接入 12 芯光缆（FDD 和 TDD 各按 6 芯考虑），5G 基站与其共站后前传接入纤芯资源将不够用，需要新敷设 / 更换光缆或利用原有光纤采用无源 WDM（Wavelength Division Multiplexing）、CoE（CPRI over Ethernet）等技术才能实现 5G 的前传接入。究竟是采用新敷设 / 更换光缆，还是采用无源 WDM、CoE 等技术，需要从工程建设、运行维护等方面综合分析后确定。

| 4.2 | 5G 超密集部署的关键技术

虽然 UDN 在改善系统的容量和用户体验方面有着重要的优势，但是在实际部署中也面临着巨大的挑战。一方面，随着小区密度的增加，小区间的干扰问题更加突出，干扰是制约 UDN 性能最主要的因素，尤其是控制信道的干扰直接影响整个系统的可靠性；另一方面，用户的切换率和切换成功率是网络重要的 KPI 指标，随着小区密度的增加，基站之间的间距逐渐减小，这将导致用户的切换失败率显著升高，严重影响用户感知。如何同时兼顾网络覆盖和系统容量，成为 UDN 需要重点解决的问题。

4.2.1 同频干扰消除技术

同频超密集组网提升了频谱利用效率，同时带来严重的同频干扰问题。在同一个小小区内，用户之间通过正交频分复用多址方式使不同的用户信息承载在相互正交的子载波上，因此，每个小小区内用户之间的相互干扰可以忽略不计，但由于距离较近的同频小小区与本小小区用户之间的传输损耗较小，导致多个干扰源强度相近，网络性能恶化。所以，在超密集组网的美好构图中，如何对严重的干扰进行管理是一个亟待解决的关键问题。

在干扰管理中，可以将干扰分为不利因素和有利因素，对有利干扰资源进行管理利用，对不利因素进行抑制。

目前，对于大多数同频干扰的解决办法是将其视作不利因素进行抑制。对于干扰中的不利因素进行抑制，主要有干扰随机、增强型小区间干扰协调、干扰消除与干扰对齐和协同多点传输（协调调度 / 波束成形）等方法。这些干扰管理方法通过对资源的协调与规划，达到减少和消除干扰的目的，在一定程度上对网络进行了优化。3GPP 提出了增强型小区间干扰协调方法的 3 种解决方案：频域增强型小区间干扰协调、时域增强型小区间干扰协调以及基于功率控制的增强型小区间干扰协调。由于信号同时受到频域和时域的干扰，只对频域或时域进行干扰抑制，无法达到非常理想的效果。有学者提出了将时域和频域资源联合利用进行干扰协调的算法，该算法能够较为灵活地适应重负载业务。

对干扰的可用、可管理部分进行充分利用，是现在对干扰管理研究的一个热点方向。目前主要方法有网络编码、干扰迁移和协同多点传输技术（联合处理 / 传输）。其中，针对干扰迁移，提出引入移动热点对数据进行分流的方案，将严重的干扰引导至低负载小区，从而有效缓解重负载小区的干扰，并且提高系统能量效率。另外，还提出了一种资源管理与干扰控制联合优化的方案。合理的资源管理能够实现对干扰的完全规避，对干扰进行合理控制能够修正网络资源的不合理分配。把资源分配作为干扰管理的重要手段，结合这两个方面进行优化与管理，既提高了资源利用率和网络容量，又大大减少了干扰。

除此之外，还有干扰管理自优化，即在未来5G UDN环境下，通过部署SON，即通过智能的干扰协调自优化解决小区间干扰问题。智能关断技术：通过大数据分析，能够获知网络业务的时空分布及变化规律，进而采用具有负载感知能力的自适应小区关断机制，也可以减少小区间的干扰。

4.2.2 频繁切换技术

由于小功率的基站覆盖范围小，高速移动的用户会在短时间内历经两个甚至多个基站，进行频繁切换，这样导致的结果是系统占用PUCCH和更多的调度资源，从而降低用户的速率及服务质量。

在UDN中，小区虚拟化是一种有效解决移动性和干扰问题的关键技术。小区虚拟化概念对终端来说将会消除传统的小区边界，从而提升用户体验质量。小区虚拟化技术的主要研究内容包括小区边界的消除、以设备为中心的接入点的优化以及以网络为辅助的设备合作。

小区虚拟化即单层实体网络构建虚拟多层网络，如图4.5所示，搭建两层网络（虚拟层和实体层），宏基站小区作为虚拟层，虚拟宏小区承载控制信令，负责移动性管理，实体微基站小区作为实体层，微小区承载数据传输。该技术可通过单载波或多载波实现。单载波方案通过不同的信号或信道构建虚拟多层网络；多载波方案通过不同的载波构建虚拟多层网络，将多个物理小区（或多个物理小区上的一部分资源）虚拟成一个逻辑小区。虚拟小区的资源构成和设置可以根据用户的移动、业务需求等动态配置和更改。虚拟层和以用户为中心的虚拟小区可以解决超密集组网中的移动性问题。

由于小区的密集部署会带来用户的频繁切换，为了同时考虑网络覆盖和系统容量的问题，提出控制和承载相分离的思想，即将承载（用户数据面）与控制（系统控制面）分离，分别由不同的网络节点承载，形成独立的两个功能平面。传统的网关集成了用户面和控制面的部分功能，而在5G部署场景中，业务类型增多，网络节点密集，传统的网关设计无法满足其低时延、高速率的需求。因此，采用承控分离的网络架构思想成为UDN架构的一个重要研究方向。将控制面与用户面分离后，可以根据其不同的要求与特点，分别进行优化设计与独立扩展，从而满足不同组网场景对5G网络性能的需求。有学者提出以控制承载分离以及簇化集中控制为主要技术特征的 5G UDN 网络架构，针对宏一微 UDN 部署场景，微基站负责容量，宏基站负责覆盖以及微基站间的资源协同管理。而针对微一微 UDN 部署场景，基于“宏覆盖”的思想，提出虚拟宏小区以及微小区动态分簇的两种方案。

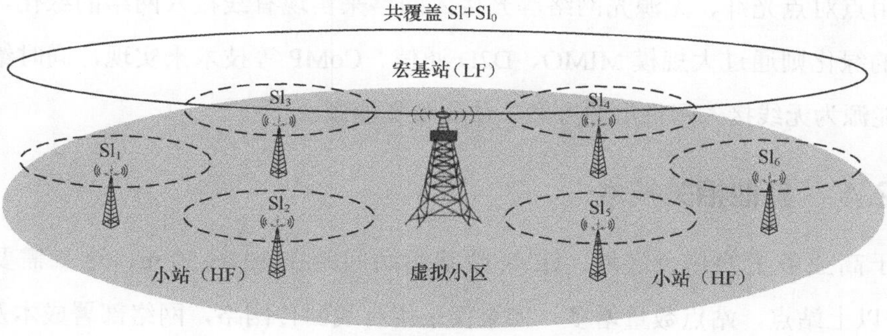

图4.5　虚拟小区

还有一些文献对切换问题进行了研究，例如，提出一种与通信质量下降相关的切换策略，当用户在分层异构网络切换失败概率升高时，统计信号出现下降的次数，当统计数值超过门限时进行告警，从而降低用户的切换概率，改善用户的移动性能。

4.2.3 节能技术

信息通信产业目前已经成为全球第五耗能产业，移动网络的耗能占其总量的 10% 以上，随着部署的密集化，耗能随之增加。例如，来自 ABI Research 的市场研究数据显示，2015 年，Femtocell 的出货量达到 5400 万台，总能耗达到 6.48 亿瓦。而即将在中国商用的 5G 宏基站，目前单个基站能耗达到 4.7 kW，暂按 100 万个基站计算，总能耗将达到 47 亿瓦。随着用户对无线蜂窝网络高数据速率需求的快速增加，势必造成移动网络能量消耗剧增。

现在的移动通信系统大多是为满足业务峰值设计的。然而，在用户需求量不大时，宏基站和微基站如果仍然满载运行就会造成大量能源浪费。因此，在现有的节能方案中，动态休眠基站的方法占了很大一部分，但休眠算法不尽相同。例如，通过微基站的效用函数来决定是否关闭基站，效用函数是通过基站的流量负载、基站接入用户的速率、接入用户数和周围基站的干扰来决定的；基于分簇的基站休眠算法，即将微基站分簇之后，再实行集中式的基站休眠算法。

由于在电信基础设施中，“最后一英里”的接入会消耗大量能量，因此，可以从改善宽带接入网络的硬件设施方面来实现绿色通信。提出“边缘绿化”的概念，通过更多地利用点对点光纤、无源光网络等光接入网络来实现有线接入网络的绿化，无线接入网络的绿化则通过大规模 MIMO、D2D 通信、CoMP 等技术来实现，同时给出利用可再生能源为无线接入网供电的方案，从而节省能源。

4.2.4 其他相关技术

对于高业务量的热点区域，UDN 微基站站间距在 20 ～ 50 m，这就需要部署至少 10 倍以上站点，站点数量增多，如果仅采用有线回传网络，网络部署成本及复杂度大幅度增加，网络灵活度很低。从网络建设和维护成本的角度考虑，不适宜为所有的微基站铺设光纤来提供有线回传。同时即插即用的组网要求使有线回传不能覆盖所有 UDN 场景，因此，可以利用和接入链路相同频谱的无线回传技术，由于高频段可以提供足够大的带宽进行无线回传，因此，优选高频段无线回传，且须采用点对点 LOS 回传。

为了降低部署成本和提高网络灵活度，满足 UDN 的需求，对接入与回传联合设计是一种有效的方法。其中利用与接入链路相同的频谱技术进行无线回传是现在比较热门的一个研究方向。

尽管基于异构网络的 UDN 可以通过部署大量小功率基站来提升系统容量和频谱效率，但是如何选择小型基站的站址仍存在诸多挑战。目前，单位面积部署的小型基站数目远远达不到 UDN 的目标，且大部分由运营商独立部署和维护，运营商需要支付庞大的设备成本、运营和维护费用。因此，如何合理地选取站址将成为亟待解决的问题之一。

| 4.3 | 超密集组网策略

4.3.1 超密集组网场景

UDN 主要应用于具有大流量特性的数据热点场所，依据 5G 拥有的三大典型应用场景（eMBB、mMTC、uRLLC）各自的性能需求，尤其是 eMBB 需求［主要代表应用 4K 高清视频、VR（虚拟现实）、AR（增强现实）、远程医疗、远程教育、外场支援、多人线上会议等］，其可靠性及高数据流量要求网络满足良好的广覆盖的同时满足深度覆盖。从 eMBB 代表应用可以看出，数据热点在室内及室外均会广泛出现，用户数量、用户习惯、业务类型等共同决定了数据需求量。因此，UDN 主要场景将出现在办公室、密集住宅、密集街区、大学校园、大型集会、体育场馆、地铁、医院等。未来，随着移动通信的资费降低和速率提升，有线宽带可能逐步被取代，这将进一步增强各场景对数据流量的需求。UDN 主要应用场景如图 4.6 所示。

图4.6 UDN主要应用场景

不同场景的覆盖需求不尽相同，覆盖方式也有所不同，场景特点及需求定位分析至关重要。对于数据热点区域，一般而言，室外宏基站的站址密度相对较大，新建选址空间有限。即使有新建站空间，站址协调及建设难度也比较大，往往需要通过宏微基站协同、室内外协同等方式进行覆盖及容量的提升。对区域内场景及业务的需求分析是实现资源优化组网的前提，UDN主要应用场景覆盖特点、业务特点及建设覆盖方式见表4.1。

表4.1 主要应用场景覆盖特点、业务特点及建设覆盖方式

应用场景	室内外属性		场景业务特点	覆盖方式
	站点位置	覆盖用户位置		
商务楼宇	室内	室内	办公场所，高密度上下行流量要求	楼宇高，须通过室内微基站覆盖室内用户
密集住宅	室内、室外	室内、室外	高密度下行流量要求	宏基站建设困难，通过微基站覆盖室内及室外
城中村	室外	室内、室外	高密度下行流量要求	宏基站建设困难，通过室外微基站覆盖室内及室外
密集街区	室内、室外	室内、室外	人员密集，高密度上下行流量要求	宏基站建设困难，通过微基站覆盖室内及室外
商场	室内、室外	室内、室外	人员聚集，高密度上下行流量要求	宏基站建设困难，通过微基站覆盖室内及室外
大学校园	室内、室外	室内、室外	用户密集，高密度上下行流量要求	校区站址较密，通过微基站覆盖室内及室外
大型集会	室外	室外	临时性人员聚集，高密度上行流量要求	通过宏基站及室外微基站协同覆盖室外
体育场馆	室内、室外	室内、室外	大型体育赛事，高密度上行流量要求	宏基站建设无法满足需求，通过微基站覆盖室内及室外
地铁	室内	室内	人员聚集车内，高密度下行流量要求	建设标准高，须协同地铁通过室内微基站覆盖室内及隧道
车站	室内、室外	室内、室外	车站广场人员聚集，高密度下行流量要求	通过室内微基站覆盖车站候车厅，宏基站及室外微基站覆盖广场
高速收费站	室外	室外	特殊时期，高密度上下行流量要求	分析高速收费站重要程度，提前规划预留宏基站及微基站
风景区	室外	室外	重点景区、节假日、高密度上下行流量要求	根据景区人员分布，通过宏微协同覆盖

4.3.2 组网架构

5G超密集组网网络架构如图4.7所示。

从图4.7中可以看出，为了克服特定区域内持续发生高流量业务的热点高容量场景（办公室、大型场馆和家庭等）带来的挑战，即如何在网络资源有限的情况下提高网络

吞吐量和传输效率，保证良好的用户体验速率，5G 超密集组网需要进行如下几个方面的增强。

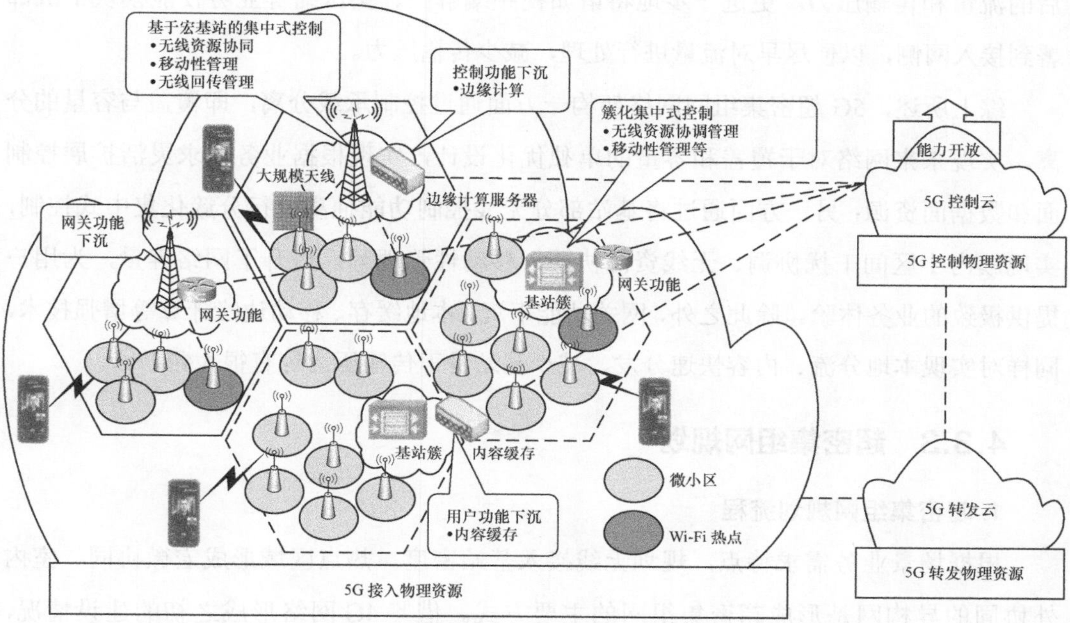

图4.7　5G超密集组网网络架构

首先，接入网采用微基站进行热点容量补充，同时结合大规模天线、高频通信等无线技术，提高无线侧的吞吐量。其中，在宏一微覆盖场景下，通过覆盖与容量的分离（微基站负责容量，宏基站负责覆盖及微基站间资源协同管理），实现接入网根据业务发展需求以及分布特性灵活部署微基站。同时，由宏基站充当的微基站间的接入集中控制模块，负责无线资源协调、小范围移动性管理等功能；除此之外，对于微一微超密集覆盖的场景，微基站间的干扰协调、资源协同、缓存等需要进行分簇化集中控制。此时，接入集中控制模块可以由所分簇中某一个微基站负责或单独部署在数据中心，负责提供无线资源协调、小范围移动性管理等功能。

其次，为了尽快对大流量的数据进行处理和响应，需要将用户面网关、业务使能模块、内容缓存 / 边缘计算等转发相关功能尽量下沉到靠近用户的网络边缘。例如，在接入网基站旁设置本地用户面网关，实现本地分流。同时，通过在基站上设置内容缓存 / 边缘计算能力，利用智能的算法将用户所需内容快速分发给用户，同时减少基站向后的流量和传输压力。更进一步地将诸如视频编解码、头压缩等业务使能模块下沉部署到接入网侧，以便尽早对流量进行处理，减少传输压力。

综上所述，5G 超密集组网网络架构一方面通过控制承载分离，即覆盖与容量的分离，实现未来网络对于覆盖和容量的单独优化设计，实现根据业务需求灵活扩展控制面和数据面资源；另一方面通过将基站部分无线控制功能抽离进行分簇化集中式控制，实现簇内小区间干扰协调、无线资源协同、移动性管理等，提升了网络容量，为用户提供极致的业务体验。除此之外，网关功能下沉、本地缓存、移动边缘计算等增强技术，同样对实现本地分流、内容快速分发、减少基站骨干传输压力等有很大帮助。

4.3.3 超密集组网规划

1. 超密集组网规划流程

根据场景业务需求特点，规划无线接入基站密度。热点区域形成宏微协同、室内外协同的异构网是形成超密集组网的主要方式。借鉴 4G 网络形成之初的建设情况，5G 依然优先在存量站址上部署宏基站。由于存量塔桅承重不足导致无法新增宏基站需求，同时 5G 频段高而易形成弱覆盖区域，这些情况下均需要在原有拓扑结构上增加宏基站来满足连续覆盖。

根据热点区域场景分析，宏基站建设往往困难重重，需要通过微基站建设来满足连续覆盖及深度覆盖，且满足热点区域容量需求。有些热点区域需要全部通过微基站进行组网，同时由于传统室内覆盖分布系统已经无法满足损耗要求，因此，室内覆盖同样需要通过微基站进行。

超密集组网规划就是通过规划目标，进行超密集组网的需求分析和容量预测，得出资源投放需求和建站方式。

2. 超密集组网的需求分析

超密集组网的需求主要基于网络、业务和容量的变化。从业务上看，新套餐促进流量快速攀升，视频占比提升，视频业务已经成为主流，视频用户观看习惯已逐步转向高清，视频流量发展迅速。例如，东部沿海某省视频流量占比已达到 48%，1080 P 流量占比已达到 53%，小区业务模型发生转变，中大分组成为主流，承载能力面临巨大挑战。从网络上看，流量已经向场景化聚集，居民区和高校等场景的流量占比非常高，据中部某省会城市区域统计，2017 年高负荷小区分布呈点状分布，集中于大学城、商业区、景点及密集居民区，但 2018 年高负荷小区呈片状分布，仍集中于这些区域，且全网前 10% 的小区贡献了 70% 的流量。从容量上看，部分超热点区域已经出现频率用尽情况，通过频谱扩容已经无法满足需求。

超密集组网区域的识别主要是基于价值（口碑场景）、需求（流量密度）和负荷（网络负荷）3 个维度。价值场景主要包括高校、密集居民区、商业区和美食美景等高价值场景。需求场景则综合考虑的是每平方千米的日均流量和月流量增速，并结合深度覆盖需求。负荷场景则主要结合集团扩容标准，分析区域内的高负荷待扩容小区占比。

3. 容量预测方法

容量预测可以从时间和空间两个维度综合判断。用户分为普通用户和不限量套餐用户。时间上主要是根据本地不限量套餐发放市场目标，预计目标日期流量相对于当前的增长情况。首先通过对不限量套餐用户流量增长进行预测，即基于网络历史不限量套餐用户数据，预测周期可选为 1 年，预测不限量用户带来的流量增长情况；其次抛开不限量用户，分离出普通用户进行分析处理，获取自然增长流量的预测；最后结合自然增长和不限量套餐拉动所带来的全网流量增长预测。空间上主要是根据不同场景的流量密集程度，预测高校、工业园区、商业区和居民区等场景未来流量的增长情况。由于小区流量存在分布不均的现象，未来不限量套餐用户上量后，不限量套餐用户的分布和流量增长也存在不同场景的增长差异，通过采用各个场景历史话统的流量增长幅度差异，估算未来流量增长幅度。

4. 扇区级资源投放需求评估

扇区级需求评估主要是以流量密度为核心，构建网络结构画像。通过输入目标 DOU、区域面积、常住人口密度、移动市场份额、当前的宏基站和微基站数、宏基站和微基站流量占比，以及单站扇区数等工参得出流量密度、站点密度、载波密度、宏微比和站间距等参数，综合给出需求的微基站数、宏基站扩容载波数和 3D-MIMO 扇区数，如图 4.8 所示。

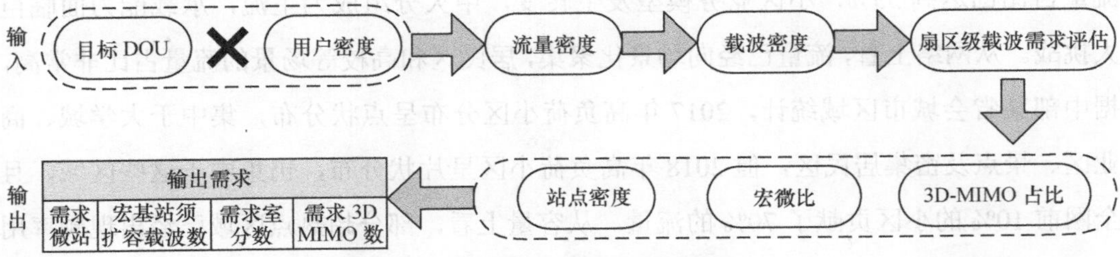

图4.8　扇区级载波需求评估

5. 建站方案

图 4.9 给出了站型输出方案，基于场景识别和用户离散度分析，输出合理站型，解决容量受限问题。设定一个载波门限，当流量需求大于这个载波门限时，就需要引入小微基站和 3D-MIMO 来进行扩容了，两者分别适宜部署在用户集中和离散的两种场景下。

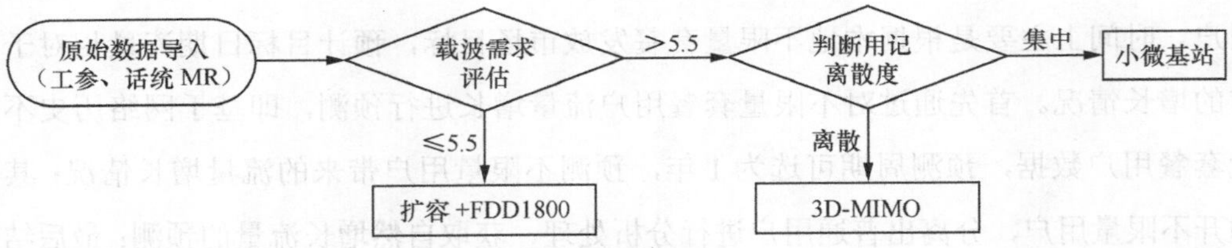

图4.9　站型输出方案

4.3.4　无线组网方式

超密集组网从无线接入侧看，主要有两种方式，一种为宏基站＋微基站，一种为纯微基站。

由于 5G 微基站传播损耗大，500 mW 微基站覆盖距离在 10 ～ 50 m，可见微基站在 5G 覆盖中的重要性，超密集组网无线接入覆盖方式如图 4.10 所示。

通过建设密集的微基站，形成对宏基站覆盖及容量的提升，对于无法新建宏基站区域，通过微基站建设的灵活性、小型化等优势进行独立组网，因此，热点区域超密集组网方式后续发展主要以微基站为主体，但网络复杂多样，区域内大数量微基站单元极易形成干扰，需要形成核心网集中管理。

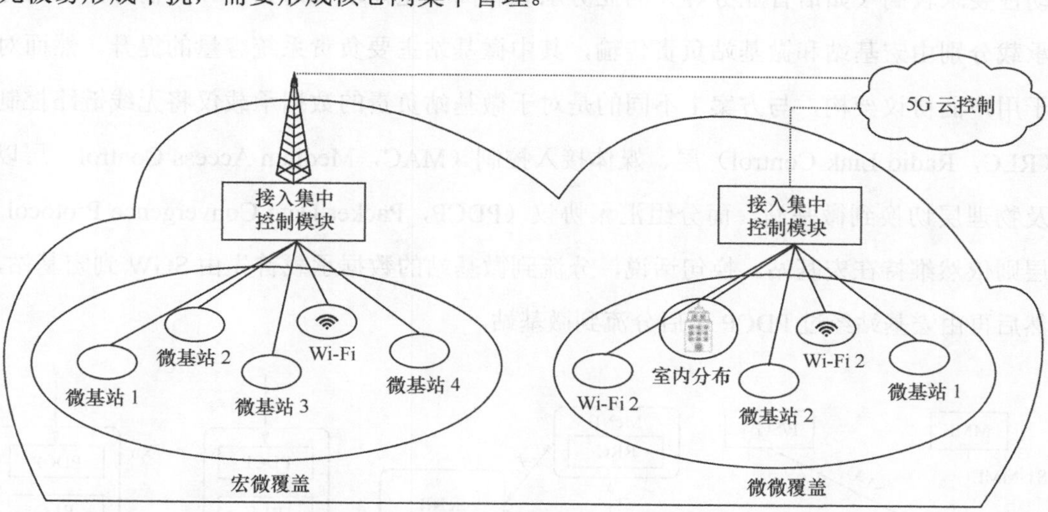

图4.10　超密集组网无线接入覆盖方式

1. 宏微协同

针对宏一微部署场景，5G 超密集组网通过微基站负责容量、宏基站负责覆盖以及微基站间资源协同管理的方式，实现接入网根据业务发展需求和分布特性灵活部署微基站。同时，由宏基站充当的微基站间的接入集中控制模块，对微基站间干扰协调、资源协同管理起到了一定作用。为了实现宏一微场景下控制承载分离以及簇化集中控制的目标，5G 超密集组网可以采用基于双连接的技术方案。

方案 1。终端的控制面承载，即无线资源控制（RRC，Radio Resource Control）连接始终由宏基站负责维护，如图 4.11 中控制面协议架构所示。终端用户面承载与控制面分离，其中，对中断时间敏感、带宽需求较小的业务承载（诸如语音业务等）由宏基站进行承载，而对中断时延不敏感、带宽需求大的业务承载（诸如视频传输等）由微基站负责。除此之外，从图 4.11 中用户面协议架构中可以看出，对于微基站负责传输的数据会由服务网关（SGW，Serving Gate Way）直接分流到微基站，而维持在宏基站的数据承载，其数据将保持由 SGW 到宏基站的路径。

方案 2。与方案 1 类似，终端的控制面承载（RRC 连接）始终由宏基站负责维护，如图 4.12 中控制面协议架构所示。终端的用户面承载与控制面分离，对于低速率、移动性要求较高（如语音业务等）的业务承载和高带宽需求（诸如视频传输等）的业务承载分别由宏基站和微基站负责传输，其中微基站主要负责系统容量的提升。然而对于用户面协议架构，与方案 1 不同的是对于微基站负责的数据承载仅将无线链路控制（RLC，Radio Link Control）层、媒体接入控制（MAC，Medium Access Control）层以及物理层切换到微基站，而分组汇聚协议（PDCP，Packet Data Convergence Protocol）层则依然维持在宏基站。换句话说，分流到微基站的数据承载首先由 SGW 到宏基站，然后再由宏基站经过 PDCP 层后分流到微基站。

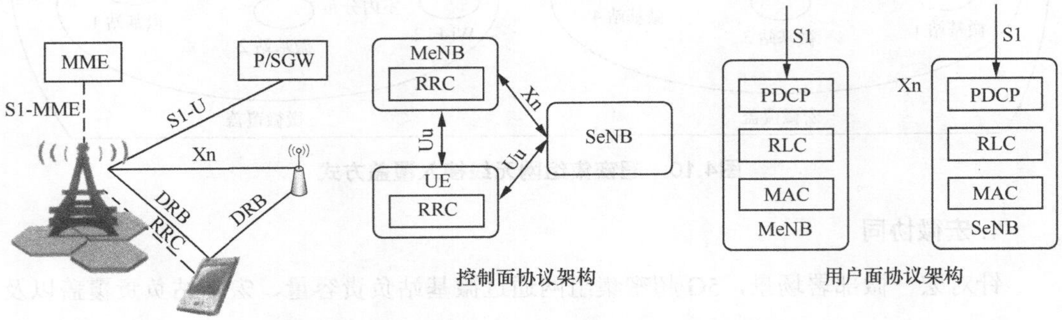

图4.11　宏一微覆盖场景控制与承载分离（方案1）

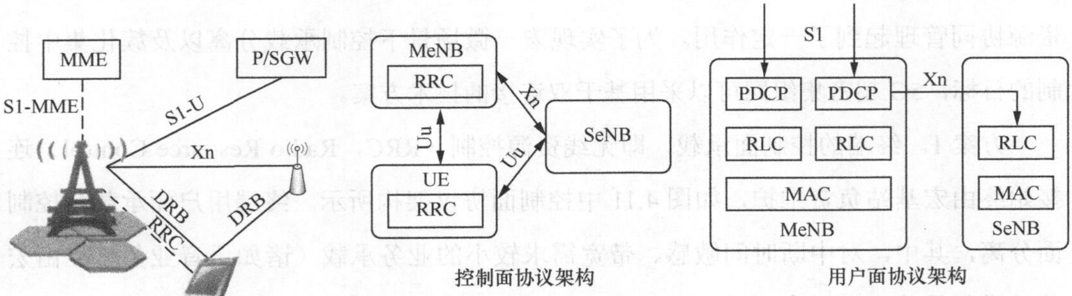

图4.12　宏一微覆盖场景控制与承载分离（方案2）

可以看出，对于用户面协议架构，方案 1 采用的宏基站和微基站都和核心网直接连接，这样做虽然可以使数据不用经过 Xn 接口进行传输，降低了用户面的时延，但是宏基站和微基站同时与核心网直接连接将带来核心网信令负荷的增加。方案 2 则只有宏基站与核心网进行连接，宏基站和微基站通过 Xn 接口传输终端的数据，这种方案通过在接入网宏基站处进行数据分流和聚合，微基站对于核心网是不可见的，从而可以减少核心网的信令负担。但是，由于所有微基站的数据都需要通过宏基站传输到核心网，此时对宏基站回程链路容量带来很高的要求，尤其是微基站的超密集部署的场景。因此，基于双连接的 5G 超密集组网宏一微覆盖场景控制与承载分离方案可以基于不同的用户与场景灵活选择。例如，对于理想回程链路的场景，可以采用宏基站分流的方案 2，此时微基站不需要完整的协议栈，减少了功能，降低了成本，为这种仅具备部分功能的轻量化基站的应用带来可能，使网络部署更加灵活，具备按需部署的能力。然而对于回程链路较差的场景，可以采用宏基站和微基站同时与核心网连接的方案 1，此时可以降低用户面时延，提高用户吞吐量。

通过基于双连接的技术方案 1 和方案 2，5G 超密集组网可以实现控制与承载分离。其中，终端的控制面承载（RRC）由宏基站负责传输，微基站会将一些配置信息打包通过 Xn 接口传送给宏基站，由宏基站生成最终的 RRC 信令发送给终端。因此，终端只会看到来自宏基站的 RRC 实体，并对此 RRC 实体进行反馈回复。同时，终端的用户面承载除了个别低速率、移动性要求较高的业务（语音等）由宏基站负责传输外，其余高带宽需求的业务承载主要由微基站负责传输，从而实现了 5G 超密集组网宏一微场景下控制与承载的分离。通过控制与承载的分离，对未来 5G 超密集组网可以实现覆盖和容量的单独优化设计，灵活地根据数据流量的需求在热点区域实现按需的资源部署，扩容数据面传输资源（小区加密、频带扩容、增加不同 RAT 系统分流等），并不需要同时进行控制面增强。

更进一步，5G 超密集组网宏一微场景下的控制承载分离还具备如下优势。

移动性能提升。由于微基站始终处于宏基站的覆盖范围，可以始终保持与宏基站的 RRC 连接，此时微基站仅提供用户面连接，终端在微基站的切换简化为微基站的添加、修改、释放等，避免了频繁切换带来的核心网信令增加。同时宏基站 RRC 连接的持续保持以及部分低速率业务的传输能力，也可以提升终端在频繁切换过程中的用户体验和资源利用率。宏基站可以在终端的微基站选择、微基站间干扰的协调管理、微基站间的负载均衡、微基站的动态打开 / 关闭等方面通过接入集中控制模块的资源优化算法进行优化控制，从而扩大网络的整体容量，提高资源利用率，降低能效。

需要注意的是，上述基于双连接的5G超密集组网控制和承载分离方案要求终端具备双连接甚至多连接的能力，这为该技术方案的直接应用带来了一定制约。除此之外，在缺少宏基站覆盖的5G超密集网络中，上述两个方案无法发挥作用。

2. 微基站组网

在宏—微场景下，基于双连接的控制和承载分离方案可以有效实现5G超密集组网覆盖和容量的分离，实现覆盖和容量的单独优化设计，灵活地根据数据流量的需求在热点区域实现按需部署。但上述方案除了要求终端具备双连接甚至多连接的能力外，还无法解决5G超密集组网中无宏基站覆盖的问题，需要采用微基站覆盖方案，基于宏一微场景下“宏覆盖”的思想，有虚拟宏小区和微小区动态分簇两种方案。

（1）虚拟宏小区方案。

为了能够在5G超密集组网微—微覆盖场景下实现类似于宏—微场景下宏基站的作用，即宏基站负责控制面承载（RRC）的传输，需要利用微基站组成的密集网络构建一个虚拟宏小区。此时，由虚拟宏小区承载控制面信令（RRC）的传输，负责移动性管理以及部分资源协调管理，而微基站主要负责用户面数据的传输，从而达到与宏—微覆盖场景下控制面与数据面分离相同的效果，如图4.13所示。

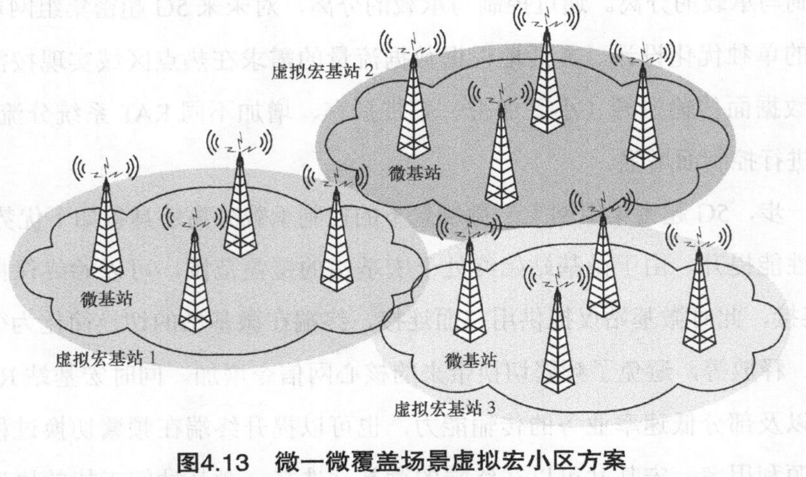

图4.13 微—微覆盖场景虚拟宏小区方案

虚拟宏小区的构建需要簇内多个微基站共享部分资源（包括信号、信道、载波等），此时同一簇内的微基站通过在此相同的资源上进行控制面承载的传输，以达到虚拟宏小区的目的。同时，各个微基站在其剩余资源上单独进行用户面数据的传输。通过这种方式可以实现 5G 超密集组网场景下控制面与数据面的分离。

以微基站配置两个载波为例，在载波 1 上，簇内不同的微基站采用相同的虚拟宏小区 ID，组成虚拟宏小区，而在载波 2 上，簇内各个微基站则配置为不同的小区 ID。此时，对于空闲态终端只需要驻留在载波 1 上，接收来自载波 1 上的控制面信令。对于连接态终端，此时根据数据业务需求，通过载波聚合技术，即载波 1 为主载波，载波 2 为辅载波。

对于仅配置单载波的微基站配置场景，可以通过为每个微基站簇配置不同的虚拟宏小区 ID，此时簇内不同微基站使用同一虚拟宏小区 ID 为其发送的广播信息、寻呼信息，随机接入响应、公共控制信令进行加扰。终端通过虚拟宏小区 ID 解扰接收来自虚拟宏小区的控制承载，而通过微基站小区 ID 的识别与解扰进行用户面数据的传输，从而实现了控制与承载的分离，即覆盖和容量的分离。

（2）微小区动态分簇方案。

虚拟宏小区方案通过构建虚拟宏小区的方法可以有效实现 5G 超密集组网微一微覆盖场景下的控制与承载分离，即通过微基站资源的划分，在公共资源上构建了虚拟的宏小区。也就是说，对于终端来说，相当于同时看到了两个网络（虚拟宏小区和微小区），实现了覆盖和容量的分离。除此之外，考虑到网络热点区域会随着时间和空间的变化而变化，例如，举办赛事的运动场以容量需求为主，而未举办赛事时则容量需求降低，转变为以覆盖要求为主。借鉴动态分布式天线系统（DAS，Distributed Antenna System）的思想，针对 5G 超密集组网的微一微覆盖场景，采用覆盖和容量动态转化的微小区动态分簇的方案，如图 4.14 所示。

该方案的主要思想是，当网络负载较轻时，将微基站进行分簇化管理，其中同一簇内的微基站发送相同的数据，从而组成虚拟宏基站，如图 4.14（a）所示。此时，终端用户在同一簇内微基站间移动时不需要切换，减少高速移动终端在微基站间的切换次数，提升用户体验。除此之外，由于同一簇内多个微基站发送相同的数据信息，终端用户可获得接收分集增益，提升了接收信号的质量。当网络负载较重时，则每个微基站分别为独立的小区发送各自的数据信息，实现了小区分离，从而提升了网络容量，如图 4.14（b）所示。

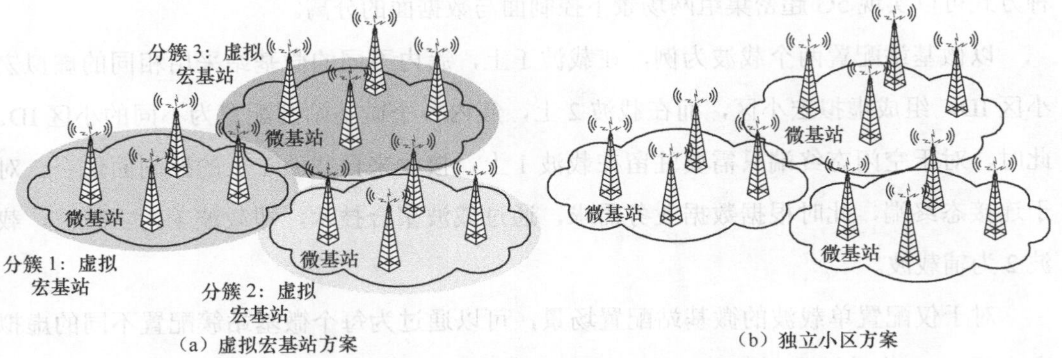

图4.14　微一微覆盖场景动态分簇方案

微小区动态分簇的方案通过簇化集中控制模块，根据网络负荷统计信息以及网络即时负荷信息等，对微基站进行动态分簇，实现微一微覆盖场景下覆盖和容量的动态转换与折中。

需要注意的是，与部署在宏基站上的接入集中控制模块类似，除了可以提升终端移动性能外，利用在簇头或数据中心部署的接入集中控制模块，同样可以通过资源的优化配置算法在终端的微基站选择、微基站间干扰的协调管理、微基站间的负载均衡、微基站的动态打开 / 关闭等方面进行优化，从而提升网络的整体性能。

3. 基于超密集组网的 BBU 集中化部署

为了应对特定区域内持续发生高流量业务的热点高容量场景带来的挑战，在网络资源有限的情况下，提高网络容量的同时保证良好的用户感知，一些文献提出了针对超密集组网主要应用的热点场景，超密集组网环境下的 BBU 集中化部署网络架构，如图4.15 所示。

基于超密集组网的 BBU 集中化部署是将 BBU 基带资源集中部署在同一物理机房，组成基带池，以提高 BBU 的利用率，原无线网络总体架构保持不变，BBU 与 RRU 之间通过光缆星形组网。

在 BBU 集中化部署网络架构中，通过部署新的 RRU 设备连接到基带池，就能轻易迅速地实现网络覆盖的扩展及网络容量的增加。

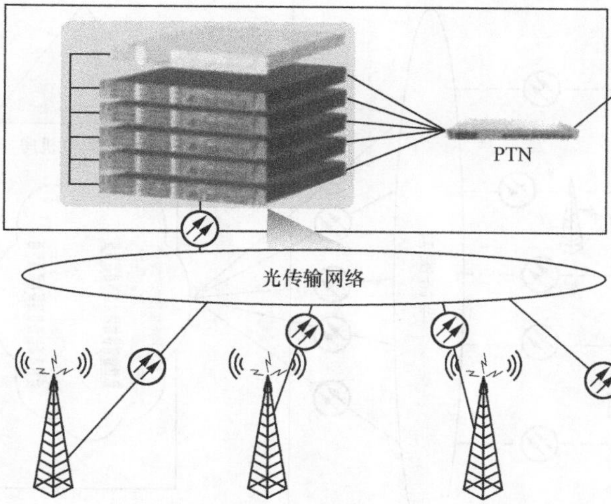

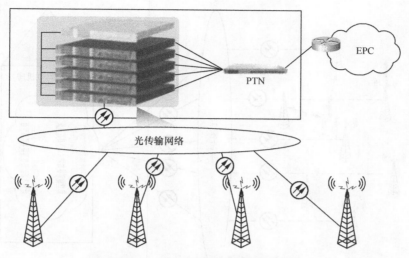

图4.15　BBU集中化部署网络架构

面对架构集中化和超密集组网的需求，BBU 集中化部署实施方案如图 4.16 所示，通过将各个站点的 BBU 集中堆叠，利用高速低时延交换设备互联、BBU 簇内资源统一协调管理、站间干扰协同处理，可有效降低密集小区间干扰，大幅提升小区边缘速率，实现低干扰、高速率、大带宽和低时延的目标。

基于超密集组网的 BBU 集中化部署详细的实施方案如下。

前传解决方案：移动网络的前传链路（BBU-RRU）目前还是以光纤直连为主，同时也可以运用 RRU 级联、单纤双向等节省光缆的技术，以应对多种网络共存情况下资源传输带来的困难。

RRU 级联能够在 BBU 集中安装和满足主设备条件的背景下进行拉远建设，这种级联一般应用在高铁或其他线性网络覆盖的区域。

对于单纤双向功能，一根光纤就能完成 BBU 与 RRU 之间的连接，比 RRU 级联更加节省光纤，但是需要相应的光模块具有单纤双向的功能。

供电方案：在 BBU 集中化部署时，BBU 统一从集中放置的综合柜上取电，综合柜从机房直流供电设备上引电。对于市电不稳定区域且有重要基站的场景，应确保 RRU 具有后备电源。目前主要有本地电源柜和 BBU 机房直流远供两种备电方案，以本地电源柜方案为主。

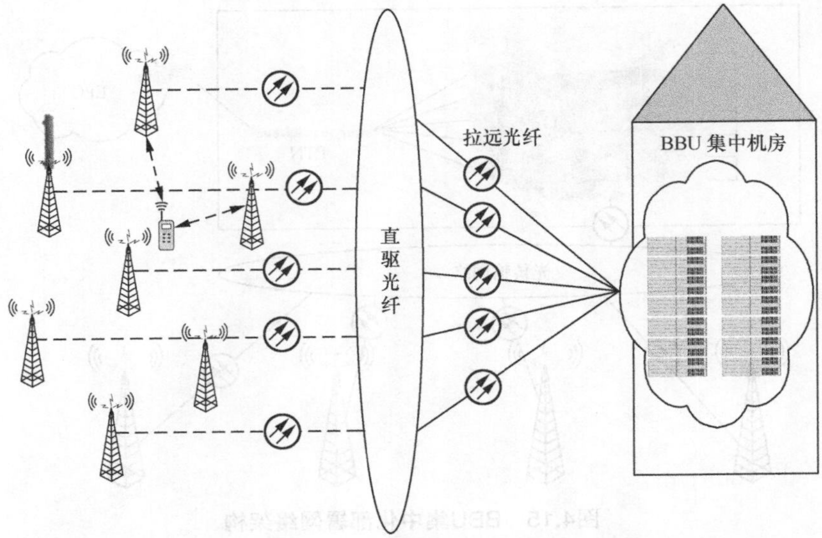

图4.16 BBU集中化部署实施方案

在 RRU 功耗大、市电引入方便且引入成本低、有合适的位置安装本地电源柜的条件下，优先采用本地电源柜方案供电。对于市电引入困难、有可供使用的电缆线路的场景，可以采用 BBU 机房直流供电。

GPS 同步方案：BBU 集中化部署时，采用 GPS 同步方式。在接收设备的灵敏度得到满足的情况下，通常根据 GPD 馈线长度，选择 4 路功分器～ 8 路功分器的方式，将一个 GPS 模拟信号分别提供给多个 BBU。

BBU 集中化部署具有如下技术发展优势。

（1）站间多点协作干扰协调，有效降噪。LTE 由于采用了 OFDM 技术，小区间同频干扰严重，需要由基站独立处理向协作化处理演进，采用基站间协作技术降低干扰。通过 BBU 集中化部署，可实现多点协作式信号处理，对大片区域内的无线资源进行联合调度和干扰协调，达到降低无线干扰的目的。

（2）自适应负载均衡，提高频谱效率。BBU 集中化部署可将基带资源集中化，使网络可以根据较大范围区域内无线业务负载的变化进行自适应均衡处理，同时可以联合调度集中共享的无线资源，从而提高频谱利用率和扩大网络容量。

（3）资源最优化运用，有效应对话务“潮汐效应”。利用 BBU 集中化部署带来的基带资源集中共享优势，可以更灵活、有效地调度基带资源，达到资源的最优化运用，有效应对用户流动性带来的话务迁移问题，很好地解决“潮汐效应”问题。

BBU 集中化部署具有如下建设维护优势。

（1）BBU 集中化部署减少了 BBU 配置数量，可以充分利用原有的机房以及光缆、电源、空调等配套设施资源，提高 BBU 设备、机房以及配套设施的利用率，从而节省无线网络投资。

（2）BBU 集中化部署后，其远端“零机房”建网模式大大减少了机房配套设施需求，特别是空调等散热系统的减少对节能降耗的作用特别明显，从而降低了运维成本。

4.3.5 性能提升方案

1. 上行性能提升方案

提升 NR 上行性能的途径主要有提高 UE 发射功率、增强 UE 处理性能、改善上行链路。考虑到电磁辐射对人体的危害，UE 发射功率不应超过 26 dBm。此外，受制于工艺的发展，4Rx 和 TM9 等高性能处理模式暂时无法在 UE 应用。因而当前主要从改善链路传输方式入手，以提升 NR 上行性能。

（1）辅助上行。

由于 3.5 GHz 频段高于 1.8 GHz，其上行方向的路径损耗也更大，因此，覆盖范围弱于 1.8 GHz。为了提高 NR 上行能力，可考虑为 NR UL 引入辅助链路，NR 与 LTE 通过 TDM 或 FDM 方式共用 LTE 载波频率。这里的 LTE 载波即为辅助频段（Supplementary Band）。

通过辅助上行（SUL，Supplementary Uplink）可以拓展 NR 覆盖范围。当 UE 处于 3.5 GHz 覆盖能力范围时，上行基于 3.5 GHz 进行数据传输；当 UE 移动到 3.5 GHz 覆盖边缘时，上行调度至 1.8 GHz 传输，如图 4.17 所示。采用 SUL 方案，理论上 NR 3.5 GHz 可基本达到 LTE 1.8 GHz 的覆盖能力（在 NR 下行方向需要通过 Massive MIMO 等技术提升性能）。

LTE 载波可用于 NR 上行共享的基本判断是，当前 LTE 承载的多为上下行不对称业务，尤其是 FDD 模式下，上行存在空闲频率资源（据统计，现网密集城区 FDD-LTE

的上下行 PRB 利用率比例约为 1∶3）。但 SUL 会造成 LTE 性能变差，尤其是当 LTE 使用高阶调制时，这种现象更为明显。当且仅当设置一个 PRB 的频率保护并且无功率偏置时，SUL 对 LTE 的影响才可忽略。

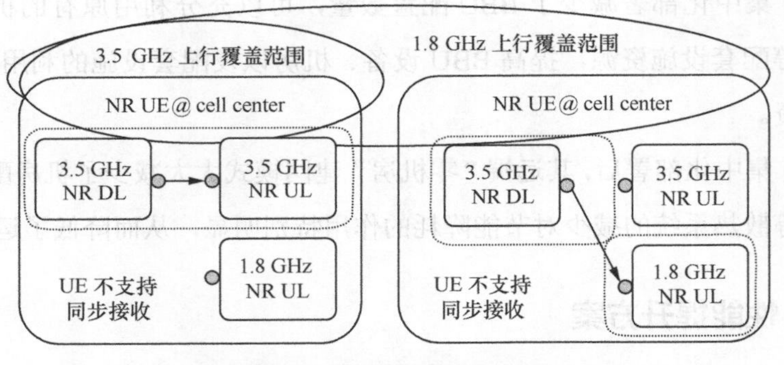

图4.17　UE上行频段选择

（2）双连接。

双连接（DC，Dual Connectivity）是指工作在 RRC 连接态的 UE 同时由至少两个网络节点提供服务，包括一个主节点（MN，Master Node）和若干个辅节点（SN，Secondary Node）。其中，MN 至少提供 CP（控制面）功能以及作为与核心网连接的移动性锚点，SN 同步为 UE 提供辅助的无线资源。MN 与 SN 扮演的角色与节点的功率类型无关。基于移动性事件的预配置，宏基站和微基站均可能在 UE 的移动过程中被配置为 MN。基于 DC 技术，可以较好地解决 UE 高速移动时在微基站间频繁切换的问题。由于微基站始终处于宏基站的覆盖范围内，且宏基站可以为 UE 提供相对稳定可靠的连接，因而可以通过切换算法的合理设计，将宏基站配置为 MN，执行与 UE 的 RRC 连接功能及 SN 的添加、修改和释放功能，而被配置为 SN 的微基站只提供 UP（用户面）的连接。这样，既避免了频繁切换的信令开销，又使高速移动场景下处于小区边缘的用户能保持良好的体验速率。

与 SUL 仅从 Intra-Site 层面实现上行性能提升不同，DC 主要通过控制面与用户面的分离以及多节点资源聚合，从 Inter-Site 层面同步优化网络的上行及下行性能。

DC 的具体方式与 NR 的组网架构有关，如 EN-DC，即 LTE 与 NR 的双连接，LTE 节点始终作为 MN，能够在 NR 小区边缘依旧为 UE 保持良好的上行连接。

相对 SUL，EN-DC 对 LTE 的影响更小，但实际上 EN-DC 作用于下行链路的性能提升更为明显。对于处于 MN 小区边缘的 UE，保持一个以上的上行链路会导致整体能效的下降。更为合理的方案是，借鉴 SUL 思路，仅对上行方向进行性能增强，即当 UE 移动至 MN 小区边缘时，UE 不必因为下行方向的双连接而强行绑定两个上行链路。这就要求打破传统的 UE 基于 DL RSRP 的上下行耦合接入策略。

（3）上下行解耦。

上下行解耦（DUDe，Downlink and Uplink Decoupling）突破了传统的耦合接入策略，在下行方向基于 DL RSRP 的强度选择最优的基站作为下行服务小区，而上行方向则依据路径损耗进行接入判定。当 UE 处于上下行功率不平衡的区域时，通过解耦合，无论上行还是下行，都能基于最优策略选择接入，既实现了上行方向的负载均衡，又实现了网络整体能效的提升。但这仅仅是基于简化模型的分析，当微基站的数量发生变化时，网络的特性也将发生改变，必须进一步论证，当微基站数量动态变化时基于 DUDe 策略相对基于 DL RSRP 策略对网络的能效提升作用。

2. 上行增强解决方案

辅助上行、双连接、上下行解耦均是提升 NR 上行性能的可选方案。但具体设计方案时，必须结合当前 NR 网络的实际发展阶段合理选用。

对于辅助上行的定位，从技术实现的角度考虑，参考 3GPP 对 FR1 频带双工模式的定义以及当前国内频谱分配现状，未来实现 SUL 的频率方案中，以 n78 和 n80、n79 和 n80 这两种组合的可能性最高。无论 NR 采用 n78 还是 n79 组网，均为 TDD 双工模式，要求不同基站间保持严格的时间同步，而 n80 用于 LTE 时多为 FDD 双工模式，不同基站间无须严格的时间同步，这就导致辅助频段上 NR 与 LTE 之间可能存在时间偏移。此外，还有 NR 上行功率控制的问题。由于 NR 上行路径损耗估算是采用对下行链路的参考信号的测量来实现的，因此，通过 n78 或 n79 下行参考信号估算出的 n80 上行损耗会远大于 n80 上行的实际损耗，而这种偏差将影响上行功率控制的准确性。

上述问题虽然有可行的解决方案，但也在一定程度上限制了 SUL 的应用场景。从业务发展的角度考虑，n80 或其他辅助频段的带宽受限，从长远来看难以满足越来越成熟的诸如视频通话等上下行对称业务的需求。因此，SUL 更适合作为 NR 建网初期的过渡方案。

双连接与NR的组网架构紧耦合。例如，在Option 3/3a/3x下，以EN-DC的方式组网，LTE节点优先配置为MN，NR节点为SN，MN与SN之间通过非理想回传的Xx接口互连，实际双连接的性能受限于EPC；在Option 7/7a下，对应为NGEN-DC方式，此时LTE节点与MN的配置关系不变，但LTE节点已通过软件升级性能得到增强，同理，NR节点仍扮演SN的角色；而在Option 4/4a下，对应为NE-DC方式，LTE节点与NR节点的角色互换。现阶段，3GPP对于双连接的研究仍侧重NSA模式，对于SA模式下的NR-NR DC，有待进一步研究。由此可见，双连接技术的应用取决于运营商的组网策略以及当前的网络发展阶段。

上下行解耦有益于同频或异频部署时的上行增强及负载均衡，但当其应用于NR和LTE异系统间时，实际上也将面临与SUL类似的技术问题（可以将SUL视为上下行解耦的特例），从而导致应用场景受限。因此，上下行解耦距离全面组网应用也还有一定的差距。

3. 其他技术方案

（1）C-RAN+CoMP＋小区合并＋CA。

随着微基站的增加，系统容量也逐渐增加，但同频干扰会越来越严重，可能会抵消容量增加，小区边缘速率出现拐点。在超密集组网中，小区间干扰是首要问题，只有进行有效的干扰控制，才能获得良好的用户感知。可以用于干扰抑制的手段有小区合并和CoMP，通过这些功能的合理使用，可以获得有效的干扰效果。其中，小区合并适合部署在覆盖重叠大于50%且话务量不高的区域，CoMP适合部署在覆盖重叠小于50%且重叠部分话务量高的区域。

小区合并和CoMP都是基于联合处理的解决思路，化干扰信号为有用信号，提高接收增益。但联合处理必须借助于基站间的协同，无线协同是有效缓解超密集组网中的干扰的关键技术。物理层的协作技术不仅可以扩展小区的覆盖范围，减少或消除通信盲点，还可以根据网络环境进行干扰协调，以提高同频组网的性能，扩大系统容量。基于C-RAN的干扰抑制技术（CoMP和CA等）可降低小区间干扰，提升边缘体验速率，消除体验洼地。因此，结合C-RAN的网络架构将大大改善超密集组网的网络性能。

C-RAN 不是一个具体的单项技术要求，更接近一种无线组网和建设的策略。C-RAN 区域适合选择重叠覆盖较高、同频干扰较大的区域，本着就近的原则，建议 8 ～ 10 个站点，单个 BBU 下最多配置 18 个小区。

（2）MEC 下沉降低时延。

用户对时延的诉求是减少用户点播导致视频网站 IDC 机房访问流量激增，节省带宽成本，但直播业务在高校等密集场景下难以解决播放卡顿问题。MEC 作为边缘节点，部署在靠近 RAN 侧机房，可以提升用户访问体验。如图 4.18 所示，MEC 作为边缘节点，负责解析数据分组。解析后的数据分组将指定端口和 URL 的数据分组发送给本地 Cache 服务。本地 Cache 服务进行缓存数据查询，如果存在，则将缓存成功的数据返回给用户；如果查询不存在，则转发至访问源站获取数据，返回给客户并进行本地缓存。

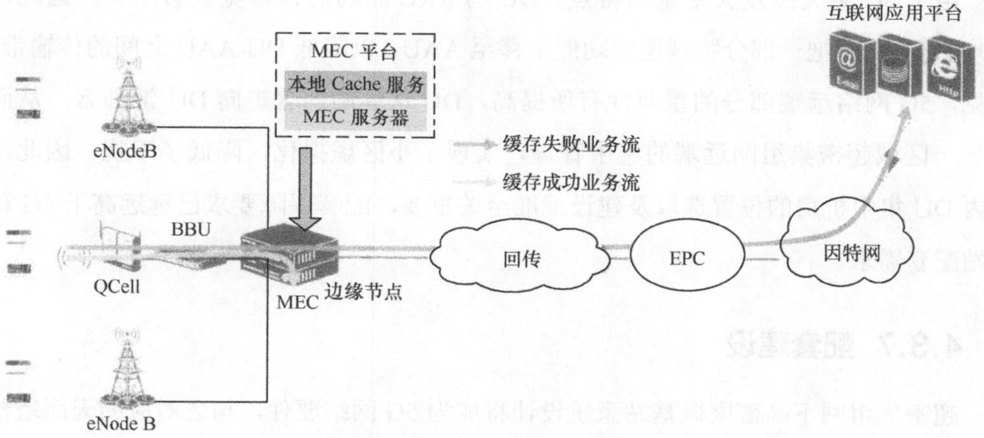

图4.18　MEC下沉至RAN侧

4.3.6　核心网组网方式

5G 独立组网有两种实现方式，一种是使用 5G 基站和 5G 核心网，同步建设，其服务质量更好，但对资源要求高、投入成本大；另一种是先部署 5G 的核心网，并在 5G 核心网中实现 4G 核心网的功能，先使用增强型 4G 基站，随后再逐步部署 5G 基站。无论哪种独立组网实施方案，5G 与 4G 功能相比，是对其原有 EPC 及 BBU 功能的拆分整合，形成了有利于 5G 云化、虚拟化、集中化管理的网络结构，具体如图 4.19 所示。

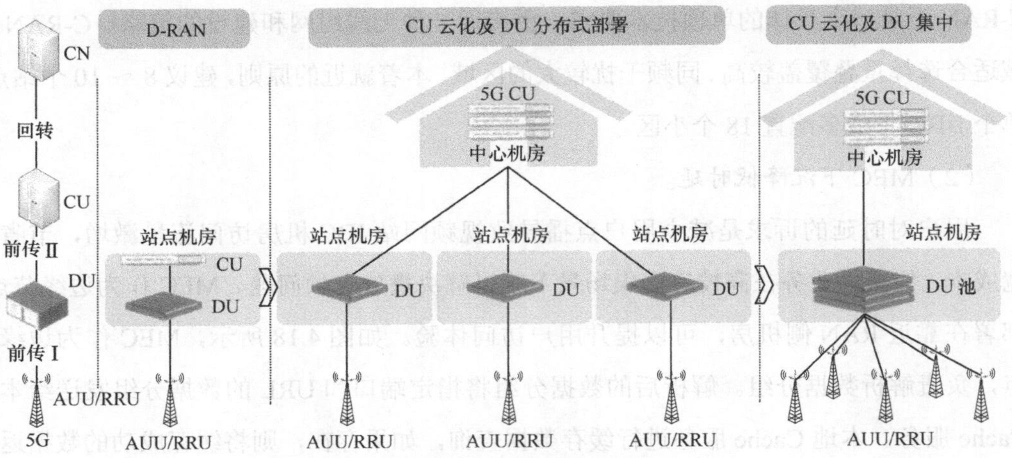

图4.19　5G集中布置及协同组网

由于 5G 多天线及大带宽的特点，DU 与 RRU 间的前传带宽显著增大，因此，将 DU 进行拆分，把一部分物理层的功能上移至 AAU，以降低 DU-AAU 之间的传输带宽。可见，5G 网络远端部分的重要性有所提高，DU 从逐站部署走向 DU 池部署，从而实现某一区域超密集组网远端的集中管理，实现了小区虚拟化，降低了干扰。因此，区域内 DU 集中机房的位置选取及建设标准至关重要，配套保障要求已远远高于 4G 移动基站配套需求。

4.3.7 配套建设

超密集组网下高密度微基站系统设计将成为 5G 网络要件，与之对应的天面塔桅资源、远端后备电源以及光纤资源的需求急剧增加，同时对 DU 集中布置的重点机房建设提出了更高的建设需求。

1. 塔桅资源储备

5G 微基站设备形式多样，既有覆盖室外的微基站，又有覆盖室内的微基站或可同时覆盖室外和室内的微基站，其建设方式灵活，适应能力强。5G 超密集组网可以带来可观的容量增长，但在实际部署中，需要海量的站址，站址的获取和建设成本是超密集小区需要解决的首要问题，需要秉持利旧为主、新建为辅，实现方案标准化、产品化、简美化，同时充分利用政策优势，批量获取社会资源，实现部署成本控制，促进超密集组网建设落地。

塔桅资源的储备是实现 5G 超密集组网至关重要的保障。塔桅资源涵盖了存量站址塔桅资源、社会资源和新建杆塔资源。首先对存量站址塔桅资源进行全面的梳理及承重能力初步复核；其次须梳理社会资源，通过评估，筛选出可用的社会资源，包括社会杆塔及公共建筑资源。社会杆塔如灯杆（路灯杆、小区灯杆等）、监控杆（交通、治安等）、电力塔（电力公司各类塔型）、广告牌、传输杆；公共建筑资源如政府公共建筑（办公楼、环卫楼、公共卫生间等）、企事业单位公共楼宇、桥梁等。

微基站的建设灵活性及设备多样性决定了可利用丰富的社会资源、政策优势进行提前部署，有利于大规模微基站建设的快速落地并提升资源互享，节能建设，同时应加大微基站美化隐藏技术的研究及延伸，降低微基站的建设难度。

2. 远端后备电源配置

5G 微基站功能及在网络结构中的更多作用决定了其对后备电源配置需求的提升，后续微基站建设中引电备电将是重要的成本支出，可通过电源集中备电实现集中管控、规模管控及成本节约，对于重要场景利用锂电池外形可塑性，因地制宜实现备电设备与微基站设备同步美化隐藏。

目前，集中供电模式主要为从附近基站或区域内的新建电源设备 / 机房内通过直流远供或交流远供实现电源备电的集中设置。需要根据设备功耗评估原有机房电源的承载能力，无法实现集中备电的区域可以分片通过锂电池实现绿色备电。

根据区域环境及建筑分布，可将锂电池电源设备安装于特制垃圾桶、灯杆或座位下，形成电源设备的隐藏布置，降低了电源布置的难度，同时提高了设备安全性。

3. 重点机房建设

5G 组网结构下 DU 集中部署于机房，此类机房的重要性显著提高，并为后续开展边缘计算等业务提供配套支撑，其配套设备配置要求远高于移动基站机房，更加接近于 IDC 机房相关配置要求。机房位置须具有长期稳定性，便于组网的实现。通过加强与政府合作，将相关规划纳入城市规划中，获取政策性支持，完成土地确权，实现机房建设的合规性，提升稳定性。

重点机房合理规划位置的同时合理配置管控区域范围，满足 DU 集中布置、电源集中供电、电源集中保障、传输集中配置以及空间集中管理要求，其在超密集组网中将起到重要的支撑作用。后续建设中须考虑电源一主一备、按功能分区设备安装及市电引入等级等，同时考虑长远的业务需求，配置机房尺寸及电源容量。

| 4.4 | 超密集组网干扰的管理和抑制

4.4.1 超密集组网场景中的同频干扰特点

密集组网场景下的微基站间同频干扰，与宏微异构组网场景下宏微基站间同频干扰和宏基站间的同频干扰的特点均有明显差异。

在宏微异构同频组网场景中，微基站或与宏基站的覆盖范围交叠，或被宏基站的覆盖范围所包含，如图4.20所示。就微基站服务的用户而言，其主要干扰源即为该宏基站，处于宏微基站覆盖交叠区域的微基站用户都受到该宏基站的影响。就宏基站服务的用户而言，仅处于宏微基站覆盖交叠区域周围的宏基站用户受到微基站的干扰。此外，排除部分“潮汐效应”明显的场景，宏基站对微基站的干扰程度相对稳定，可预估。

4.20 宏微异构同频组网场景网络拓扑

在宏基站间的同频干扰场景中，宏基站覆盖边缘的用户受到其他宏基站的干扰，干扰源可能为邻近的一个或多个宏基站。而与宏微异构组网场景类似的是，宏基站间的干扰程度也相对稳定。更为重要的是，通常通过调整天线方向角和下倾角等传统网络优化手段即可有效减少宏基站间的同频干扰。

在密集组网下微基站间同频干扰场景中，根据3GPP对室外密集部署场景——

50 m 半径局部圆形区域部署 10 个微基站下调度情况的研究结果，如图 4.21 所示，当在高负荷场景时，每个传输时间间隔内也只有大约一半的小区在调度用户。同时，只有约 30% 用户的主干扰源信号强度高于其他干扰源信号强度 3 dB 以上，即大部分用户不存在唯一的主干扰源，而是同时受到多个相邻微基站的干扰。此外，由于微基站的发射功率随着是否调度用户而发生改变，因此，用户的主干扰源也可能是时变的。因此，密集组网场景下的干扰管理需要充分动态化，只有随着时变的主干扰源，甚至是时变的干扰源组和干扰信号强度而进行灵活、及时的策略调整，才能充分获得干扰抑制增益。

图4.21　密集组网场景网络拓扑

4.4.2　干扰协调技术

在超密集网络中，由于宏基站和微基站异频部署，微基站间共享相同的频带资源，因此，宏基站和微基站之间的干扰可以忽略不计，而只考虑微基站之间的干扰。下面将对超密集组网场景下的大规模 CoMP 技术以及微基站 ON/OFF 机制这两种干扰协调方案进行讨论。

1. 大规模 CoMP 技术

在传统的多点协作技术中，受限于传统蜂窝网络基站部署较稀疏的特点，CoMP 协作集中基站的个数一般为两个，最多只能有 3 个基站同时参与协作调度。但在超密集网络中，由于微基站部署密集（每平方千米可达近 2000 个），可以考虑增加 CoMP 协作集中的基站（微基站）个数，进一步提升系统性能。大规模 CoMP 基本过程描述如下。

边缘用户判定。用户计算接收到的有用信号功率以及干扰信号功率，当有用信号

功率 / 干扰信号功率小于阈值 *A* 时，将该用户判定为边缘用户，对于非边缘用户，不参与 CoMP。

CoMP 协作集中基站确定。边缘用户按一定周期检测其接收到的来自微基站的信号强度，并将信号强度由大至小依次排序，选取最强信号发射基站作为主服务基站，将主服务基站功率与其他基站功率依次进行比较，当满足 P_主 /P_SC(*i*) 小于阈值 *B* 时（阈值 *B* 预先设定），将微基站（*i*）纳入该用户的 CoMP 协作集中，直到 CoMP 协作集中基站个数满 7 个为止。其中，*i* 的取值为 1 ～ 6。

联合传输。CoMP 协作集确定后，将协作集中的基站对用户进行联合传输。

2. 微基站 ON/OFF 机制

基于动态小区开关机制的干扰协调技术，即微基站 ON/OFF 机制。在超密集网络中，由于微基站部署密集，并非所有微基站一直处于工作状态，因此，在适当的时刻关闭不工作的微基站，不仅能降低系统干扰，还能有效地节约能源。根据开关机制的不同可将微基站 ON/OFF 分为基于用户接入以及基于业务到达。基于用户接入的 ON/OFF 机制基本思想为，当有用户接入某个微基站时，该微基站开启，否则关闭该微基站。在超密集场景中，由于微基站数量巨大，极有可能出现微基站个数多于用户数的情况，这时某些基站将在某些时刻没有服务用户，也即此时基站的用户激活集内检测不到任何用户，此时关闭该基站。在不考虑用户移动性的情况下，后续传输过程已经关闭的基站将保持关闭状态，这种基于用户接入的 ON/OFF 机制也称为半静态机制。基于业务到达的 ON/OFF 机制为动态机制，要求业务分组之间有一定的到达间隔。其基本原理为在每个仿真时隙检测微基站用户激活集，当激活集内任意用户向微基站请求传输业务分组时，开启该微基站；如果激活集内没有用户数据分组需要传输，则关闭该微基站。理想情况下不考虑开启以及关闭小基站的时延和信令开销。

3. 基于时域的小区间干扰协调技术

基于时域的小区间干扰协调技术类似于 eICIC 和 FeICIC 技术，其核心思想是识别作为用户主干扰源的微基站，并申请将该微基站的部分子帧配置为几乎空白子帧（ABS），从而在这些子帧上不发射业务数据或降低业务数据的发射功率，进而服务该用户的微基站在这些 ABS 帧的位置上调度该用户。

密集组网场景与宏微同频组网场景相比，在干扰协调技术的应用上又有所不同。在宏微同频组网场景中，ABS 帧数量和位置的选择通常由宏基站在收集微基站的信息后计算得到，且在计算模型中，干扰方向单一，一般仅考虑宏基站对微基站用户的干扰。在密集组网场景中，作为某个用户的主干扰源的微基站，其本身很可能也正在为一些用户提供服务，而由其提供服务的这些用户，又可能分别受到其他不同的相邻微基站的干扰，干扰图谱演变为多个微基站间的网状结构，需要综合多个微基站的情况协同考虑 ABS 帧数量和位置的配置，如果仍按照传统方式计算，则十分困难。

为了解决密集组网场景中复杂的网络干扰协调问题，可采用以下两种不同的方案。

（1）集中式架构方案。设置一个独立的网元，该网元与一个区域内的所有微基站都存在连接，所有微基站都将自身的干扰协调需求和测量数据发送给该网元，而由该网元完成资源协同调度的计算工作，再将配置方案下发给相应的微基站，该方案可以实现充分的动态调整，但由于需要增加网元，因此，可能引起网络部署成本的提升。

（2）分布式架构方案。为区域内的微基站分别预设多个 ABS 帧配置模板，根据干扰情况的变化或用户业务的优先级等方式选择使用不同的模板，该方案计算简单，但仅能实现有限程度的动态调整。

4. 基于频域的小区间干扰协调技术

基于频域的小区间干扰协调技术主要针对微基站可以聚合多个载波为用户服务的场景，其核心思想是，基于保障为系统中的每个用户提供指定速率以上的体验，一旦发现用户速率低于该目标，则通过在多个微基站间协调使用不同的子载波来为用户服务。

与基于时域的小区间干扰协调技术需要在众多子帧中选配 ABS 子帧不同，由于系统可使用的频率资源有限，基于频域的小区间干扰协调只需要在几个载波中选择开启或关闭部分子载波，复杂度有所降低，但依然需要借助集中式架构和分布式架构两种方案解决微基站之间动态变化的互干扰问题。类似地，集中式架构更有机会获得全局的最优解，而分布式架构可能不会对所有潜在方案进行一一分析，但可以更快速、以更低的复杂度获得一个有限解。

5. 小区间干扰协调技术的应用

基于时域的小区间干扰协调技术是以主干扰源基站在部分子帧上静默为代价，即系统需要损失部分容量能力，因此，该技术的应用还需要考虑如何设置合适的启动门限以获得最大收益，主要应考虑两个方面，一方面是信干比，只有当用户的信干比足够低时，容量能力的损失才能换取足够的用户体验提升；另一方面是主干扰源的干扰程度，只有当主干扰源的信号强度足够突出，即主干扰源的干扰信号强度超过其他干扰信号强度足够多时，对主干扰源基站的子帧进行部分静默处理才可能解决用户的干扰问题。

基于频域的小区间干扰协调技术与基于时域的小区间干扰协调技术的不同之处在于，触发功能开启的UE终止业务或离开为其服务的微基站后，并不直接触发所有微基站配置的恢复，而是需要判断微基站配置的恢复是否会改善目前各微基站服务的用户体验，以及配置的恢复是否可能导致系统中部分用户的干扰增加而使业务体验变差，只有当微基站配置的恢复能够为系统性能带来正增益时，才会恢复全部或部分微基站配置。

第5章

5G毫米波网络的规划与设计

5.1 毫米波概述

5.1.1 毫米波频谱

1. 毫米波频谱划分

毫米波（mmWave）一般是指波长为 1 ～ 10 ms、频率为 30 ～ 300 GHz 的电磁波。相较于低频段，毫米波频段有丰富的带宽资源，可以构建高达 800 MHz 的超大带宽通信系统，通信速率高达 10 Gbit/s，可以满足 ITU 对 5G 通信系统的要求。

在通信发展早期，由于毫米波的工作波长短、频段宽以及抗干扰性强等特点，毫米波主要用于军事雷达通信，随着毫米波器件工艺材料进步和技术民用化发展，出现了车载毫米波雷达和毫米波成像技术，被广泛用于交通、医疗、安检等领域。相较于 6 GHz 以下频率，毫米波拥有更为丰富的可用频谱资源，无线运营商面临的全球带宽短缺问题促使人们探索未充分利用的毫米波频谱，并把它用于未来的宽带蜂窝通信网络。

图 5.1 展示了 5G 毫米波频段。

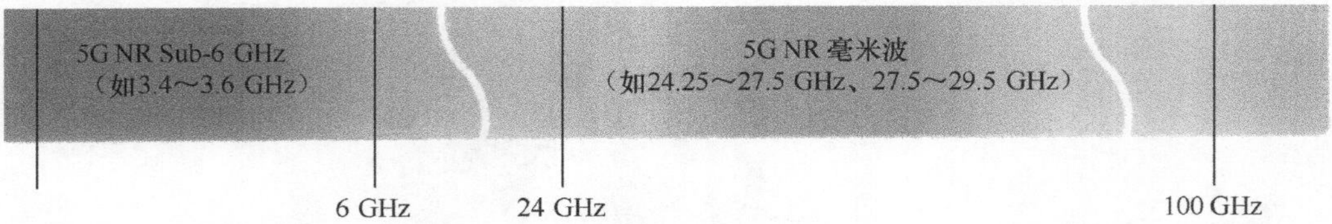

图5.1　5G毫米波频段

5G 为了达到百倍于 4G 速率的带宽能力，考虑到 Sub-6 GHz 频段的稀缺性，只能依靠毫米波，毫米波频段资源丰富，是未来通信技术发展的重要方向。全球主要国家和地区均对毫米波频谱资源进行了战略规划，图 5.2 是全球毫米波频段使用情况。

当前，美国、韩国、日本等已陆续完成 5G 高频频谱的划分与拍卖，5G 商业部署前景明朗，美、日、韩 5G 高频频谱拍卖情况见表 5.1。其中，美国于 2018 年 11 月 15 日开始进行 28 GHz 的频谱拍卖，并在 2018 年底之前进行了 24 GHz 的频谱拍卖。目前对毫米波的规划总量达到 13 GHz，包含了 27.5 ～ 28.35 GHz、37 ～ 40 GHz 的毫米波频段；韩国于 2019 年 6 月完成了 5G 频谱拍卖，除了完成 3.5 GHz 的频谱拍卖外，也完成全球首个 28 GHz 频段的频谱拍卖，其中，SK 电信获得了 28.1 ～ 28.9 GHz 频段、KT 获得了 26.5 ～ 27.3 GHz 频段、LG Uplus 获得了 27.3 ～ 28.1 GHz 频段。

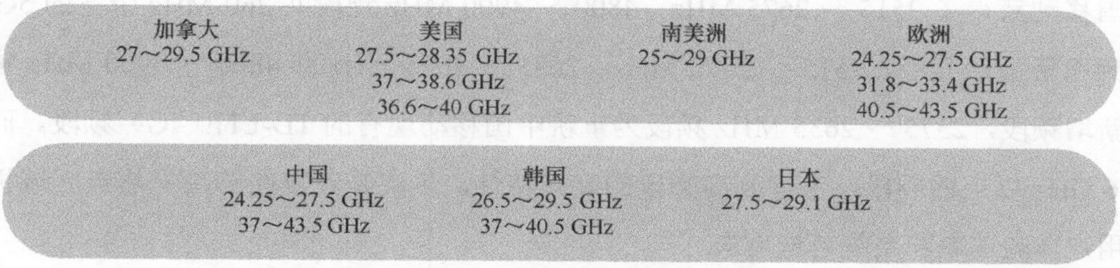

图5.2　全球毫米波频段使用情况

表5.1　美、日、韩5G高频频谱拍卖情况

国家	运营商	频段
日本	乐天	27 ～ 27.4 GHz
	NTT DOCOMO	27.4 ～ 27.8 GHz
	KDDI	27.8 ～ 28.2 GHz
	Soft Bank	29.1 ～ 29.5 GHz
韩国	KT	26.5 ～ 27.3 GHz
	LG U+	27.3 ～ 28.1 GHz
	SK 电讯	28.1 ～ 28.9 GHz
美国	Verizon	在 28 GHz /39 GHz 频段获得 1 GHz
	AT&T	在 39 GHz 频段获得 400 MHz
	T-Mobile	在 28 GHz 和 39 GHz 频段获得 200 MHz

欧盟在 2018 年 7 月已经明确将 24.25 ～ 27.5 GHz 频段用于 5G，建议欧盟各成员国在 2020 年底前在 26 GHz 频段至少保障 1 GHz 频谱用于移动 / 固定通信网络。此外，欧盟将继续研究 32 GHz（31.8 ～ 33.4 GHz）和 40 GHz（40.5 ～ 43.5 GHz）等其他高频段。英国、德国等已经确认了 5G 中高频待分配或待招标的频段（见表 5.2）。

表5.2　英、德待拍卖5G高频频谱

国家	运营商	频段（GHz）
英国	沃达丰、英国电信、O2 等	24.25 ～ 27.5
德国	德国电信、沃达丰、西班牙电信等	27.8 ～ 28.4 28.9 ～ 29.4

从上述5G毫米波频段的规划和拍卖中可以看出，毫米波部署初期，大多数国家将注意力集中在26 GHz和28 GHz这两个频段上，在这两个频段上投入的资源也是最多的。

国内已将3400～3600 MHz频段分配给了中国联通/中国电信作为5G试商用频段，中国移动获得了2515～2675 MHz、4800～4900 MHz频段共260 MHz带宽的5G试验频率资源，其中，2515～2575 MHz、2635～2675 MHz和4800～4900 MHz频段为新增频段，2575～2635 MHz频段为重耕中国移动现有的TD-LTE（4G）频段。而对于6 GHz以上的频段，考虑到高频段的衰减特性，主要是希望能够满足热点区域极高的用户体验速率和系统容量需求。

考虑到24.75～27.5 GHz和37～42.5 GHz频段因频率相对较低且具有较大的连续带宽，有望成为全球统一的5G毫米波移动通信工作频率，工业和信息化部于2017年7月批复24.75～27.5 GHz和37～42.5 GHz频段用于5G技术研发毫米波实验频段，还在5G第二阶段试验开展了高频系统测试，各个设备商都参与其中，主要测试频段集中在26 GHz频段。试验地点为中国信息通信研究院MTNet试验室以及北京怀柔、顺义的5G技术试验外场。

2. 5G毫米波标准化情况

在3GPP中，毫米波频段的射频标准讨论和制订工作由3GPP RAN4牵头开展，研究分为两个阶段：第一阶段研究40 GHz以下的频率，以满足较为紧急的商业需求，于2018年12月完成；第二阶段从2018年开始，于2019年12月完成，该阶段专注于最高100 GHz的频率，以全面实现IMT-2020的愿景。

5G频段具有多样性，一般称之为低频（6 GHz以下）和高频（24.25～52.6 GHz），第一阶段频谱分配定义了52.6 GHz以下的毫米波频谱（见表5.3）。

表5.3 3GPP毫米波频段号定义

频段号	频段（GHz）	双工方式
n257	26500～29500	TDD
n258	24250～27500	TDD
n260	37000～40000	TDD
n261	27500～28350	TDD

在 3GPP 中，上述毫米波频段和 3.5 GHz 的 NR 系统是同步标准化的。

3GPP 标准中定义了 5G 新空中接口技术主要使用的两类频段：频率范围 1（FR1）和频率范围 2（FR2）。FR1 频段的频率范围为 450 MHz ～ 6 GHz，也称为 Sub-6 GHz 频段；FR2 频段的频率范围为 24.25 ～ 52.6 GHz，也称为 5G 毫米波频段。其中，6 GHz 以下频段的特点是低频段穿透力强、覆盖范围广、产业链相对成熟，是全球主流运营商 5G 的首发频段。5G 低端频谱有两个来源，一是对现有频谱的重耕，如 2G/3G/4G 时代正在使用的 700 MHz、800 MHz、900 MHz、1.8 MHz、2.1 GHz 等原有频段；二是新增频谱：如 3300 ～ 4200 MHz 以及 5 GHz 频段 WLAN 非授权频谱的应用（LAA）等。

R16 版本同样进行了 52.6 GHz 以上频段的研究，主要探索 NR 如何采用更高的频段，且提供高达 2 GHz 的带宽（超过 R15 800 MHz 带宽的两倍），并确定更高频段的潜在用例和部署场景。

3. 5G 毫米波产业链发展情况

近年来快速发展的移动通信业务对通信带宽的需求急速增加，按照 2015 年 ITU-R WP5D 发布报告 M.2083（5G 愿景）定义的系统需求，5G 将支持至少 100 Mbit/s ～1 Gbit/s 的边缘用户体验速率，10 ～ 20 Gbit/s 的系统峰值速率。相对于提高频谱利用率，增加频谱带宽以提高系统峰值速率的方法更简单直接。但是，6 GHz 以下频率资源匮乏，很难找到连续的大带宽满足 5G 系统需求。移动通信行业的目光开始向高频段转移，毫米波开始成为移动通信发展的重要研究方向。

从技术角度来看，毫米波使用的频段比较干净，能够同时使用 1 GHz 以上的频段作为空中接口传输，传输质量高，可支持的带宽容量巨大；同时波束很窄，抗干扰性能强；适合密集部署，频谱授权费用极低，部分地区甚至免费，有利于电信运营商部署商业化业务。但是，由于频谱太高，路径损耗大，不适合远程通信，受空气和雨水影响较大，易受阻挡，绕射能力差，非视距（NLOS）受限，因此，业界主要观点都认为 5G 毫米波将主要应用于近距离传输，以其大带宽特性满足热点高容量和室内覆盖需求，如固定无线接入、热点地区的扩容等场景。

相对于 6 GHz 以下频段，5G 毫米波落地应用还有很多问题有待解决和进一步完善，如高频器件性能、电磁兼容问题、波束赋形和波束管理算法、链路特性等。另外，运营商和行业也开始从系统应用角度考虑5G毫米波部署和应用问题。但是部署和应用的相关研究还比较分散，尚未形成明确的5G毫米波移动通信系统应用方向和具体的部署方案。

总体来看，毫米波产业链还处于初级阶段，距离成熟商用还有一段距离。

毫米波基带部分与5G低频段设备具有相同的成熟度，但是射频相关的功能和性能较5G低频段设备有较大差距。毫米波频段通信面临的挑战主要在于高频核心器件，主要包括功率放大器、低噪声放大器、锁相环电路、滤波器、高速高精度数模及模数转换器、阵列天线等。此外，作为5G高频段通信系统走向实用化的关键步骤，低成本、高可靠性的封装及测试等技术也至关重要。在测试方面，5G毫米波的射频测试将难以采用传统的连线测试，只能采用OTA的测试方法。

在主设备方面，由于目前北美和日韩已经开始部署毫米波系统，因此，厂家设备频段以北美和日韩使用的频段为主。设备可以支持基本功能，但是波束管理、移动性等功能有待进一步完善。

芯片和终端的进度总体上落后于设备。

5.1.2 毫米波的特点

毫米波频段可以构建高达800 MHz的超大带宽通信系统，通信速率高达10 Gbit/s，可以满足ITU对5G通信系统的要求。3GPP在2016年初公布了毫米波信道模型的技术报告3GPP TR 38.900，明确了毫米波频段作为5G户外通信频段的可行性。目前，毫米波已经作为3GPP 5G移动通信系统的必要组成部分。

在利用高频段频谱资源或设计高频通信系统之前，需要了解高频段的频谱特征。无线电波在传播过程中，除了有由于路径传播以及折射、散射、反射、衍射引起的衰减外，还会经历大气带来的衰减以及穿透损耗。相对于低频点的传输，无线信号经过6 GHz以上高频段的传输会经历更加显著的大气衰减和穿透损耗。

大气中影响毫米波传播的主要成分是氧气和水蒸气。氧气是磁极化分子，直径为 0.3 nm，水蒸气中的水分子是电极化分子，直径为 0.4 nm，这些直径相当的极化分子与毫米波作用后，产生对电磁能量的谐振吸收。所以在雨、雪、雾、云等与水蒸气相关的大气吸收因素及在尘埃、烟雾等悬浮物相关的大气散射因素的作用下，会因吸收与散射造成信号强度降低，以及因介质极化的改变而影响传播路径，最终使毫米波传输陷入衰减陷阱。试验发现，在整个毫米波频段中，大气衰减主要由 60 GHz、119 GHz 两个因氧气分子作用的吸收谱线和由 183 GHz 因水蒸气作用的吸收谱线组成，在使用毫米波段通信时，除了特殊应用，应避开这 3 个衰减窗口。

相对于衰减窗口而言，毫米波通信还有 4 个大气传输衰减相对较小的透明窗口，中心频率分别为 35 GHz、94 GHz、140 GHz 和 220 GHz（如图 5.3 所示），对应的波长分别是 86 mm、32 mm、21 mm 和 14 mm，这些大气透明窗口对应的可用带宽分别为 16 GHz、23 GHz、26 GHz 和 70 GHz，其中任何一个窗口的可用带宽都可以把包括微波频段在内的所有低频频段容纳在内，可见，毫米波段可用频带的宽度是何等富余，如果加上空分、时分、正交极化或其他复用技术，那么 5G 中万物互联所需的多址问题是可以轻易解决的。更重要的是如此富余带宽的频谱几乎免费，在 5G 系统中使用毫米波通信技术，不仅可以获得极大的通信容量，还能降低运营商和通信用户的使用成本。

由于毫米波在大气中的衰减情况与高度、温度和水蒸气浓度有较大关系，所以图 5.3 中的曲线是以海平面处地表温度 T=15℃、水蒸气浓度 ρ= 11 g/m^3 为背景，以经验公式 $\alpha(f)=a(f)+b(f)\rho-c(f)T$ 为参考，测得 21 组不同频率对应的 a、b、c 这 3 个试验参数数据，并用三次多项式插值法获得平滑曲线。虽然衰减曲线是一个受到当时条件约束的经验曲线，但仍可以看出毫米波大气衰减曲线的变化趋势是频率越高衰减越大，其中，第一透明窗口（频率为 35 GHz）处的衰减最小，为 0.125 dB/km，甚至更小，而对应的可用带宽高达 16 GHz。

毫米波具有波束小、角分辨率高、隐蔽性好、抗干扰性强等特点。毫米波通信设备具有体积小、重量轻、天线面较小等特征。

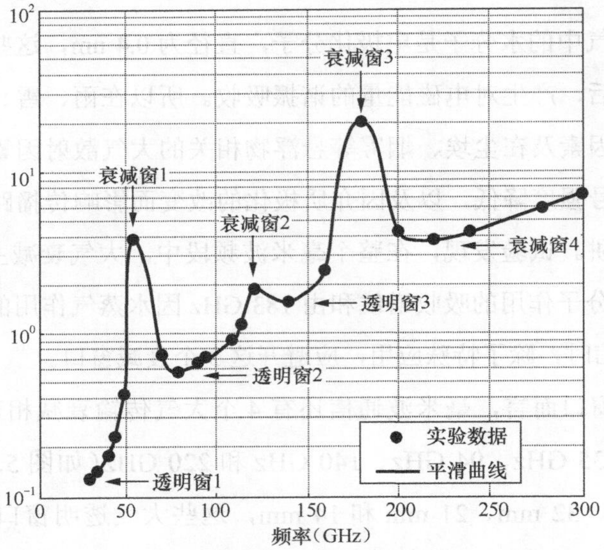

图5.3　毫米波在大气中的衰减曲线

5.1.3　毫米波在通信中的应用及面临的挑战

毫米波技术研究由来已久，最早可追溯到20世纪20年代。毫米波传播特性研究在20世纪50年代就已经取得了相当的成就，研发的毫米波雷达已应用于机场交通管制。到20世纪90年代，毫米波集成电路研制取得了重大突破，新型高效的大功率毫米波行波管、微带平面介质天线和集成天线、低噪声接收机芯片等关键应用部件的相继问世，使毫米波技术可以广泛地应用于军事和民用领域，如毫米波相控阵雷达，可以快速实现大范围、多目标搜索、截获与跟踪；毫米波汽车防撞雷达，可以将脉冲宽度压缩到纳米级，大大提高了防撞距离分辨率。

毫米波技术在通信领域的应用主要是毫米波波导通信、毫米波无线地面通信和毫米波卫星通信，且以无线地面通信和卫星通信为主。在毫米波地面通信系统中，除了传统的接力或中继传输通信应用外，还有高速宽带接入中的无线局域网（WLAN）和本地多点分配系统（LMDS）通信。WLAN和LMDS具有双向数据传输的特点，可以提供多种宽带交互式数据和多媒体业务，可以作为移动互联网末端接入网络的AP。在毫米波卫星通信中，不仅可以解决传统C波段和Ku波段等卫星通信中频谱资源日益紧张的问题，还可以添加多波束天线、星上交换、星上处理和高速传输等更为先进的用于卫星通信系统中的其他技术。毫米波通信技术非常成熟。

毫米波通信技术中的许多特点非常契合人们对 5G 移动通信系统制订的相关愿景。毫米波段低端毗邻厘米波，高端衔接红外光，既有厘米波的全天候应用特点，又有红外光的高分辨率特点。毫米波通信最突出的优点是波长短和频带宽，是微型化和集成化通信设备支撑高性能、超宽带通信系统的技术基础。毫米波千倍于 LTE 的超带宽，为 5G 系统的超高速率和大连接数提供了保证。毫米波通信设备的体积小、重量轻，便于微型化、集成化和模块化设计，不仅可以使天线获得很高的方向性和天线增益，还特别适合移动终端的设计理念。毫米波的光通信直线传播特点非常适应室内外移动通信，在室外可以获得高稳定性，在室内可以避免室间干扰。

利用毫米波频段的潜在大带宽（30 ～ 300 GHz）来提供更高的数据速率被视为未来无线通信技术潜在的发展趋势。虽然具有丰富频谱资源的毫米波可实现高速率无线传输，但是在实现毫米波蜂窝网络通信过程中遇到不少技术挑战，如下。

范围和定向通信。根据 Friis（费里斯）的传播规律可知，自由空间全向路径的损耗与频率的二次方成正比。因此，毫米波通信系统需要采用大规模阵列天线通信技术（如波束成形和定向传输）来弥补毫米波传播路径损耗。

阴影和快速的信道波动。阴影影响会导致中断或毫米波传播信道质量不佳。对于给定的移动速度，信道相干时间与载波频率的线性关系意味着在毫米波的信道相干时间非常小，比如对于 60 km/h 移动速度来说，在 60 GHz 上的多普勒扩展大约是 3 kHz，也就是毫米波信道呈毫秒级变化特性，因此，如何快速跟踪毫米波信道变化是毫米波通信的重要难题。

多用户协调。毫米波通信研究与应用主要集中于点对点链路（比如蜂窝回传）或限制用户数量的局域网和个域网，以及禁止多用户传输的 MAC 协议。对于高频谱效率的空间复用来说，人们需要研究新机制来协调实现毫米波空间复用传输机制。

功率消耗。功率消耗与采样率呈线性，而与采样比特数呈指数关系。对于低功耗、低成本设备来说，在宽带宽和大规模天线上实现高分辨率量化并不现实，特别是在高清视频传输方面，毫米波通信面临着更严峻的技术挑战。

5.2 毫米波通信的关键技术

人们研究毫米波无线通信主要是因为其拥有丰富的可利用频谱资源，可实现吉比特以上的无线通信业务传输速率。受制于毫米波传播特性，毫米波收发机通常采用大规模天线阵列来弥补严重的空中传播路径损失，同时，采用数模混合大规模天线阵列实现空分复用和阵列增益，以及更高的无线传输速率。然而要真正有效地应用毫米波通信技术，人们需要解决一些关键技术与实现挑战问题，如图 5.4 所示。

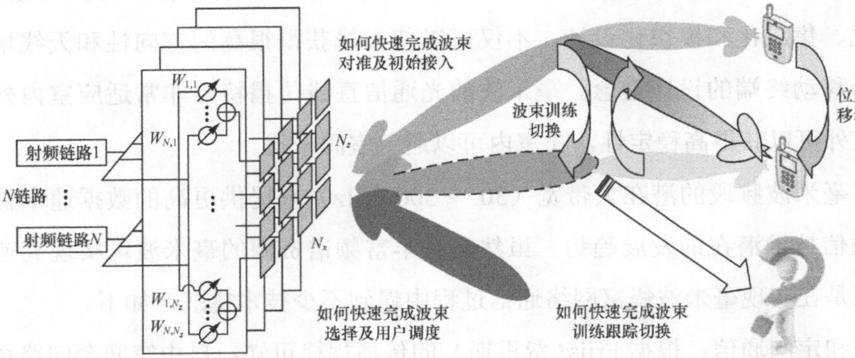

图5.4 毫米波通信关键技术示意

5.2.1 大规模天线及波束管理

直接影响高频通信覆盖的关键因素主要包括信道传播特性、天线增益和基站发射功率。高频段频谱在传播过程中会造成较大的路径损耗、大气衰减和穿透损耗。而且在现有的集成电路技术下，高频段基站发射的功率远远小于中低频段。

高频段频谱有利于大规模天线技术的发展，因为毫米波波长短，所以半波长天线阵子的尺寸相应变短。因此，相同的天线尺寸下，高频通信系统天线可以有更多的天线阵子数目。例如，800 MHz 的 CDMA 天线尺寸为 1500×260×100 mm，包含 1 列 ±45º 双极化天线，共 10 个天线阵子，天线增益为 15 dBi；2.1 GHz 的 LTE 天线尺寸大约为 1400×320×80 mm，包含 2 列 ±45º 双极化天线，天线阵子总数为 40，天线增益为 18 dBi；在 40 GHz 频段，以现有天线尺寸，可以包含 57（K_e=57）列双极化天线，每列天线包含 180（K_r=180）个天线阵子，每列天线增益可达到 26 dBi，天线增益大幅增加。而且因为天线阵子尺寸变短，高频通信的终端内可以安装更多的天线，进一步提高系统增益。

1. 波束赋形

大规模天线技术（Massive MIMO）和波束赋形技术是毫米波系统的关键技术之一，Massive MIMO 可以形成更窄波束，波束赋形则可以降低干扰、提升信噪比。在实际场景的部署中，可借助多通道和多天线的收发增强对基站上下行覆盖进行增强，针对高低层建筑以及线状路面提供差异化的覆盖方案，如图 5.5 所示。

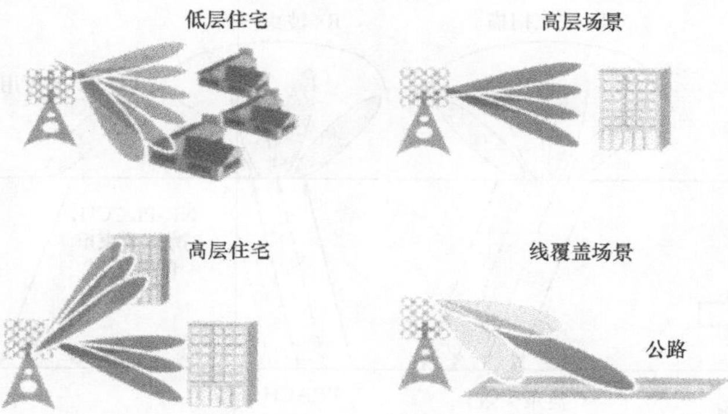

图5.5　大规模天线技术提供差异化覆盖方案

在使用波束赋形技术时，全数字波束赋形方案的优势在于可以通过提高信噪比来实现系统性能的提升，但同时会大大增加射频链路的个数，造成功耗和成本的增加。模拟波束赋形方案则采用了成本低廉、经济实惠的移相器，但只能进行固定波束切换，在性能上达不到数字波束赋形性能的效果，也无法实现较优的 MIMO 性能。因此，毫米波系统通常采用模拟电路与数字电路相结合的混合波束赋形方案，如图 5.6 所示。

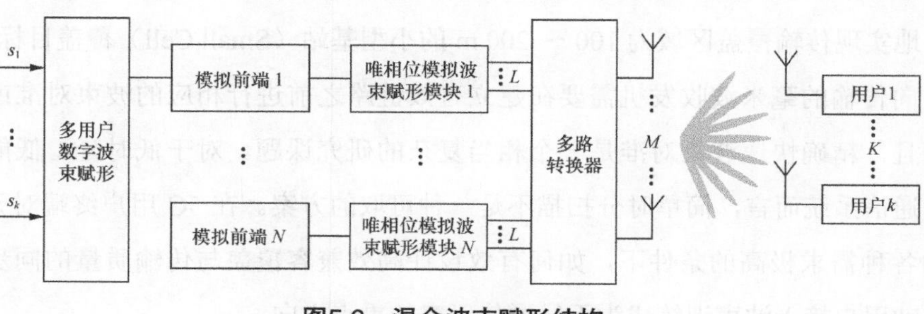

图5.6　混合波束赋形结构

2. 波束管理

在毫米波通信系统中，波束管理功能即指管理波束赋形后形成的窄波束，主要包括以下几方面内容：波束扫描、波束测量、波束上报、波束指示和波束失败恢复。

波束扫描一般分为粗扫描和精准扫描，分别对控制信道和数据信道进行扫描。波束测量过程在空闲接入状态和连接态中都起到关键作用，主要测量 SSB、CSI-RS、SRS 等信号。波束失败与恢复的过程如图 5.7 所示，UE 检测到波束失败时触发波束失败和恢复流程，重新发起接入请求，与基站重新建立新波束对，恢复数据传输。

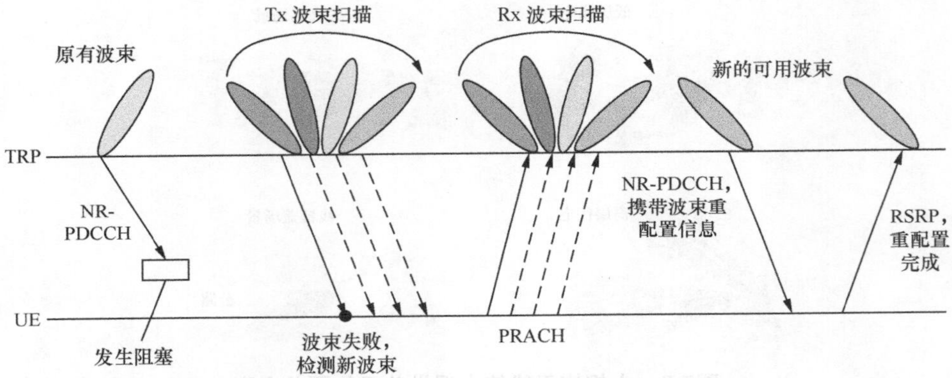

图5.7　波束失败和恢复流程

3. 毫米波通信链路建立

通过对天线阵列的适当设计可使每个天线辐射场型产生正向耦合来大幅提升天线增益，进而形成具有极强方向性和空域分辨性的定向传输波束。随着天线阵列中天线元件数量的增加，天线阵列所形成的波束半功率波束宽度变窄，天线阵列中天线元件数每增加一倍，其阵列天线的增益增加 3 dB。因此，通过设计大规模阵列天线可以比较容易地实现传输覆盖区域为 100 ～ 200 m 的小型基站（Small Cell）覆盖目标。但是，采用定向传输的毫米波收发机需要在建立有效链路之前进行相应的波束对准或波束扫描，而且，精确快速波束对准是一个相当复杂的研究课题。对于低时延、低能耗及高速率的通信系统而言，简单时分扫描不是一种可取的方案。在 5G 用户终端对无线通信系统的各种需求极高的条件下，如何有效设计高效兼容覆盖与传输质量的同步波束训练、移动用户接入波束训练成为无线通信研究的重点方向。

4. 毫米波动态波束校准

LTE 通信系统中收发机均采用全方向传输方式，可实现全向发送与接收。因此，收发机位置移动除了可能带来的信号强度变化外，通常不会影响全向接收信息。采用天线阵列的毫米波频段，通信系统的波束半功率波束宽度随着天线阵列中天线元件数增加而变窄，窄波束指向性传输对通信终端的移动特别敏感。位置移动变化导致原有波束对准通信链路变成不可靠或中断物理通信链路，进而无法实现有效通信。例如，在收发机之间悬挂一道线状珠子垂帘，且旁边放一台风扇不断吹风，使线状珠子垂帘不停地左右摇摆，毫米波通信系统将一直处于波束扫描校准过程，而无法建立有效的通信链路。因此，收发机的位置变化极大影响波束链路的信号强度，甚至出现波束无法覆盖接收端的现象。

在移动无线通信典型情境下，毫米波通信又衍生出波束快速跟踪对准问题，也就是如何使天线阵列所形成的波束能够在初始波束对准的基础上随着收发机位置变化而及时准确地调整各自的通信波束方向，以提供移动传输并始终维持高的通信质量。无线通信技术研究人员需要研究如何在高效初始波束对准的基础上，研究适应收发机移动环境下的波束追踪对准算法也成为首要解决的毫米波通信关键技术问题。支持适应 5G 增强型移动宽带应用场景的高效的速率自适应及动态波束跟踪切换是毫米波能够真正应用于未来无线通信的关键问题。

5. 信道状态信息获取

毫米波通信系统采用大规模相控阵天线弥补毫米波空间传播的大路径。虽然大规模相控可以有效地提高毫米波信号的能量，然而也提出了一个挑战性问题，即如何有效地设计大规模天线系统的信道，以获取需要的训练序列及估计信道状态信息。信道测量分析表明毫米波信道具有明显空域稀疏性或角度域稀疏性，基于这一特性，人们可以利用经典的压缩感知理论研究毫米波信道状态信息的获取问题。结合模拟域的波束成形问题，探索研究获取模拟域等效信道状态信息也是一种有效的方案，而且可以有效降低信道系数估计的复杂度及基带信号处理难度。

5.2.2　毫米波多用户通信

受限于毫米波频段的传输特性，毫米波传输的覆盖范围只有 100 ～ 200 m，即形成小型基站覆盖或人口密集的小型区域热点覆盖。针对通信终端稠密区域，多用户通信是提升系统容量的有效方法，也就是如何充分利用多用户通信技术是进一步提升毫米波通信容量的关键。大规模毫米波天线阵列通常采用恒模的相控器来实现模拟波束成形，其波束优化设计完全不同于低频段的预编码设计方案。同时，数字域及模拟域之间相互耦合，难以设计出使通信系统性能达到最优的数模混合预编码方案。虽然已有大量关于点到点到数模混合预编码波束设计的研究，但这些参考文献都假设完全已知信道状态。针对大规模天线阵列通信系统而言，获取精确的信道状态信息是极具挑战性的问题。因此，研究基于统计信息或到达角或离开角的数模混合编码方案是毫米波通信研究的主要途径。同时结合上述毫米波模拟域波束初始接入和动态跟踪及切换方案，研究基于等效信道的数模混合毫米波通信方案。利用毫米波大规模天线阵列的定向传输及空域分辨特性，研究联合空分多址的用户调度机制则成为毫米波多用户通信系统的关键技术。

5.2.3 高效基带信号处理技术

根据信号处理理论可知，信号采样率与信号带宽密切相关，毫米波通信系统的信号带宽至少为几百兆，所以信号采样率也至少为几百兆，甚至可能超过吉赫兹，因而，毫米波通信系统基带信号处理面临着单位时间内需要处理海量数据的问题，特别是针对数模混合天线系统架构下其基带采样数据量将更加不可估量。因此，毫米波通信系统的收发机架构体系将完全不同于现有低频段通信系统的硬件架构体系。面对毫秒级低时延的未来无线通信系统要求，如何设计高效的基带信号处理算法是毫米波基带信号处理需要研究、解决的关键问题。也就是说人们需要从高性能计算角度研究可以并行化处理的基带信号处理算法，如同步算法、信道估计算法、数据均衡解调算法等并行硬件实现架构。

5.2.4 大带宽通信能力

5G 毫米波的峰值速率与带宽、帧结构、支持的流数、调制阶数等因素有关。与5G 低频类似，毫米波系统支持 4 流和 8 流的传输，以及 64QAM 和 256QAM 调制方式。

帧结构方面同样继承了 5G 低频的灵活性，在带宽方面毫米波系统具有极大的优势，可支持 400 MHz 和 800 MHz 的带宽，具备超大带宽通信的能力。

从外场测试结果可以看到，5G 毫米波系统在 800 MHz 带宽情况下，小区下行峰值速率可以达到 9.31 Gbit/s，上行峰值速率可以达到 1.91 Gbit/s。

在保证下行业务高传输速率的前提下，采用大上行时隙配比，比如采用 DSUUU 的帧结构配比方式，上行理论峰值容量将达 9 Gbit/s，实际速率预计可以达到 6 Gbit/s 以上、单用户速率可达 3 Gbit/s 以上，可以实现提高整个网络上行容量的目的。

5.2.5 自适应频谱使用和高、低频混合组网技术

未来 5G 所使用的高频段频谱当中并非所有的频段都只被用于移动通信服务，在同一频段中还可能有蓝牙、Wi-Fi、卫星通信等系统。为了更灵活地使用高频频谱资源，同时提高频谱资源的使用效率，高频通信系统需要具有自适应感知功能。自适应感知是指系统可以通过监听频谱当前的使用状态，自动找出处于空闲态的频谱资源用于传输。这种高频通信系统可以很好地实现频谱资源的动态和灵活管理，支持多种频谱使用需求。高通在 LTE-U 白皮书中提出的载波侦听自适应传输（CSAT，Carrier Sensing Adaptive Transmission）技术解决了移动通信在非授权频段与 Wi-Fi 的共存问题，未来在高频通信系统中将会有更多的自适应感知频谱使用技术。

目前，高频通信系统空中接口技术的焦点在于采用单载波频分多址（SC-FDMA）还是多载波正交频分多址（OFDMA）进行传输。通过仿真分析，单载波和多载波在 6 GHz 高频段的性能对比见表 5.4，单载波具有更好的性能，但是在复杂度和灵活度方面都比不上多载波。

表5.4 单载波和多载波性能对比

	单载波频分多址（SC–FDMA）	多载波正交频分多址（OFDMA）
峰值平均功率比（PAPR）	性能好	性能差
复杂度	高（$2N\lg 2N$）	低（$N\lg 2N$）
资源分配灵活度	低	高
导频分配灵活度	低	高

由于高频段频谱存在覆盖距离小的问题，因此，在通信系统中无法单独使用高频段频谱。高频空中接口将重点部署在室内外的热点区域，提供高速率、大流量的通信服务，作为低频蜂窝空中接口的补充。在采用高、低频混合组网时，一般将控制面和数据面分离，由低频蜂窝网络负责控制面数据的传输，而小基站则可以利用丰富的高频段资源满足热点区域的通信需求。混合组网所涉及的技术包括超密集网络、高频自适应回传技术等。

| 5.3 | 毫米波传播特性分析

5.3.1 毫米波传播模型

无线信道的传播模型可分为大尺度（Large Scale）衰落传播模型和小尺度（Small Scale）衰落传播模型两种。大尺度衰落主要是指几百米甚至上千米距离内接收信号强度的变化情况，自由空间传播模型是一种比较典型的大尺度衰落模型。在自由空间传播中，可以认为介质是均匀分布的，一般来说卫星通信、空间通信和陆地的视距通信都是自由空间传播。自由空间衰落损耗与发射机和接收机天线之间的距离以及载频频率有关，假设发射点以球面波辐射，则接收机处的功率如下。

$$P_r = \frac{P_t G_t G_r \lambda^2}{(4\pi)^2 d^2 L} \tag{5.1}$$

其中，P_t为发射机的发射功率，G_t和G_r分别代表发射天线和接收天线的增益，λ代表波长，$\lambda=c/f$，其中，c为光速，即3×10^8m/s；f为载频频率，单位为Hz；d为发射天线和接收天线间的距离，L是系统损耗因子。这里将G_t和G_r取单位增益，可得到自由空间的传播损耗PL，如下。

$$PL=-10\lg(P_r/P_t)=20\lg d+20\lg f-10\lg\left[\frac{c^2}{(4\pi)^2}\right] \tag{5.2}$$

可以看出，在发射天线和接收天线间的距离不变的情况下，随着载频频率的提高，自由空间损耗也随之增大。

无线信道的大尺度传播模型决定了毫米波通信系统的覆盖范围，通常大尺度衰落和收发天线间距离成反比，且在不同应用场景下由于环境中地物的遮挡会产生阴影衰落。考虑到大气吸收和雨衰的影响，在链路预算时其传播损耗可以表示为

$$L_{total}=PL+SF+L_{gas}+L_{rain} \tag{5.3}$$

其中，PL 表示由于传输距离增加所造成的路径损耗，SF 表示阴影衰落，通常满足对数正态分布，L_{gas} 和 L_{rain} 分别表示大气吸收损耗和雨衰，受湿度、大气压和降雨量的影响，主要通过长期大量观测结果得到。目前，路径损耗主要有两种建模方式，一种是基于参考距离路径的 CI 模型，一种是任意精度的 FI 模型。

1. 基于参考距离路径的 CI 模型

$$PL_{CI}=L_0+10n\lg(d/d_0) \tag{5.4}$$

其中，L_0 表示在参考距离为 d_0 时的自由空间路径损耗，n 表示路径损耗因子，当 n=2 时表示自由空间路径损耗。

2. 任意精度的 FI 模型则表示为

$$PL_{FI}=\alpha+10\beta\lg(d) \tag{5.5}$$

其中，模型参数 α 和 β 可以通过最小二乘法拟合得到。对比实测结果发现，由于毫米波频段路径损耗较大，FI 模型的拟合效果更优。CI 模型主要针对固定频率而言，为同时评估路径损耗以及频率和距离的关系，又提出了一种多频 ABG 模型。

$$PL_{ABG}=\alpha+\beta\lg(d)+\gamma\lg(f) \tag{5.6}$$

其中，f 表示发射信号的中心频率。

根据目前的测量结果，毫米波频段小尺度多径衰落模型可以从时域和角度域两方面描述。在准静态信道的假设下，每一次快照所获得的 CIR 是相互独立的，因此，对于采用旋转定向天线获得全向 CIR 的测量方式而言，PDP 可以通过对不同方位角和俯仰角的 CIR 求和得到。公式（5.7）给出了 PDP 的计算方法。

$$P_h(\tau)=\frac{1}{N}\Sigma_{i=1}^{N}\left|\Sigma_{\mathrm{AOA}}\Sigma_{\mathrm{AOL}}h(t_i,\tau)\right|^2 \tag{5.7}$$

其中，N 表示在特定位置和角度的快照数，多次测量平均后的结果可以改善噪声的不平坦度。根据公式（5.7）的结果分别计算 PDP 的一阶矩和二阶矩可以得到平均附加时

延和均方根时延扩展。为得到信道的角度色散参数，需要计算三维的PAP，定义为

$$P_h(\theta,\varphi)=\sum_{n=1}^{M}P_h(\tau_m,\theta,\varphi) \tag{5.8}$$

其中，p_h（τ_m，θ，φ）表示在方位角和俯仰角分别为 θ 和 φ 时的 PDP。基于不同角度的测量结果，利用高分辨率的参数估计算法可以得到由功率、时延、角度等信息表征的多径分量，再经过多维自动分簇算法建立毫米波簇统计信道模型。

随着 5G 海量移动终端设备的接入，天线极化分集是提高系统容量的另一种方式。除了计算交叉极化信道的大尺度和小尺度参数外，还需要考虑交叉极化比的影响，它反映了不同极化方式时信道间的隔离度。

5.3.2 毫米波链路预算

相比 2G/3G/4G 现有低频段，5G 引入的高频段最大的特征就是传播特性。高频信道传播在 LOS（Line-of-Sight）场景下随频率的增加，路径损耗（Path Loss）也显著增加。根据自由空间损耗公式计算，频段从 2 GHz 提高到 28 GHz、39 GHz 或 70 GHz，额外的路径损耗分别为 22.9 dB、25.8 dB、30.9 dB；对于 NLOS（Non Line-of-Sight）场景，由于高频段波长相比低频更短，绕射能力更弱，这将导致 5G 需要更高的天线增益、更大的天线阵列尺寸及更复杂的 MIMO 技术来弥补空间路径上的传播损耗。

同时，与低频相比，高频还需要额外考虑不同材质的穿透损耗（Penetration Loss）、植被损耗（Foliage Loss）、人体损耗（Body Loss）、雨衰损耗（Rain Loss）、大气衰减（Atmospheric Loss）及其他损耗的影响。

1. 路径损耗

相比传统蜂窝网络，高频移动通信特别是 Above 6G 频段，因其无线信号的衍射和反射能力弱，路径损耗更大。根据 3GPP TR 38.901 中规定的 0 ～ 100 GHz 无线电波在城市区域内直射路径的损耗模型可知，自由空间损耗与载波频率成正相关。

在 LOS 场景，28 GHz/39 GHz 相比 3.5 GHz 在相同传播距离下，路径损耗将增加 16 ～ 24 dB；在 NLOS 场景，28 GHz/39 GHz 相比 3.5 GHz 在相同传播距离下，路径损耗将增加 10 ～ 18 dB。同一频段在相同的覆盖距离下，NLOS 场景相比 LOS 场景，路

径损耗将增加 15 ～ 30 dB。

2. 穿透损耗

穿透损耗是指无线电波通过障碍物时所造成的额外的功率损耗，不同频率的无线电波在穿过同一障碍物时造成的穿透损耗会有很大的差异。高频段的穿透损耗对于遮挡物的材质更为敏感，选择不同遮挡材质，实测各材质的高频穿透性能。测试结果表明，随着频率的升高，穿透损耗略有增加，不同材料的穿透特性差异很大。以 28 GHz 为例，穿透损耗如下：普通标准玻璃的穿透损耗为 10 dB；新型镀膜 / 夹层玻璃的穿透损耗为 30 dB；综合材质的墙体的穿透损耗为 40 dB；混凝土墙体的穿透损耗为 60 dB。因此，对于以镀膜 / 夹层玻璃＋混凝土等综合材质为主的普适性场景而言，穿透损耗预计大于 40 dB。表 5.5 为不同材料的穿透损耗。

表5.5　不同材料的穿透损耗

材料	厚度（cm）	衰减（dB）		
		<3 GHz	40 GHz	60 GHz
透明玻璃	0.3	6.4	2.5	3.6
木材	0.7	5.4	3.5	
混凝土	10	17.7	17.5	
植被	10	9	19	

如果假定现有的建筑中 30% 为使用普通玻璃的老建筑，其他为使用红外反射玻璃的新建筑。通过实验发现，使用红外反射玻璃的新建筑更难被无线电波穿透，而且随着频率的增加，穿过建筑时所造成的穿透损耗也更大。可见，高频段频谱并不适用于室外到室内或室内到室外的场景。

3. 植被损耗

高频信道环境不可忽略植被对信号传播的遮挡。多维度测试仿真发现，植被越茂密，其遮挡带来的损耗值越大，28 ～ 39 GHz 频段下典型的植被损耗取值为 17 dB。

4. 人体损耗

不同于传统 2G/3G/4G 网络，因人体使用终端的方式、握姿等因素引入一定的衰减，对于高频通信，主要依赖直射路径进行无线传输，直射路径很容易受到人体的遮挡，因此，同植被损耗类似，需要额外考虑传播线路上人体遮挡对信号传播造成的穿透损耗。在典型室内 LOS 场景下，人体损耗测试结果为：轻微遮挡 5 dB，严重遮挡 15 dB。

5. 雨衰损耗

高频须考虑降雨、降雪等因素的影响，雨衰与频段和降雨率相关。同时，信号在降雨区域通过的路径越长，降雨量越大，其衰减也越大。大暴雨情况下（20 mm/h），小区覆盖半径为 200 m 时，30 GHz 波段损失小于 1 dB，60 GHz 波段损失小于 2 dB。对短距 eMBB 场景而言，从总体上看，雨衰影响可以被忽略。但在较长距离的微波通信时或较恶劣天气状况下（如 WTTx 场景），在进行网络规划时需要适当考虑相应余量来补偿雨衰的影响。

6. 大气衰减

无线电波在大气中传播时，还会受到来自大气吸收的衰减。大气的主要成分是氮气、氧气和水汽，大气的吸收衰减主要由干燥空气的吸收和水汽的吸收衰减组成，而干燥空气和水汽的吸收衰减主要与无线电波的频率、大气温度、水汽密度、大气压强、传输距离等参数有关。在 28 GHz 或 39 GHz 频段时，大气衰减为 0.1 ～ 0.15 dB/km，但是超过 50 GHz 后，大气吸收造成的衰减激增，52 GHz 频段和 55 GHz 频段的衰减率分别为 1 dB/km 和 4 dB/km，在 60 GHz 频段附近衰减率达到峰值，超过 15 dB/km。从 60 GHz 到 70 GHz 吸收率急剧降低，71 ～ 86 GHz 的衰减率又降到约 0.4 dB/km。因此，高频应主要考虑 50 ～ 70 GHz 频段上的大气吸收衰减。

5.3.3 毫米波链路预算分析举例

1. LOS 场景路径损耗分析

在无线通信系统中，电波通常在非规则的环境中传播，3GPP TR 38.901 规定了无线电波在城市区域内直射路径损耗模型，如图 5.8 所示，其应用范围为 0.5 ～ 100 GHz 的频段，表达式如下。

$$PL_{\text{UMa-LOS}}=\begin{cases} PL_1, & 10\text{ m} \leqslant d_{2D} \leqslant d_{Bp}' \\ PL_2, & d_{Bp}' \leqslant d_{2D} \leqslant 5\text{ km} \end{cases} \tag{5.9}$$

其中，PL_1=28.0+22lg（d_{3D}）+20lg（f_c）

$$PL_2=28.0+40\lg(d_{3D})+20\lg(f_c)-9\lg[(d'_{Bp})^2+(h_{BS}-h_{UT})^2]$$

$1.5\ \text{m} \leqslant h_{UT} \leqslant 22.5\ \text{m}$，$h_{BS}=25\ \text{m}$

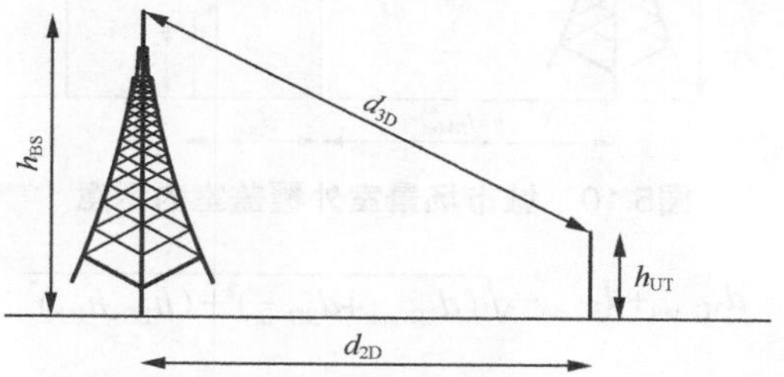

图5.8　城市场景室外直射路径传播

阴影衰落的分布服从对数正态分布，其标准差设置为σ=4，基站天线高度设置为 25 m，接收天线终端高度为 h_{UT}，d_{3D} 为发射天线到接收天线的空间距离，d_{2D} 为发射天线到接收天线的水平距离，f_c 为载波频率，单位为 GHz。断点距离 $d'_{Bp}= 4\ h'_{BS}h'_{UT}f/c$，其中，$c$ 为光速，$c = 3.0\times10^8$m/s，h'_{BS} 和 h'_{UT} 分别代表发射端基站和接收端终端的有效天线高度。

图 5.9 给出不同频点相对于 3.5 GHz 频点的路损差，假设 f_1 与 f_2 分别代表高、低频载波，则频点带来的路损差值计算为 $20\times\lg(f_1/f_2)$，计算得到 28 GHz 载波比 3.5 GHz 载波路损高 20×lg（28/3.5）≈ 18.06 dB，也即在发射天线和接收天线增益不变的情况下，3.5 GHz 载波的理论传播距离是 28 GHz 载波理论传播距离的 10×（18.06/28）≈ 6.5 倍。

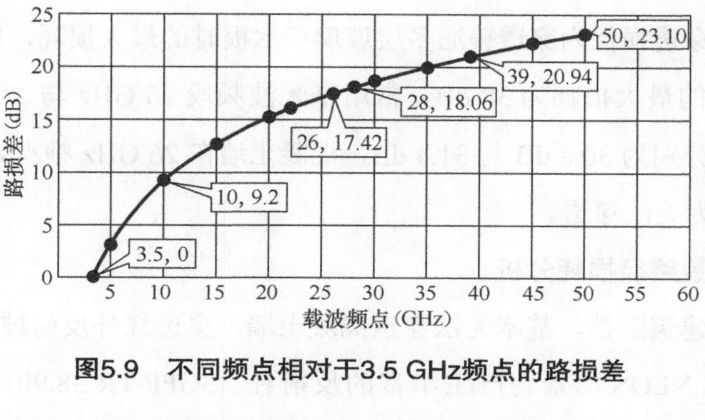

图5.9　不同频点相对于3.5 GHz频点的路损差

3GPP TR 38.901 同样规定了室外覆盖室内的穿透损耗模型，如图 5.10 所示。其中，

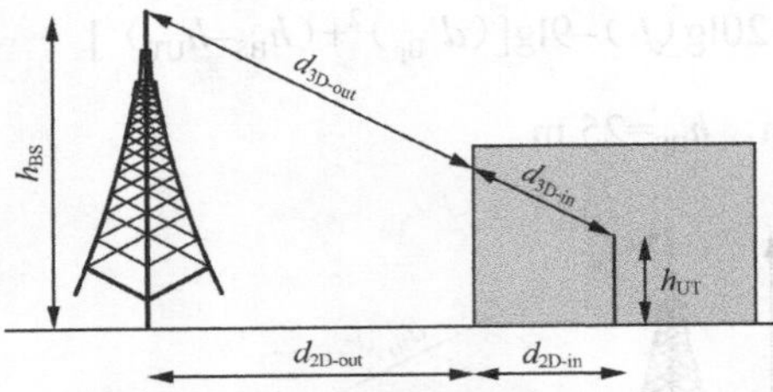

图5.10　城市场景室外覆盖室内示意

$$d_{3D-out}+d_{3D-in}=\sqrt{(d_{2D-out}+d_{3D-in})^2+(h_{BS}-h_{UT})^2} \tag{5.10}$$

由图 5.10 可知，基站发射信号穿透室内时经过墙壁或玻璃会损失一部分性能，再经过室内传播到达接收机天线处，穿透损耗 PL 值计算如下。

$$PL=PL_b+PL_{tw}+PL_{in}+N(0,\ \sigma_p^2) \tag{5.11}$$

其中，PL_b为室外路径损耗值，d_{3D}用d_{3D-out}和d_{3D-in}替换，PL_{tw}是无线电波穿透外墙建筑时的损耗，PL_{in}是大楼内部的链路损耗值，σ_p是楼内穿透损耗的标准差。室内穿透损耗PL_{in}的计算如下。

$$PL_{inH-LOS}=32.4+17.3\lg(d_{3D})+20\lg(f_c),\ 1\ \text{m} \leqslant d_{3D} \leqslant 150\ \text{m} \tag{5.12}$$

从公式（5.12）中可以看出，在室外覆盖室内的穿透损耗模型中，建筑穿透损耗 PL_{tw} 占据重要的位置，不同的材质对 PL_{tw} 造成不同的影响。不同材质的穿透损耗表达式也不同，普通多层玻璃：$L_{glass}=2+0.2f$；红外反射玻璃：$L_{IIRglass}=23+0.3f$；混凝土：$L_{concrete}=5+4f$；木板：$L_{wood}=4.85+0.12f$。

可以看出，不同材质的穿透损耗值取决于载波的频率，3.5 ～ 50 GHz 电磁波经过不同材质的理论穿透损耗为穿透普通多层玻璃和木板时的最大损耗，约为 12 dB，而穿透红外反射玻璃的最大损耗为 38 dB，常用毫米波频段 26 GHz 与 28 GHz 穿透红外反射玻璃时的损耗分别为 30.8 dB 与 31.4 dB，混凝土墙在 26 GHz 频点处的穿透损耗约为 109 dB，可认定为无法穿透。

2. NLOS 场景路径损耗分析

毫米波易被建筑阻挡，基本无法穿透混凝土墙，穿透红外反射玻璃的效果也较差，因此，毫米波在 NLOS 场景会产生丰富的反射径。3GPP TR 38.901 定义了城市区域 NLOS 场景传播模型，如公式（5.13），设定 10 m ≤ d_{2D} ≤ 5 km，其中，σ_{SF} 的值为 6。

$$PL_{\text{UMa-NLOS}}=\max(PL_{\text{UMa-LOS}}, PL'_{\text{UMa-NLOS}}) \quad (5.13)$$

$$PL'_{\text{UMa-NLOS}}=13.54+39.08\lg(d_{3D})+20\lg(f_c)-0.6(h_{UT}-1.5) \quad (5.14)$$

毫米波在传播过程中容易受到降雨、树丛遮挡、人体对电波的遮挡和吸收等影响，如果树木或人体遮挡较少，可看作近似 LOS 场景，这时需要额外考虑树叶和人体遮挡带来的损耗，其中，考虑树叶遮挡时需要考虑不同季节、不同品种的树木对毫米波的遮挡情况，考虑人体遮挡时应考虑身体部分遮挡和身体全遮挡等情况。

5.3.4　与其他频段覆盖能力的比较

将 3.5 GHz 和 28 GHz 分别作为 C 波段和毫米波的典型频段，通过仿真评估不同站间距下各频段的边缘速率情况。

对于 28 GHz，其在 LOS 场景、O2O 条件下，随着站间距的增加，仍能保持较高的速率；但在 NLOS 场景、O2O 条件下，随着站间距的增加，边缘速率急剧降低；而对于 LOS 场景、O2I 条件下，由于要克服高达 38 dB 的穿透损耗，在 30 m 的站间距下，边缘速率趋近于 0。

对于 3.5 GHz，其在 NLOS 场景、O2O 条件下可保持较高的速率；而在 NLOS 场景、O2I 条件下，当 ISD 为 300 m 左右时，边缘速率趋近于 0。

从仿真结果来看，毫米波在 LOS 场景、O2O 条件下可保证较高的速率，但在 NLOS 场景、O2O 条件下，尤其是 LOS 场景、O2I 条件下会有较大损失。因此，还须依赖 C 波段作为未来 5G 连续组网的主力覆盖频率。

5.4　5G 毫米波网络的部署

5.4.1　面向 5G 的毫米波网络架构

5G 网络将会是一个具有连续广域覆盖、热点区域高容量、数据传输低时延和高可靠、终端设备低功率以及海量连接数等应用特征的移动通信系统。其中，连续广域覆盖反映 5G 不再仅仅局限于小区概念，而是多种接入模式的融合共存，通过智能调度可在广域覆盖中为用户提供高达 10 Mbit/s 的体验速率。热点区高容量表明，在集会、车站等人口密度大、流量密度高的区域，5G可通过动态资源调度满足高达10 Gbit/s的体验速率和10 Tbit/km^{2}的流量密度要求。数据传输的低时延和高可靠说明，5G可应用于未来自动驾驶和工业控制等领域。终端设备的低功耗和大连接则反映5G网络将是一个低功耗、低成本的万物互联体系和应用无所不能、需求无所不有的服务体系。

在LTE演进过程中，采用宏基站与微基站并举的网络架构。其中，宏基站体积大、容量大，需要机房建设、有线传输、空调、监控等配套系统，建站、维护和优化成本很高，站址选择和传输敷设非常困难，但覆盖范围一般可达200～800 m，适用于室外大范围连续区域；微基站因其体积、容量、功率和覆盖范围等较小，无须机房和传输，建站简单快捷，易于实现，非常适合局部精确补盲、补热、深度覆盖，是宏基站的有益补充。

5G通信系统同样是一个演进系统、一个多个同构与异构网络共存的系统，一个适应万物互联和高数据率的密集型网络架构系统。因此，5G网络架构可以借用LTE宏基站与微基站的并举模式，建立大基站簇拥许多小基站的大基站群单元网络体系，其中，大基站与LTE宏基站相当，物理上，通过无线信道下连终端和小基站，有线信道上连5G核心网、横连其他大基站；小基站与LTE微基站相当，实际上是一个无线中继独立体，由于采用了毫米波技术，基站天面可小型化和集成化，体积小、重量轻，可做成各种景观形式，可根据热点流量要求随时随地灵活部署，可在空闲或轻流量时段实时关闭或降低发射功率，可节省成本、降低能耗（如图5.11所示）。

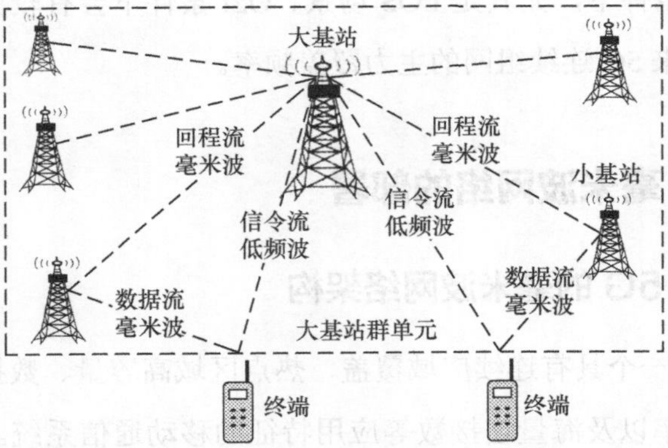

图5.11 5G网络架构中的基站群单元

5G网络系统可以采用信令与数据各自通过不同主频信道承载的方案，使信令承载在低频波段，数据承载在毫米波段，即毫米波的应用场景集中在小基站与终端间的高数据量传输和小基站与大基站间的移动通信回程传输中。这种信令与数据分流管控的方案不仅可以充分利用毫米波传输数据的频带带宽，获取极高的数据传输速率和效率，还能极大地降低信令与数据间的传输干扰。由于信令承载在低频信道，覆盖范围可以更广；同时由于信令流量较小，控制终端数量可以更多。当数据流承载在毫米波信道时，虽然覆盖范围小，但传输带宽大，可满足终端的高速率和高接入率的要求。

在信令与数据的信道分频传输中，可以取 2G/3G 主频作为 5G 低频信令信道，从而达到可以优选部分已有基站作为 5G 大基站，再通过调整天线高度和下倾角，使大基站天线覆盖半径约为毫米波有效覆盖半径的 1 倍，使小基站正好位于终端与大基站的中间位置，这不仅可以满足大基站的信令信号直接传至终端，还能够保证小基站的数据信号可以直接传送到终端，保证小基站的回传信号传到大基站，更重要的是这种大小基站的蜂窝布局方式和信令数据的分频传输方式可以有效地利用原有基站，减少原有 2G/3G/4G 基站的数量，降低大基站中因空调和监控等电力消耗，降低基站租用、建设与维护成本，还能有效地降低站间干扰。

由于小基站只需要承载毫米波信道的数据流，网络设计与局域网相当，因此，无线蜂窝接入网中的许多职能可以由大基站承担。微型天线的收发功率不高，只要技术和工艺能够将小基站的天线设备、远程抄表电源计量设备集成在一个较小的空间内，并使小基站做得足够小巧轻便，易于安装，使其足够的人性化、景观化、多样化和实用化，成为只需要接入电源，在任何室外环境中都能正常工作、完整且独立的通信设备，就可以将小基站直接挂靠在路灯、景观台、高楼装饰物、纪念碑塔，甚至是图书馆、体育馆、学校、医院、政府办公楼等公用建筑和民房私宅的户外墙壁上，只要能够方便提供电源并与大基站无线直通即可。

毫米波技术与大小基站的组合模式可能是支撑 5G 接入网络架构的重要方案。

5G 具备全频段接入能力，不同频段具有不同的覆盖能力，这将决定其应用场景。在进行 5G 整体频谱规划时，不同频段的覆盖能力是需要考虑的关键因素之一。5G 频谱规划需要综合考虑高低频段的不同传播特性、频谱的全球协同和 5G 的多场景差异化的业务需求。将高低频段相互结合，6 GHz 以下频谱作为 5G 的核心频段，同时积极谋求 6 GHz 以上的补充频谱，将是未来频谱规划和发展的趋势。因此，面向未来的 5G 目标网，基于频谱可划分为超高容量层、核心业务层以及连续覆盖层 3 层网络。

5G 超高容量层：主要针对 6 GHz 以上的毫米波段，如 28 GHz/39 GHz/70 GHz 等，主要面向 WTTx、无线自回传和超高容量 eMBB 等业务。

5G 核心业务层：主要针对 C 波段频谱，如 3.5 GHz/4.5 GHz 等，可以承载几乎所有的 5G 业务。

5G 连续覆盖层：主要针对 3 GHz 以下的现有 2G/3G/4G 频谱，提供无处不在的 5G 业务的连续性体验，重点满足 mMTC 和 uRLLC 等业务。现有 2G/3G/4G 频谱不断向 LTE 重耕，在 5G 建网初期，基于 NSA DC 双连接架构，作为 5G 的锚点；后续逐步向低频 NR 演进。

5.4.2 毫米波对网络规划仿真的影响

随着 5G 引入高频频谱，传统二维经验模型仿真在密集城区、室内等场景应用更为困难，并且随着小站产品的日益丰富，未来 5G 网络规划需要更准确地识别价值点，进而精准地进行网络规划。3D 仿真，即在传统 2D 覆盖预测的基础上将仿真区域从传统的 2D 平面扩展到 3D，仿真出建筑物内不同楼层高度下的各个仿真指标。相比 2G/3G/4G，5G 更需要通过 3D 仿真实现立体仿真评估和规划，从而采用更精准的规划方法，最大化客户投资的价值。

3D 仿真需要借助高精度 3D 数字地图模拟 3D 场景构建，通常要求高精度的数字地图，同时数字地图还需要附带建筑物信息。数字地图中的建筑物图层描述建筑物所处的位置、高度以及外轮廓。3D 数字地图中的建筑物信息主要有以下两种存储方式。一种为 Building Raster 方式，使用栅格的方式来描述建筑物，多个相连的栅格代表一个实际的建筑物实体，每个栅格包含高度信息，栅格精度通常为 5 m 或更高；一种为 Building Vector 方式，使用矢量的方式来描述建筑物，一个点坐标的集合（多边形）描述一个实际建筑物实体外轮廓在地面的投影，每个多边形包含一个高度信息，对应建筑物的高度。

在 3D 场景下，接收机位于室内不同的楼层，与传统 2D 室外仿真在无线信号的传播环境上差异很大，无法沿用以前的传播模型。同时，由于高频信号的穿透损耗对不同建筑的材质属性较为敏感，因此，在 3D 仿真中，须对不同频率、不同材质、不同入射角度下的电磁波穿透损耗进行建模，才能准确仿真出 3D 场景下用户处于不同楼层的电平。虽然传统的 2D 传播模型也考虑接收机高度的影响，但是在 3D 场景下接收机高度差异较大，不同接收机高度下，无线信号在进入建筑物之前的室外传播环境存在很大差异，传统建模方式已无法满足。即使是射线追踪模型，为保证模型的运行效率和准确性，仍然需要针对场景进行适配和优化，同样需要构建支持 3D 场景下的建模。

对于 3D 仿真结果，地理化渲染图像 GIS 需要显示系统配合 3D 引擎，并支持任意拖动、角度旋转、缩放等操作，这样才能从各个角度充分展示仿真结果。仿真结果的 3D 展示方式主要有分层展示（Layer）和外表面展示（Facade）两类。分层展示即按照楼层渲染仿真结果，展示所有楼层的仿真指标，由于所有楼层同时展示时会相互覆盖，影响展示效果，因此，通常选个别楼层单独展示具体的仿真结果用于呈现和分析；外表面展示即按照建筑物的外轮廓渲染仿真结果，由于仿真指标展示在建筑物外表面，无法准确获取建筑内部区域的仿真指标，因此，通常将其用于整体展示，也可分别展示单栋建筑物的结果。

5.4.3　5G 毫米波的部署场景

考虑到毫米波相对于 6 GHz 以下频段在直射路径下损耗较大，因此，部署初期应考虑毫米波以短距离热点覆盖为主，搭配其他通信系统保证接收终端的通信质量，并需要充分考虑恶劣天气，如雨、雪、雾对毫米波的影响。

在具体组网方式方面，5G 毫米波系统可以根据需求与 5G 低频系统共站址部署或拉远部署，提供精准覆盖，需要具备较强的系统间、频段间的互操作功能和移动性管理功能。根据具体部署场景（见表 5.6），需要毫米波宏基站、毫米波微基站、毫米波微 RRU、毫米波分布式微基站等多种形态的设备。在终端方面，需要支持 3G/4G/5G 高低频的多模多频终端。

在 LOS 场景或近似 LOS 场景下推荐的部署地点包括大型露天体育场、机场、大型广场等地点。此类场景阻挡物少或无遮挡，用户密度高，具有整体流动性、流量需求大等特点，毫米波在此类场景下用以提供高速的内容下载和高清直播。

表5.6 5G高低频混合组网典型场景

典型场景	场景特点	设备需求	规划需求
交通枢纽	室内面积大且相对空旷，有功能区域划分，用户密度高，流动性强，流量需求大	毫米波微基站、毫米波微RRU、毫米波分布式微基站	不同的功能区需要有针对性的覆盖方案，需要对小区的划分进行针对性设计以达到移动性与容量的平衡，需要室内外联合覆盖
体育场馆	室内面积大且相对空旷，阻挡物少，用户密度高，且有整体流动性，上行流量需求大等	毫米波微基站、毫米波微RRU、毫米波分布式微基站	部署中需要充分利用毫米波波束赋形特点，注意小区间同频干扰，需要室内外联合覆盖
广场	室外面积大且相对空旷，阻挡物少，用户密度高，流动性相对较强，流量需求大	毫米波宏基站、毫米波微RRU	部署中需要充分利用毫米波波束赋形和空间复用特点，提高系统效率

毫米波同样适用反射路径丰富的 NLOS 场景，如商业街、工厂等地点。此类场景反射路径丰富，终端接入量大，毫米波在此类场景下用以提供大容量的终端接入以及高速率的内容上传和下载。

1. 室外热点场景

室外热点场景下可以高低频联合部署，以提升用户体验和小区容量。具备光纤传输条件的，可部署 28 GHz 小站；不具备光纤传输条件的，可部署有自回传的 28 GHz 小站。此场景下，28 GHz 很可能是非连续覆盖的，可将控制面锚定在 3.5 GHz 上，确保高可靠性和移动性。

2. 密集城区 / 城区基础覆盖场景

在密集城区（100 ～ 200 m），可以高低频联合部署，通过与 LTE 共站建设的 3.5 GHz 保证 O2O 及 O2I 的连续覆盖，通过 28 GHz 保证 O2O 的连续覆盖，当需要覆盖室内时，切换至 3.5 GHz；在城区（200 ～ 500 m）主要部署 3.5 GHz 保证 O2O 的连续覆盖，针对部分 O2I 弱覆盖区域，采用 3.5 GHz Relay 补盲。

3. 室内热点覆盖场景

在 2G/3G/4G 时代，部分室内场景由室外宏基站穿透外墙后完成覆盖。在 5G 时代，引入了更高频段的 C 波段，室外覆盖室内的传统方式将面临更多挑战。室外信号在穿透砖墙、玻璃和水泥等障碍物后只提供浅层的室内覆盖，无法保证室内深度覆盖需要的良好体验。毫米波在覆盖室内时面临更大的链路损耗问题。例如，28 GHz 频段的毫米波，如果是典型的混凝土墙，损耗约为 64 dB；如果是混合玻璃墙，损耗约为 36 dB，巨大衰减导致其基本丧失穿墙能力。39 GHz 频段的毫米波损耗更大，因此，使用毫米波宏基站信号从室外到室内进行室内覆盖的方式在 5G 时代不可行。

在室内热点覆盖场景中，对用户速率和小区容量的要求很高。针对较小的室内区域（咖啡厅、小型办公室等），可以单独部署 28 GHz 或 3.5 GHz Pico 基站；针对较大规模室内区域（交通枢纽、体育场馆、购物中心、高端写字楼等），可以高低频联合部署 Lampsite。

5G 毫米波部署在室内，其信号传播同样面临着室内物体的阻挡。28 GHz 频段的毫米波，在存在普通的玻璃墙及木门隔断的情况下，毫米波的传播损耗也可以达到 14 ～ 17 dB，因此，毫米波即使部署在室内，其覆盖距离也是主要挑战。

假设毫米波带宽为 800 Mbit/s，时隙配比 DL：UL 为 3：1，未来商用终端天线增益为 10 dB，小区边缘用户下行速率要求按照 400 Mbit/s 和 800 Mbit/s 分别进行仿真，以满足未来不同的业务需要。路径损耗公式按照如下的视距（LOS）和非视距（NLOS）场景进行计算，*d* 和 *f* 分别代表距离和频段。

$$PL_{\mathrm{LOS}}=32.4+17.3\log10(d)+20\log10(f) \tag{5.15}$$

$$PL_{\mathrm{NLOS}}=17.3+38.3\log(d)+24.9\log(f) \tag{5.16}$$

在室内场景中，典型的覆盖半径一般是 15 ～ 20 m。如果小区边缘用户下行速率为 800 Mbit/s，对于视距空旷区域（如商场），当有效全向覆盖功率（EIRP）为 33 ～ 36 dBm 时，覆盖半径可达 15 ～ 20 m；对于少许隔断区域（如写字楼办公区域），当 EIRP 为 40 dBm 时，覆盖半径可达 15 m；对于隔断较多的区域（如写字楼会议室区域），即使 EIRP 为 40 dBm，覆盖半径也只有 6 m。

如果小区边缘用户下行速率为 400 Mbit/s，对于视距空旷区域（如商场），当 EIRP 为 30 dBm 时，覆盖半径可达 15 ～ 20 m；对于少许隔断区域（如写字楼办公区域），当 EIRP 为 35 dBm 时，覆盖半径可达 15 m；对于隔断较多的区域（如写字楼会议室区域），即使 EIRP 为 40 dBm，覆盖半径也只有 10 m。

由此可见，对于室内视距场景（视距空旷区域），28 GHz 毫米波基本可以做到与

2G/3G/4G 的 Sub–3 GHz 信号同覆盖，但如果是非视距场景（隔断较多区域及少许隔断区域），存在障碍物，则会使其覆盖收缩明显。因此，在室内场景中，主要建议将毫米波用于热点覆盖，满足超高速率业务应用，而非连续覆盖。

4. 大带宽回传场景

在大带宽回传场景中（见表 5.7），毫米波频点较高、波长较短，可以在相同面积下实现更多的天线阵列布放，波束能量更集中。毫米波可以作为无线回传链路，利用高达 800 MHz 带宽、10 Gbit/s 的系统峰值速率，满足一些场景无法布放光纤或布放光纤代价过高的固定无线宽带场景，或者满足毫米波自回传组网场景。

表5.7　大带宽回传典型场景

典型场景	场景特点	设备需求	规划需求
家庭宽带接入	作为回传链路，流量需求量大，无移动性需求	毫米波宏基站，定制化 CPE，提供毫米波转 Wi-Fi 功能	一般要求终端室外安装，链路无遮挡，对基站高度有一定要求
滑雪赛道	作为回传链路，流量需求量大，无移动性需求	毫米波宏基站	采用毫米波宏基站对打方式，提供远距离、高质量传输，链路无遮挡，需要考虑供电方案
毫米波自回传	一方面作为基站为终端提供服务，另一方面通过站间对打实现无线回传	毫米波宏基站	在部署过程中需要充分利用毫米波波束赋形和空间复用的特点，提高系统的效率

在具体组网方式方面，5G 毫米波系统采用 SA 独立频点组网，作为其他无线通信系统中的回传链路，采用宏基站提供足够的覆盖距离，链路两端设备相互精准覆盖，布放后无须移动，建立链路后保持连接状态。系统需要接入管理功能、部分无线资源调度管理功能，无须移动性管理功能，功能实现较高、低频混合组网简单。

5. 园区专网场景

5G 毫米波系统频段采用高低频混合组网，除了为公众用户提供大带宽服务之外，还可以将频点单独规划，提供面向行业用户的业务专网服务。

5G 毫米波系统具有大带宽、低时延的特点，如果与 MEC 相结合，可以更好地释放 MEC 技术的特点，同时，MEC 也可以为毫米波系统叠加丰富多样的增值服务，为毫米波网络赋能。在 MEC 平台基础上，引入 AI 技术，将业务与 AI 结合，则可以为覆盖区域提供“大容量 + 高速率 + 本地化”的智能解决方案，满足行业客户低时延、大带宽、安全隔离的需求。

在具体组网方式方面，5G 毫米波系统采用 SA 独立频点组网，对园区提供信号深度覆盖，系统需要具备较强的移动性管理功能。根据具体的部署场景，需要毫米波宏基站、毫米波微基站、毫米波微 RRU、毫米波分布式微基站等多种形态的设备。在终端方面，需要根据专网业务需求进行定制，如定制化 CPE、功能终端、公网专网混合终端。

专网管理平台和 MEC 平台是园区专网的重要部分，网络架构和数据流如图 5.12 所示。

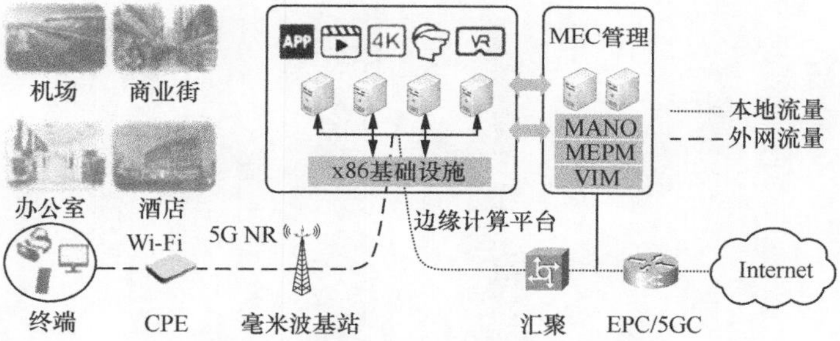

图5.12 毫米波专网架构和数据流

从毫米波传播特性和覆盖能力考虑，5G 毫米波适合部署在相对空旷无遮挡或少遮挡的园区环境。园区专网典型的部署场景和具体需求见表 5.8。

表5.8 园区专网典型的部署场景和具体需求

典型场景	场景特点	设备需求	规划需求
智慧工厂	低时延、高可靠，与外网隔离。控制平台建设在边缘节点，提高数据分析能力	多种形态的设备	深度覆盖、高可靠通信算法和技术、MEC+AI 平台能力
重保安防	大带宽上行能力、视频快速处理和即时反馈能力、人脸识别能力、集群通信能力，与外网隔离	多种形态的设备	深度覆盖、大带宽群通信能力、灵活的小区划分能力
智慧办公	与外网隔离，数据监控分析能力、集群通信、邮件和文件分发、园区监控能力	多种形态的设备	深度覆盖、高性能 CPE、MEC+AI 平台能力、灵活的小区划分能力

第6章

5G

5G室内分布系统的规划与设计

| 6.1 | 5G 室内分布系统概述

6.1.1 室内分布系统简介

室内分布系统是针对室内用户，通过天馈系统的分布将信号送达建筑物内部的各个区域，用于改善建筑物内移动通信环境，为室内移动通信用户提供良好的通信服务。通常主要由信号源及分布系统组成。

随着社会经济的发展、通信技术的演进以及用户行为习惯的变化，移动通信应用越来越广泛，移动通信数据业务呈现指数级增长，特别是室内业务，在 4G 时代也达到 80% 的占比，而且这种需求量还将持续下去。

我国移动通信室内分布系统技术的起步虽晚，但是发展极其迅速，从发展历程来看，可划分为以下几个阶段。

1. 室内分布系统萌发期（1998—2007 年）

20 世纪 80 年代初，第一代蜂窝通信系统（1G）基于模拟电话在中国开始使用，1995 年，中国正式步入 2G 时代，GSM 数字电话网正式开通。无线直放站、光纤直放站、移频直放站、干线放大器等多元化的设备形态逐渐形成。室内分布系统网络也正是在 2G 时代开始萌芽，微蜂窝设备逐渐引入室内分布，主要以解决室内“无信号”问题为目的，将室外基站信号引入室内，作为室外宏基站信号的延伸覆盖。

同时，城市热点日益增多，会议中心、购物中心、大型场馆、交通枢纽、商务楼宇的通信信号需求明显，高话务量迅猛增加促使室内分布系统不仅要满足覆盖需求，还必须满足容量需求，室内分布系统的价值开始突显。

2. 室内分布系统规模部署期（2007—2013 年）

2006 年，3G 在中国正式启动试运行，同时采用了电路交换和包交换策略。主流 3G 接入技术是 TDMA、CDMA、宽频带 CDMA（WCDMA）、cdma2000 和时分同步 CDMA（TS-CDMA）。3G 在支持更高带宽和数据速率的同时，提供多媒体服务。3G 时代，感知诉求明显提高，用户移动通信需求日益增长。2007 年开始了 3G 室内分布系统的部署，自此开始了室内分系统的规模部署，室内分布系统开始按照双模合路方式建设，系统复杂度逐渐提高。地铁、大型场馆采用集约化思想对多运营商、多制式进行共建共享。在这个阶段，设备的功能日益多样化，侧重场景应用，BBU+RRU 代替微蜂窝。

3. 室内分布系统模糊期（2013—2019 年）

2013 年 12 月，工业和信息化部向三大电信运营商下发 4G 牌照，意味着三大电信运营商可以运营 4G 网络业务，4G 时代。室内分布系统与宏基站系统覆盖协同，宏微协同、内外协同。在这个阶段，室内外协同的室内分布系统建设已经模糊室内分布的边界，中国铁塔和三大电信运营商“四方会谈”，室内分布系统的规划设计由粗放向精准演进，以网络质量为先。设备更加多元化、个性化，但是仍以 BBU+RRU 的分布式设备为主。

4. 5G 室内分布时代（2019 年—）

2019 年 6 月，工业和信息化部向中国移动、中国电信、中国联通和中国广电颁发 5G 牌照，这意味着中国正式进入 5G 时代。2020 年 2 月 10 日，工业和信息化部已经向中国电信、中国联通、中国广电颁发频率使用许可证，同意它们在全国范围共同使用 3300 ～ 3400 MHz 频段频率，用于 5G 室内覆盖。这是我国首次同一频率资源多家共同使用，国家战略层面已经开始加速 5G 部署。

6.1.2　5G 对室内覆盖的需求

1. 5G 更高的频段和更高的流量需求，驱动建设方式的转变

室内网络在 5G 时代将成为高价值核心。数据业务主要发生在室内，而这部分业务又不能像 4G 那样，被室外宏基站大量吸收。室内将成为丰富应用的出口，是整体网络的高价值核心。更高的频段和更高的流量需求将驱动“宏网补热分流”的传统建设方式向新的网络建设方式转变。2G、3G、4G 及 5G 的业务及覆盖方式见表 6.1。

表6.1　2G、3G、4G及5G的业务及覆盖方式

网络	业务	覆盖方式
2G	语音＋低速数据业务	以室外覆盖室内为主，VIP 区域室内专门覆盖

（续表）

网络	业务	覆盖方式
3G/4G	Web、视频、游戏	热点室内容量方案（交通枢纽 / 场馆 / 地铁 / 校园），普通室内独立覆盖提升体验（商务楼），以室外覆盖室内为辅（居民区）
5G	4K、8K、VR、360VR、AR、IoT……	超级热点：毫米波“点式”覆盖； 热点：3.5G“滴灌式”连续覆盖，毫米波不可穿墙，室外覆盖室内已不可能实现

2. 5G业务室内应用及流量需求激增

伴随5G业务种类持续增多，5G必然成为物联网、互联网的主要载体，其性能能够覆盖智慧家庭、远程医疗与教育、工业制造以及物联网，包括千兆级网络数据、3D视频、云服务、AR、VR、自动驾驶等。越来越多的业务发生在室内，例如，无线工厂、触觉互联网、移动AR/VR、同步视频等。业界预测未来5G有超过70%的移动业务将发生在室内，因此，运营商室内5G移动网络能力至关重要。5G十大应用场景如图6.1所示。

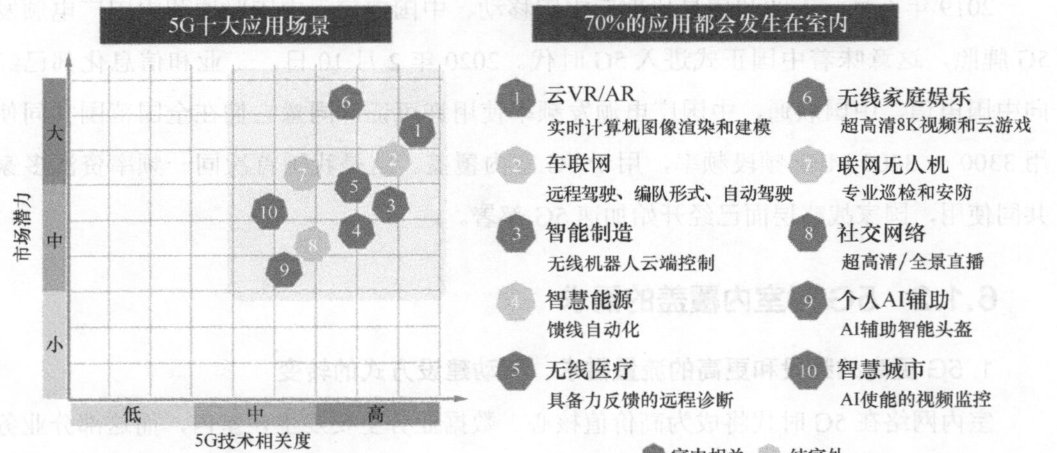

（来源：《5G时代十大应用场景白皮书》）

图6.1　5G十大应用场景

在业务层面，室内网络突显出两个关键性要素：室内网络宽带化演进及室内网络低时延化演进。5G业务传输速率及时延要求见表6.2。

从表6.2可以看出，为了满足新生的业务，室内移动网络需要更好的性能支持

0.1 ～ 1 Gbit/s 的用户体验速率，室内定位精度达到米级、毫秒级的端到端时延。

表6.2　5G业务传输速率及时延要求

业务类型	子类型	传输速率	E2E 时延（ms）	可靠性
360° 视频 VR	入门级	96 Mbit/s	<10	中
	高级	419 Mbit/s		
Cloud VR	入门级	100 ～ 150 Mbit/s	<10	较高
	终极	4.7 Gbit/s		
超高清视频全景直播	1080P	6 Mbit/s	10 ～ 50	中
	2K 视频	10 Mbit/s		中
	8K 视频和云游戏	50M ～ 100 Mbit/s	<10	较高
无线医疗	远程内窥镜	50 Mbit/s	<5	高
	360° 4K+ 触觉反馈			
	远程超声波	23 Mbit/s	<10	高
	AI 视觉辅助，触觉反馈			
智能制造	无线工业相机	1 ～ 10 Gbit/s	<100	高
	工业穿戴设备	1 Gbit/s		
室内定位	精度 1 m（带宽：100 MHz）	不依赖	不敏感	不依赖

6.1.3　5G 室内分布系统面临的机遇和挑战

1. 5G 室内覆盖发展机遇

（1）5G 行业的发展。

5G 技术代表未来网络发展的主要方向，从人与人之间的宽带互联扩展到万物互联，未来能深刻地影响人类社会的生活和工作方式。

5G 时代将涌现出如虚拟现实（VR）、增强现实（AR）、远程医疗等各种业务应用。行业已达成一致意见，5G 时代绝大多数的移动业务将发生在室内。因此，更深入研究室内 5G 业务对网络的需求及建网策略等是一项非常重要的工作。

（2）数字化室内分布的发展。

3G 及 4G 时代，室内覆盖涌现出很多以数字化架构为核心的覆盖技术，具有头端线缆 IT 化、数字化、运维可视化三大特征。头端级的小区分裂能力可按需灵活配置容量。

目前，该技术已基本成熟，能满足5G时代超高流量密度、超高可靠性、超大带宽、超低时延、海量连接、位置服务和可视化运维与智能化运营等要求。

（3）政府的大力支持。

5G已被置于国家战略中。2017年11月，工业和信息化部正式批文，将3300～3600 MHz和4800～5000 MHz作为我国5G移动通信的频率。为产业链开展5G设备在这一频段上的功能和性能验证提供了必要条件，并坚定了加速推进5G产业发展的决心。

2019年6月，工业和信息化部宣布，正式为中国移动、中国联通、中国电信和中国广电发放5G牌照，这意味着这4家企业可以开展和5G有关的相关运营工作。

在以上三大机遇的推动下，5G室内覆盖将迎来革命性的蓬勃发展。

2. 5G室内覆盖面临的挑战

（1）采用高频组网后，导致室外覆盖室内性能降低。

目前各运营商的2G/3G/4G移动网络均在Sub-3 GHz频段进行覆盖，5G移动网络将在更高的频段上部署，从而满足5G业务对超大频谱带宽的要求。在3.5 GHz频段部署的5G宏基站信号面临更大的链路损耗问题，由于目前建筑物大部分实现节能保温功能，因此，入室信号更弱，室外到达室内的信号几近屏蔽，导致室内深度覆盖严重不足。

根据目前运营商外场测试的数据，Sub-3 GHz频段基站信号大约能够穿透两堵墙，C-Band只能进行穿透一层墙体的浅层覆盖，对于室内的深度覆盖还不足以满足5G的覆盖要求。

毫米波频段比较高，导致5G移动信号大幅衰减，使其基本丧失穿墙能力。经测试，毫米波信号穿透混凝土墙的损耗超过60 dB。室外5G宏基站信号覆盖室内的方式相对于4G将更为困难。只有在室内建设专门的室内分布网络，才能提供最优质的5G业务。

（2）无源室内分布系统（DAS）面向5G演进，已进入瓶颈期。

无源室内分布系统具有应用面广、效果好、发展成熟的优点，但是多数已进入后生命周期阶段，尤其是运营商自建的系统，既有的无源室内分布系统器件普遍适用于800～2700 MHz，面向5G演进已经进入瓶颈期，面临系统改造、技术不可行、难实施、成本高等巨大的挑战。

无源器件如功分器、耦合器、吸顶天线，仅支持 Sub-3 GHz 频段。多组抽样测试结果表明，Sub-3 GHz 器件在 3.5 GHz 频段的关键性能指标（如插损、耦合度、驻波比）无法满足要求。因此，现网无源分布式天线系统的单部件无法支持 3.5 GHz 频段；更无法支持 4.9 GHz 及毫米波频段。馈线虽然可以传输 3.5 GHz 信号，但损耗会比 Sub-3 GHz 高。馈线在各频段损耗详见表 6.3。

表6.3　馈线在各频段损耗

传输损耗（dB/100 m）	960 MHz	1.8 GHz	2.1 GHz	3.5 GHz	5 GHz	mmWave
7/8 馈线	3.84	5.44	5.93	7.82	10	不可用
1/2 馈线	7.04	9.91	10.8	14.4	17.6	不可用
13/8′ 漏缆	2.3	3.85	4.5	截止波长	不可用	不可用

（3）多样化的业务需求，对网络容量及可靠性提出挑战。

更大带宽、更低时延和更多连接是 5G 网络最主要的特征。例如，物联网、AR/VR 业务、高清视频等越来越多的新业务对网络提出了大带宽、海量容量等刚性需求。

为了满足企业业务的需求，网络除了具备容量弹性以外，还需要具备切片能力，随时按需为任何一个企业用户提供满足服务等级（SLA）的业务。因此，无论是针对热点变化的容量调度，还是针对业务灵活开通的网络切片，都要求网络具备一定的容量冗余，并具备容量按需配置和灵活扩容的能力，即具有良好的容量弹性以满足业务随时间和区域变化的需求，应对突发流量的冲击。

智能制造、远程医疗等行业应用依赖于精准控制，要求相关的传输网络具备极高的可靠性。依据 3GPP TS 22.261 协议，网络可靠性需要达到 99.99% 以上。要满足 5G 网络的极高可靠性要求，在提高系统顽健性的同时，更重要的是实现网络的可管可控。

| 6.2 |　5G 室内分布系统的关键技术

6.2.1　多频多模应用

随着移动通信的发展和新的无线频段的引进，运营商拥有多个制式、多个频段。由此可见，未来室内覆盖将是一个多制式、多频率的立体分层结构。同时，室内分布系统受无源器件功率容限、互调抑制能力等限制，不适合大功率设备合路组网。采用SDN（软件定义网络）技术可以实现，即同一地点、同一模块能支持多频多模能力，已支持不同场景、不同运营商的应用。

6.2.2 4T4R MIMO 技术

为达到 5G 随时随地 100 Mbit/s 的下载速率，室内分布系统采用 4×4 MIMO 多天线技术，即采用 4 个发射通道，发射总功率相当于 2 个天线的 2 倍，获得 3 dB 功率增益。采用多天线技术后，能同时深衰落的概率大大降低，使接收信号的信噪比提升，从而提高了接收信号的质量。

在无线频谱资源一定的条件下，采用多根发射天线和接收天线，能提高无线链路传输的可靠性和频谱效率，可以获得更广的覆盖及更好的用户体验。4T4R 天线原理如图 6.2 所示。

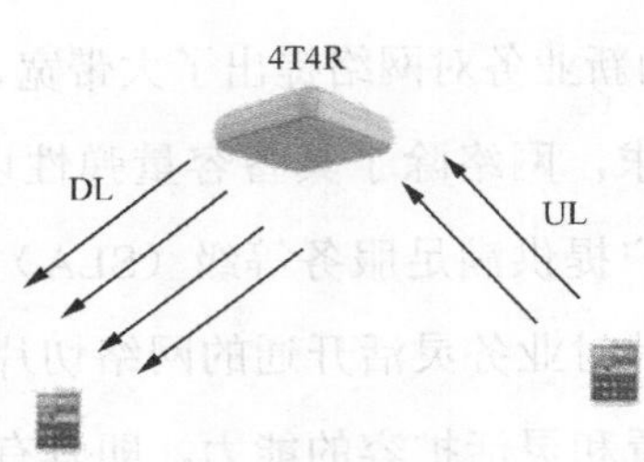

图6.2 4T4R天线原理

数字架构中的 pRRU 采用集中控制、多头端可协调工作，在不增加新增硬件成本的条件下，虚拟向 8×8 MIMO 技术演进。

6.2.3 容量动态分配

运营商可能会面临在同一场景下，不同时间段，有不同容量的需求。如果部署太密集，会带来投资浪费及干扰的问题。采用数字化的小区分裂技术，可以根据用户活动习惯，动态调整小区数量，以适应不同容量需求，做到精准及有效覆盖，如食堂，在吃饭时间进行小区分裂，增大系统容量，满足大数据流量的需求。在人们工作的时间可减少小区数量，这样能够节约 CAPEX（资本性支出），减少干扰。小区分裂原理如图 6.3 所示。

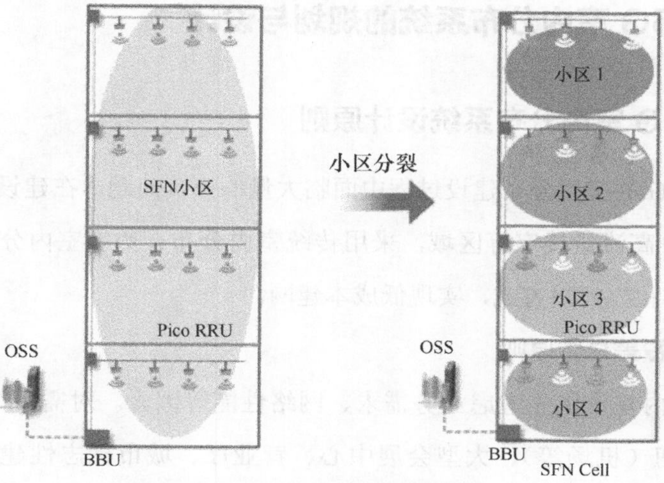

图6.3　小区分裂原理

6.2.4　室内分布与家庭网络融合

现阶段 FTTH 接入方式已成为住宅居民固定接入的主要方式，这恰恰是室内分布一直以来有需求但没有较好解决方案的场景。由于 5G 的家庭智能网络设备增加，人与人、人与物之间的连接将更为频繁，基于固定接入的应用非常多，首当其冲的就是基于 5G 固定无线接入技术的家庭基站，为达到家庭基站的接入能力，可将 FTTH 接入设备进行升级。这是一种能够快速部署，且能有效满足用户 5G 室内覆盖需求的建设方式，如图 6.4 所示。

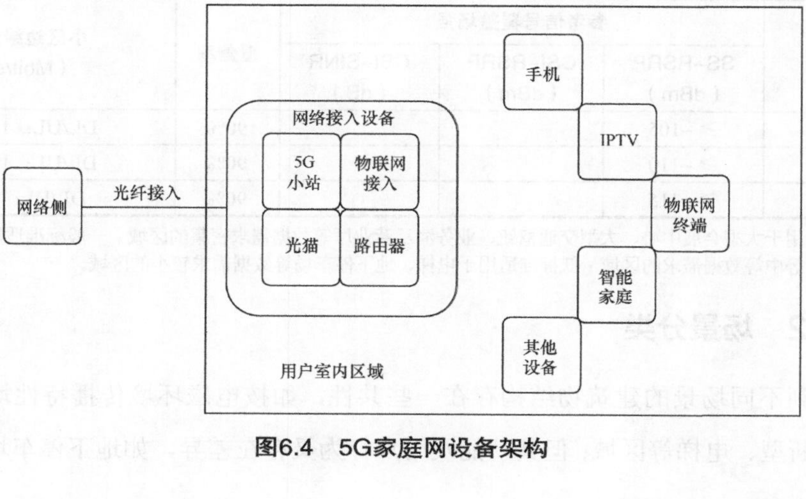

图6.4　5G家庭网设备架构

| 6.3 | 5G 室内分布系统的规划与设计

6.3.1 5G 室内分布系统设计原则

运营商在 5G 的室内分布建设过程中面临大量的投资问题。在建设策略上，要优先覆盖高业务量、高流量楼宇等区域，采用传统室内分布、数字室内分布以及创新手段相结合的“多样化”解决方式，实现低成本建网。

1. 5G 室内覆盖总体原则

（1）5G 室内建设优先考虑业务需求、网络性能等因素。对需求量大的热点场景，如大型交通枢纽（机场等）、大型会展中心、营业厅、城市标志性建筑等，优先考虑 5G 室内分布建设。

（2）对需求量适中的场景，如餐饮、办公楼、酒店等，在 5G 室内分布建设时，采用数字化室内分布系统进行覆盖。

（3）对于需求量低的场景，如电梯、停车场、休闲场所等，可视产品成熟度来决定采用数字微分布等低成本方式进行覆盖。

2. 5G 室内分布规划指标

5G 室内分布初期规划指标要求见表 6.4。

表6.4 5G室内分布系统规划指标要求

覆盖标准	参考信号覆盖场强			覆盖率	小区边缘速率（Mbit/s）
	SS-RSRP（dBm）	CSI-RSRP（dBm）	CSI-SINR（dB）		
高标准	≥ –105			90%	DL/UL：100/10
一般标准	≥ –110			90%	DL/UL：100/10
低标准	≥ –115			90%	DL/UL：50/5

注：高标准适用于大型会展中心、大型交通枢纽、业务演示营业厅等数据需求密集的区域；一般标准适用于餐饮场所、办公室、酒店等中等数据需求的区域；低标准适用于电梯、地下停车场等数据需求较小的区域。

6.3.2 场景分类

考虑到不同场景的建筑物结构存在一些共性，如按电磁环境传播特性均可分为空旷型、隔断型、电梯等区域；但其功能及用户行为又存在差异，如地下停车场、会展中心都属于空旷区域，但其移动业务需求又有明显区别。因此，场景分类既要考虑建筑物内部结构的电磁传播特性，又要考虑电磁结构单元的功能及用户行为。

先通过将建筑物分成不同的电磁结构单元，然后根据电磁环境单元的移动业务需求情况，分类介绍兼顾成本和 5G 演进的最佳解决方案，最后把各功能区域的建设方案进行组合形成该场景体验最佳、成本最优的“多样化”解决方案。场景分类如图 6.5 所示。

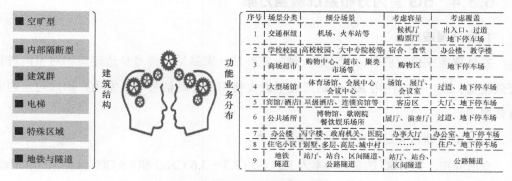

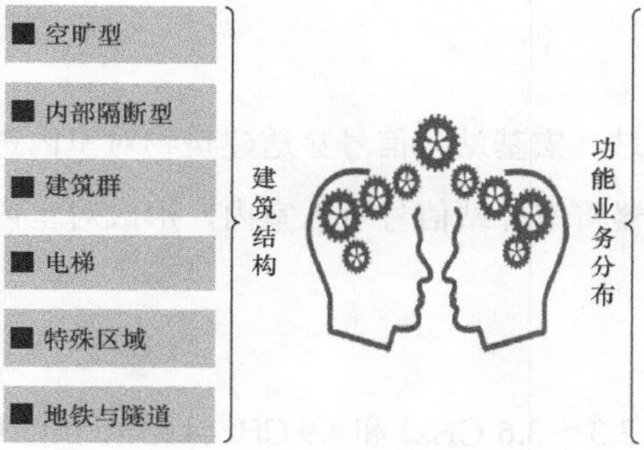

序号	场景分类	细分场景	考虑容量	考虑覆盖
1	交通枢纽	机场、火车站等	候机厅 购票厅	出入口、过道 地下停车场
2	学校校园	高校校园、大中专院校等	宿舍、食堂	办公楼、教学楼
3	商场超市	购物中心、超市、聚类市场等	购物区	地下停车场
4	大型场馆	体育场馆、会展中心 会议中心	场馆、展厅、 会议室	过道、地下停车场
5	宾馆/酒店	星级酒店、连锁宾馆等	客房区	大厅、地下停车场
6	公共场所	博物馆、歌剧院 餐饮娱乐场所	展厅、演奏厅	过道、地下停车场
7	办公楼	写字楼、政府机关、医院	办事大厅	办公室、地下停车场
8	住宅小区	别墅、多层、高层、城中村	……	住户、地下停车场
9	地铁 隧道	站厅、站台、区间隧道、公路隧道	站厅、站台、 区间隧道	公路隧道

图6.5　场景分类

6.3.3　5G 室内分布系统设计需要考虑的问题

室内分布系统设计需要考虑的问题大致分为以下几方面。

1. 建筑物内部结构

室内分布设计时，需要考虑建筑物的布局、建筑物内部的隔断、建筑物的材料以及建筑特点等，设计时要考虑信号在室内的路径、穿透损耗以及走线是否影响施工等因素。

2. 现场条件及资源

室内分布系统设计时，需要考虑现场施工资源及条件，具体包括周围电磁环境情况、机房位置、光纤资源、弱电管井、接地条件、设备安装空间及供电等，这些因素直接影响到信源方案的选取、分布天线的安装位置等。

3. 现场制约条件

室内分布设计同时必须考虑现场制约安装及开通的条件，诸如业主对安装的要求、业主的协调费用以及电费、租金等，这些因素制约开通的进度、建设目标以及设计目标。

4. 投资效益

5G 室内分布系统设计务必要考虑投入产出效益、是否为高端客户投诉站点、是否为品牌形象区域、是否有一定的竞争效益及社会效益，关系到建设目标的选取、覆盖指标的设定以及整个室内分布系统方案的选取。

6.3.4 5G 室内分布系统覆盖方案

1. 室外覆盖室内

室外覆盖室内有两种方式：第一种为室外站（宏基站）信号穿透建筑物对室内进行有效覆盖；第二种为使用 Relay 站或微型放大器将室外站信号引入室内，形成对室内的有效覆盖。

（1）室外站信号通过穿透建筑覆盖室内。

众所周知，我国 5G 的备选频率为 3.5 GHz（3.3～3.6 GHz）和 4.9 GHz（4.8～5.0 GHz），与目前主流的 4G 频段相比，3.5 GHz 宏基站到达室内的链路损耗较 1.9 GHz 频段约差 7 dB；4.9 GHz 宏基站到达室内的链路损耗较 1.9 GHz 频段约差 10 dB。室外天线对打覆盖时，3.5 GHz 链路损耗较 1.9 GHz 约差 10 dB；4.9 GHz 链路损耗较 1.9 GHz 约差 17 dB。具体见表 6.5。

表6.5 链路损耗

场景		1.9 GHz	2.6 GHz	3.5 GHz	4.9 GHz
室外覆盖	链路预算	0	–4.3 dB	–6.38 dB	–10.71 dB
	测试结果	0	–4.3 dB	–7.3 dB	–9.76 dB
室外到室内	链路预算	0	–6.3 dB	–10.38 dB	–16.71 dB
	测试结果	0	–6.3 dB	–10 ～ –10.5 dB	–17.7 ～ –18.2 dB

使用 5G 中的控制信息增强技术后，可以获得表 6.6 的预期增益。

表6.6 增强技术后获得的增益

预计可获得增益（dB）	1T2R 23 dBm	2T4R 26 dBm
下行控制信道	10.5	12.5
上行 PRACH 信道	2	6

具体分析，对于下行控制信道，采用下行 8 波束扫描技术，理论上可以获得 9 dB

增益，预计实际可获得 5 dB 增益；从 8 CCE 增长到 16 CCE，理论上可以获得 3 dB 增益，预计实际可以获得 2.5 dB 增益，控制信道功率增强技术理论上可以获得 3 dB 增益，预计实际可以获得 3dB 增益；终端从 2 收增加到 4 收，理论上可以获得 3 dB 增益，预计实际可以获得 2 dB 增益。

对于上行 PRACH 信道，使用高功率终端，理论上可以获得 5 dB 增益，预计实际可以获得 4 dB 增益；MIMO 波束成形增益理论上可以获得 3 dB 增益，预计实际可以获得 2dB 增益。

为了实现室外覆盖室内，2T4R 的高功率终端至关重要。只有 2T4R 高功率终端才能满足 3.5 GHz 高穿透的室外覆盖室内场景，见表 6.7。

表6.7　高功率终端室外覆盖室内对比

终端 1T2R，23 dBm						
基准 4G 覆盖 / NR 控制信道覆盖	室外		O2I 低穿透损耗		O2I 高穿透损耗	
	1.9 GHz	2.6 GHz	1.9 GHz	2.6 GHz	1.9 GHz	2.6 GHz
3.5 GHz	√	√	×	√	×	×
4.8 GHz	×	√	×	×	×	×
终端 2T4R，26 dBm						
基准 4G 覆盖 / NR 控制信道覆盖	室外		O2I 低穿透损耗		O2I 高穿透损耗	
	1.9 GHz	2.6 GHz	1.9 GHz	2.6 GHz	1.9 GHz	2.6 GHz
3.5 GHz	√	√	×	×	×	√
4.8 GHz	√	√	×	×	×	×

（2）使用 Relay 站或放大器将室外站信号引入室内。

该方式将室外站作为室内覆盖系统的信号源，该覆盖模式与室内安装微基站或皮基站类似，只不过微基站或皮基站是与室外独立的信号源。另外，该种覆盖方式大面积使用可能破坏组网结构，建议仅用于低流量和较小面积的室内盲区覆盖。

2. 以 RRU 为信源，馈线、无源器件及室内分布天线作为分布系统的传统室内分布

传统的 DAS 由信源、分布网络、天线三大部分组成，各部分之间通过射频电缆连接。传统的 DAS 原理如图 6.6 所示。

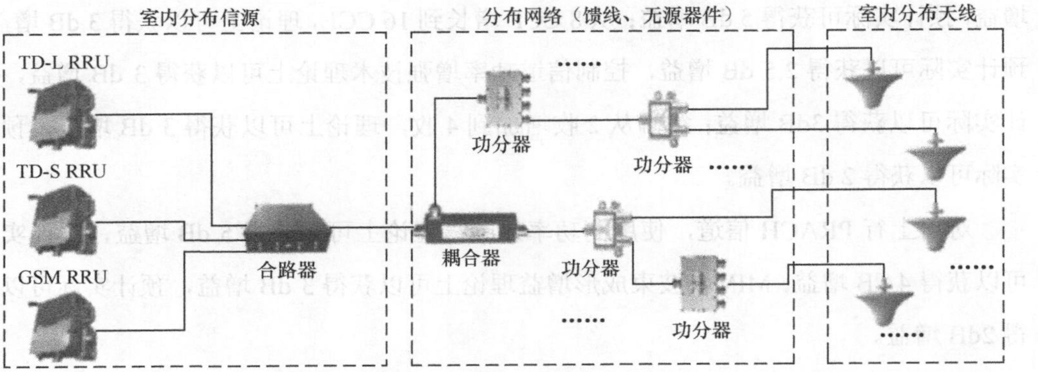

图6.6 传统的DAS原理

这种模式是目前存量最大的方式，通常已经实现了 2G/3G/4G 的合路，对天馈系统的频段要求通常是 700 ～ 2700 MHz，现有的功分器和耦合器在 3.5 GHz 和 4.9 GHz 频段下无法使用，需要全部更换。对于馈线而言，当频段扩展到 3.5 GHz 和 4.9 GHz 时，馈线损耗急剧增加，以下是实测值，不同厂家、不同样品会略有差异，见表 6.8。

表6.8 随频率升高的馈线损耗

频段（GHz）	1/2 馈线损耗（dB/100m）	7/8 馈线损耗（dB/100m）
0.9	6.861	3.442
2.3	11.528	6.5
3.5	14.649	8.212
4.9	18.387	11.68

目前，运营商普遍使用的分布系统器件不支持 3 GHz 以上高频；馈线虽然支持 3 GHz 以上频率，但损耗很高。目前，已有部分厂家研发出了支持 3.5 GHz 的无源器件和天线，暂无支持 4.9 GHz 的无源器件，但技术难度不大，一旦需求明确，产品很快能推出。综上，演进到 5G，存量无源室内分布的器件需要更换或新建。

如果 5 GHz 与 2.3 GHz 天线同点位布放，在相同发射功率谱密度、边缘场强要求下，相比 2.3 GHz 链路，3.5 GHz 链路损耗相差 7 ～ 10 dB，4.9 GHz 链路总损耗相差 12 ～ 16 dB，采用双路分集增益，降低边缘覆盖场强，提升终端接收灵敏度等手段可以弥补与 2.3 GHz 的差距。但 4.9 GHz 难以完全解决。

为保证与 2.3 GHz 同功率谱密度，3.5 GHz 室内分布信源需要 2×100 W 双通道或

200 W 单通道的 RRU。但目前大功率 PA 芯片能力只能支持 2×60 W 信源输出。更高功率的 PA 芯片及整机需要开发，并需要业界提前布局。4.9 GHz 频率损耗更大，PA 芯片功率要求更高，4.9 GHz 高功率信源短期内无法解决。

但中国移动 2.6 GHz 的 5G NR 频段给传统的以馈线为主的室内覆盖系统在过渡期间的利旧带来了可能。目前，中国移动要求各 5G 基站厂家提供 2.6 GHz 频段的双通道室内分布型 5G RRU，可以为利旧场景提供信源。

这种模式的主要优点是便于快速部署 5G 网络，并且成本较低。目前，大量的室内站点还是通过传统室内分布实现的，并且很多站点都已经布放了双路馈线和室内分布天线，实现了 LTE 信号的 2T2R 覆盖，到了 5G 阶段，只需要在信源馈入端增加合路器，就能够快速实现 5G NR 覆盖，可以作为过渡阶段的可选方案，或者某些场景在相应频率性能损耗不大的情况下使用。当然，其主要的缺点也很明显，如下。

① 原有的室内分布器件和馈线最多支持 2.7 GHz 频段，对于 3.5 GHz 频段需要更换器件和馈线。

② 传统室内分布不带容量，不适合高话务量的区域场景。

③ 最多 2T2R，难以充分发挥 5G 技术中的多天线优势；无法提供 5G 新增值的部分业务。

综上所述，3.5 GHz DAS 虽然在支持 2T2R 以上 MIMO 有困难、不支持室内精准定位和可视化运维，但在适当场景仍然具有可行性，但 4.9 GHz 难以支持。

3. 数字化室内分布系统

随着移动通信的发展，用户对业务体验和网络速率的要求越来越高。5G 网络能实现光纤级的接入速度、毫秒级的用户体验。最终实现“信息随心至，万物触手及”的愿景，5G 将深刻影响人类，实现生产力的提升。

而传统的室内分布系统能够很好地满足覆盖及 KPI 指标，但要实现 5G 所需的 MIMO 技术几乎不太可能，如 4T4R，甚至更高，即使能部署，成本也非常高。另外，目前，室内分布系统的无源器件仅支持 3 GHz 以下频段，国家批复的 5G 室内分布频段比 3 GHz 频段高，大量的馈线、合路器、功分器等无源器件对高频非常敏感，链路损耗大。

数字化室内分布系统具有天线头端有源化、传输网线 / 光纤 IT 化、运维可视化等明显的特征因素，采用光纤传输数字化信号，可简化和集成远端射频单元，降低部署难度，提升部署灵活度，这是 5G 室内分布建设的趋势。

（1）数字化室内分布架构。

5G 数字化室内分布设备由基带单元设备、汇聚单元设备和远端单元设备 3 个部分构成，如图 6.7 所示。

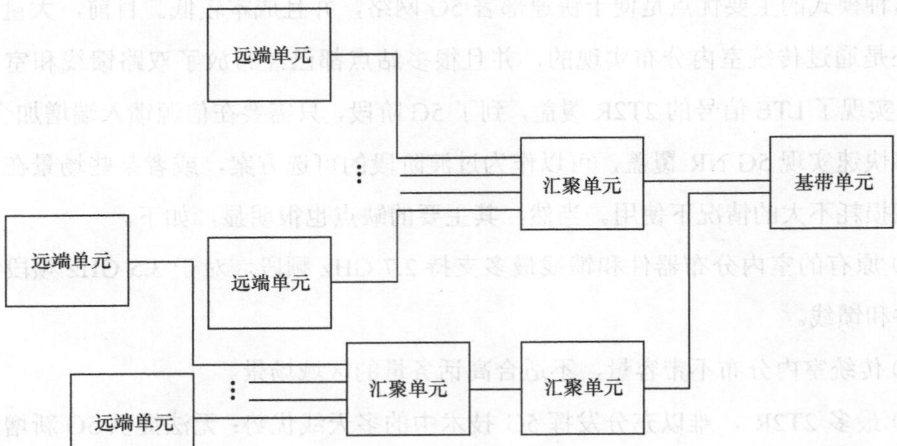

图6.7　数字化室内分布架构

远端单元设备先通过星形级联的方式与汇聚单元设备连接，汇聚单元设备再通过星链混合级联的方式与基带单元设备相连，基带单元设备再与核心网连接。BBU 支持多模，BBU 与 RHUB 通过光电复合缆连接，RHUB 与 pRRU 通过六类线连接。BBU、RHUB 和 pRRU 连接如图 6.8 所示。

（2）数字化室内分布特征。

① 天线头端有源化。

为了使 5G 室内分布能满足 1 Gbit/s 的用户体验速率和 10 Mbit/s · m^{-2} 流量密度的要求，5G 室内分布系统至少要求 100 MHz 的网络带宽，同时也要求能支持 MIMO 的部署、C-band 和毫米波等高频通信、高阶调制等技术。无源天线无法满足上述要求，因此，数字化室内分布系统要求天线必须是有源的，即天线头端有源化，支持大规模 MIMO。

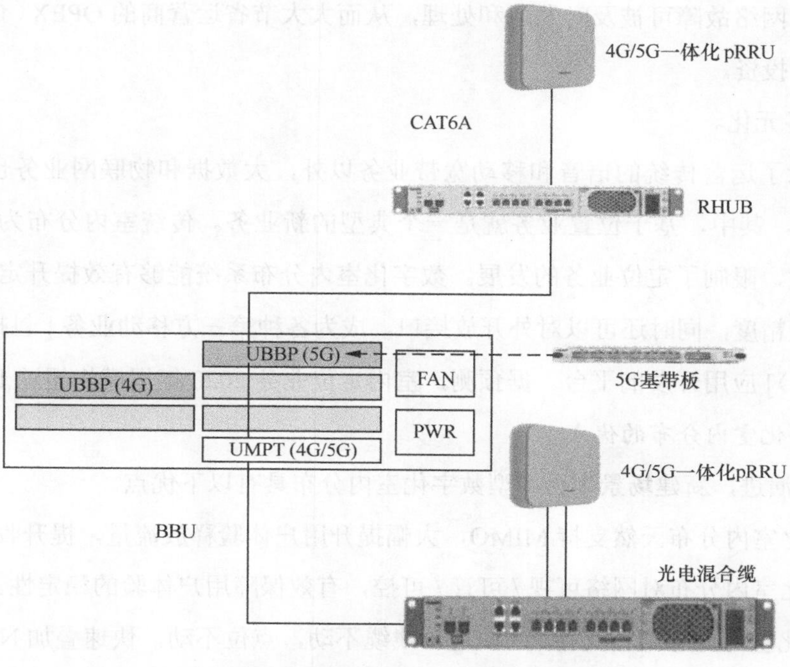

图6.8 BBU、RHUB和pRRU连接

② 传输光纤化。

室内分布系统需要引入 5G NR 的演进能力，通过叠加 5G NR 模块快速开展 5G 移动业务，在一段时间形成 LTE 及 5G NR 融合组网，一并向用户提供移动业务。而传统室内分布系统的无源器件，如功分器、耦合器等，不支持 5G NR 高频段，而且有些地方甚至没有空间，已无法部署。因此，必须使用光纤代替原来的馈线等，即传输光纤化。

③ 运维可视化。

当前运营商通常拥有 4～5 个频段，随着 5G 时代新频谱的引入，更多的频谱使网络变得复杂。为了让网络随时能够提供良好的服务，需要维护人员随时知道网元的运行状态。目前通过室内分布的无源器件，网管无法对设备状态进行实时可视化管理，需要大量人力、物力进行日常维护及故障排查。而数字化室内分布系统能够通过统一数字化的运维平台，实时管理任一网元设备，网络和设备状态实时可视。这使网元参数动态可控、网络故障可被及时发现和处理，从而大大节省运营商的 OPEX（企业管理支出）和网络投资。

④ 业务多元化。

运营商除了运营传统的语音和移动宽带业务以外，大数据和物联网业务也是运营商 5G 的业务，其中，基于位置业务就是一个典型的新业务。传统室内分布为 50 m 以上的定位精度，限制了定位业务的发展。数字化室内分布系统能够有效提升定位精度，能达到分米级精度，同时还可以对外开放接口，成为各种第三方移动业务 [包括移动定位服务（LBS）] 应用开发的平台。据预测，室内定位业务 2020 年规模将超过 180 亿。

（3）数字化室内分布的优点。

面向 5G 演进，新建场景采用新型数字化室内分布具有以下优点。

① 数字化室内分布天然支持 MIMO，大幅提升用户体验释放流量，提升收益。

② 数字化室内分布对网络可视 / 可管 / 可控，有效保障用户体验的稳定性。

③ 数字化室内分布架构支持 5G 演进，线缆不动，点位不动，快速叠加 NR。按照目前室内交付项目统计，60% ～ 70% 的交付时间都消耗在线缆铺设上。现在部署数字化室内分布，提前预埋好线缆，未来可快速叠加 NR，抢占 5G 先发优势。

④ 面向演进，数字化室内分布能有效保护投资，支持灵活小区分裂扩容，大幅降低容量增长带来的设备硬件增加及工程改造的成本；面向 5G 演进，数字化室内分布可以做到线缆不动，点位不动，端到端演进成本降低 45% 以上。

（4）数字化室内分布生态。

① 构建室内数字化新生态。

主流厂家面对数字化室内分布必然发展的趋势，集体转型，纷纷推出数字化方案：华为推出了业界首款数字化室内分布系统 LampSite、ZTE 推出了 Qcell、NOKIA 推出了 Flexi Zone Pico、爱立信推出了 Radio Dot，思科等其他厂商也在大力跟进。同时，传统室内分布厂家向数字化转型：京信推出了 iCell 方案、CommScope 推出了 ION-E 方案等。

② OTT 厂家加入室内数字化产业，为用户提供更多的业务与应用。

5G 时代，更有大量的 OTT 厂家采用数字化技术的移动通信网络开发出更多的互联网应用业务，为很多产业提供高可靠、精准定位、低时延、连续覆盖的网络服务。

5G 时代，移动通信运营商也需要与各行业的 OTT 业务提供商合作，向互联网运营转型，进入企业市场，OTT 厂家的加入将使室内数字化产业链的发展更加快速。

③ 数字化已成为运营商室内建网新标准。

运营商已经意识到传统室内分布建设面临的困难，意识到数字室内分布的优势，均把数字化室内分布纳入无线建网指导标准中。采用光纤、网线等传输介质代替大量的馈线，传输损耗相对较低，干扰也相对较低。另外，传统室内分布由于自身网络架构的局限，在容量、业务、演进等几方面都很难满足新的需求，因此，数字化室内分布被认为是 5G 网络室内分布建设最好的解决方案。

（5）典型厂家数字化室内分布方案。

① 新建场景。

LampSite 提前预埋 Cat6A 网线，有需求时可以叠加一套 5G 的 RHUB 及 pRRU，最终使用一套 5G 的 Sub-3 GHz+C-Band pRRU 代替原有的室内分布方案，如图 6.9 所示。

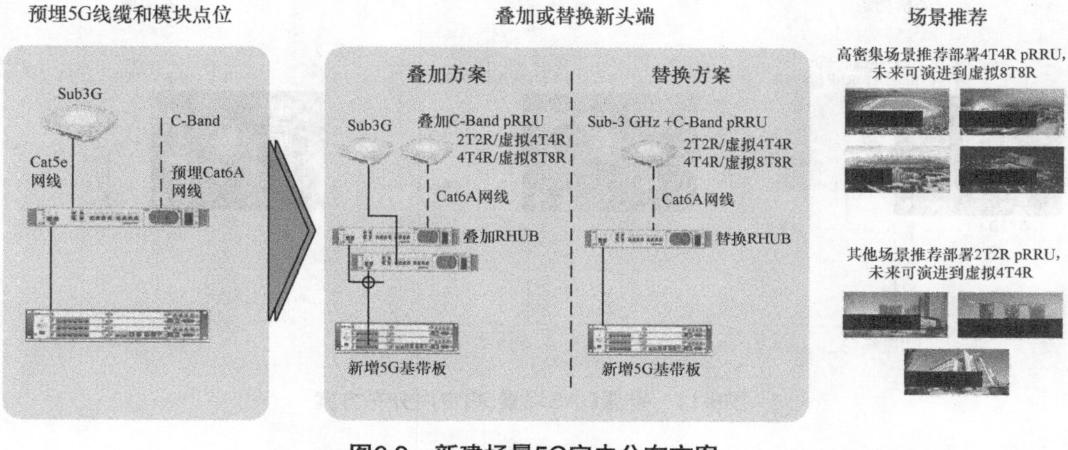

图6.9　新建场景5G室内分布方案

② 存量 LampSite 场景。

在存量 LampSite 场景中，方案 1 为频谱 Refarming，方案 2 为叠加一套 5G 的 RHUB 及 pRRU，最终使用一套 5G 的 Sub-3 GHz+C-Band pRRU 代替原有的室内分布方案，如图 6.10 所示。

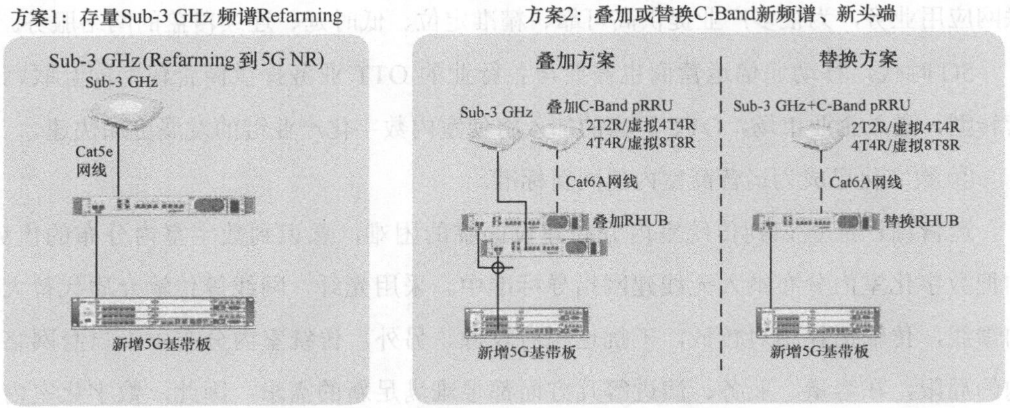

图6.10　存量LampSite场景5G室内分布方案

③ 存量 DAS 场景。

在存量 DAS 场景中，方案 1 一般为叠加一套 LampSite，叠加新频段新空中接口，如图 6.11 所示。

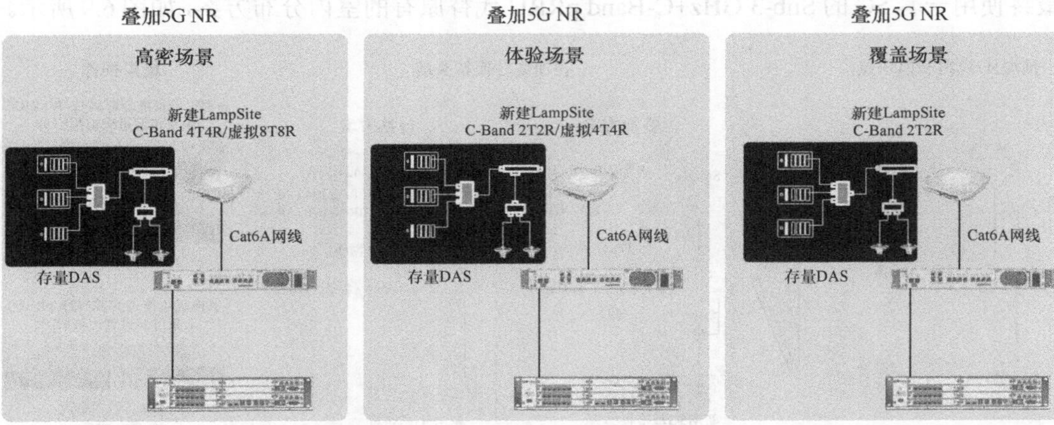

图6.11　存量DAS场景5G室内分布方案

4. 其他覆盖方案

（1）利用 Wi-Fi 快速部署室内覆盖。

当前，机场、学校、火车站、写字楼、宾馆酒店、住宅楼等多种场景均有 Wi-Fi 覆盖。Wi-Fi 在室内，PON 接入及 LAN 接入均由交换机通过网线与 AP 相连，部署方式与数字化室内分布部署类似。由于可以利旧热点至接入机房的光缆资源，原 Wi-Fi 网络采用 Cat6A 网线，可将 Wi-Fi 网络改造成 5G 数字化室内分布网络，只需要将 Wi-Fi 设备更换为 5G 室内分布设备即可。

改造的方式为将室内的无线路由器更换为室内一体化小基站，利用 PON 网络上联至接入机房，进而回传至 5G 核心网，从而实现快速部署。小商铺、家庭等场景部署如图 6.12 所示。

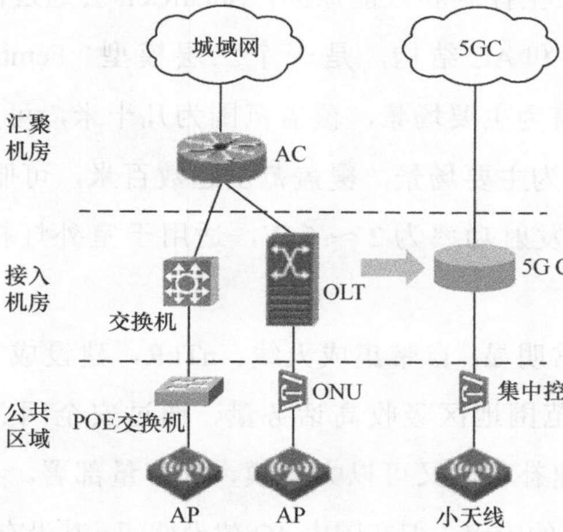

图6.12　小商铺、家庭等场景部署

（2）MDAS 从 4G LET 向 5G NR 演进方案。

MDAS 的原理是将所需要的 2G/3G/4G/5G 信号从射频信号转化为数字光信号，通过光纤传输到末级覆盖单元，由覆盖单元将光纤信号重新转化为射频信号，将射频信号馈入外接天线或传统室内分布系统，也可以自身集成多通道天线。MDAS 一般也是 3 层架构，由接入设备（MAU）、扩展单元（MEU）和覆盖单元（MRU）组成。

在演进过程中，与分布式基站类似，也需要将 LTE 的 MAU、MEU 和 MRU 替换成支持 5G NR 的设备，它们之间的传输一般为光电复合缆。原有的 LTE 的 MDAS 一般是双通道系统，对于在 5G NR 上的应用，是沿用原有的双通道发挥原来的高性价比优势，还是扩展到 4T4R 实现高性能方案；产品形态是做成超低功率的集成天线产品，还是延续 500 mW ～ 2 W 的中等功率容量实现更大范围的覆盖，都是需要运营商和设备商共同研究的课题。

（3）以 FemtoCell（飞蜂窝）和 PicoCell 为代表的 SmallCell 的演进方案。

以 FemtoCell 和 PicoCell 为代表的 SmallCell 的演进，这类产品的形态看起来和微功率分布式 RRU 相似，但实现上有很大的不同。微功率分布式 RRU 是不能脱离 BBU 存在的。而这类 SmallCell 其本身就是一个完整的基站，可以通过固网宽带直接接入核心网，考虑安全控制和性能原因，SmallCell 会通过网关接入核心网，类似于 Wi-Fi 网络中的 AP 和 AC 结构，是一个二层模型。FemtoCell 的发射功率更低，以家庭和小企业覆盖为主要场景，覆盖范围为几十米，可服务用户 8 ～ 16 人；PicoCell 以企业用户覆盖为主要场景，覆盖范围达数百米，可服务用户 32 ～ 64 人；还存在 MicroCell 形态，发射功率为 2 ～ 5 W，适用于室外灯杆挂高，覆盖数百米范围。

SmallCell 的优势非常明显：自带集成天线、nTnR，建设成本低、结构简单、便于快速部署、可以在小范围地区吸收高话务量、通过安全网关也可以实现安全回传。SmallCell 既可以快速补盲，又可以大规模、大容量部署。在海外，3G 和 4G 的 SmallCell 都得到了大规模的应用，但在国内 4G 建设期间，其没有大规模应用。究其原因，一方面是海外的 FemtoCell 一般由家庭用户购买，安装简单，物权清晰，成本低，也适合远郊别墅类的孤岛覆盖，运营商接受程度和积极性较高。而国内的覆盖一般由运营商负责，业主不会为此支出费用，成本因素也制约了发展。另一方面，微功率分布式 RRU 的大面积使用也形成了对 SmallCell 的竞争。

但在 5G 阶段，由于频率的升高，更多的室内覆盖需要微功率、有源化、多天线的覆盖模式，必然会给 SmallCell 带来更多的市场空间。与微功率分布式 RRU 一样，在 5G 时代，无论是中低频还是在毫米波频段，SmallCell 在室内覆盖中也会扮演越来越重要的角色。

6.3.5 5G 室内分布系统建设策略

目前，业界普遍认为 2019 年是国内 5G 建设元年，2020 年是 5G 网络初具规模的一年，按照终端普及比网络建设晚一年的规律，2021 年，5G 终端才开始规模分摊全网流量。因此，2021 年之前，4G 仍然是流量的主力承载网，4G 室内分布网络也会以拓展覆盖、扩容、补盲的方式继续建设。国内通信运营商的 5G 室内分布网络建设路径可以分为如下 3 个阶段。

1. 当前阶段的室内网络 5G 化

5G 室内网络具备一些典型特征，例如，移动通信用户下行峰值速率达到吉比特每秒级别、流量密度满足 $Mbit/s \cdot m^{-2}$、天线端有源化、运维可视化、网络传输光纤化，以及具备一定增值业务的能力。当前网络能够向 5G 进行无缝演进，是保护通信运营商 CAPEX 投资的最佳办法，同时又可以满足新业务的需求。

对当前室内网络进行 5G 化，可逐渐培育 5G 室内场景业务用户的使用习惯，加速 5G 产业全行业进行数字化转型及升级，对于未来 5G 网络和业务的提前投资，可使移动通信用户、通信运营商、5G 产业合作商多方受益。室内覆盖网络的 5G 化应不断改善室内覆盖网络通信设施的基础性能，同时，室内网络面向 5G 演进应提前做好快速向 5G NR 过渡及升级更新换代的准备。

2. 5G 部署初期阶段，LTE 网络和 5G NR 融合组网

在 5G 网络部署的初期阶段，必然存在用户密集的大容量场景，同时存在 4G 网络及 5G 网络的需求，这就需要在现有的 LTE 网络上进行 5G NR 叠加，在后续需求爆发的过程中，逐步形成片状或部分区域 5G NR 信号覆盖。

同时，5G 终端的普及也受到行业成熟度及产业链的限制，终端渗透率达到 100% 也不是一蹴而就的，而是需要时间及行业的推动，在这之前，第一阶段室内网络 5G 化的数字化分布可以持续对 4G 存量移动通信用户进行服务。

可以预见的是在终端达到 100% 普及之前，LTE 网络和 5G NR 必然在一定时间内进行融合组网，为移动通信用户提供 4G 及 5G 通信服务。

3. 5G 终端完全普及，全网升级为 5G 室内网络

在 5G 终端已经完全普及的阶段，以数字化架构为基础的室内网络可以进行快速升级，成为 5G NR 室内网络，在前期部署的数字化室内分布网络，可以被重复利用，并平滑向 5G 演进，极大地节约网络投资和资源，能够更好地保护通信运营商室内分布网络投资，减少人力、物力、财力的浪费。

| 6.4 | 5G 室内分布系统的应用及演进

6.4.1 5G 室内分布系统应用

1. 云 VR/AR

VR/AR 是通过多媒体、三维建模、实时跟踪及注册、智能交互、传感等技术，将虚拟信息与真实世界巧妙融合的产物。从沉浸体验上，可将 VR/AR 的业务场景分为弱交互 VR/AR 和强交互 VR/AR，VR/AR 是能够彻底颠覆传统人机交互内容的变革性技术。

VR/AR 在 2016 年开始爆发，目前已经开始流行，但是它们需要大量的数据传输、存储和计算功能，同时也面临昂贵的终端使用户难以承受，沉重、有绳的头显缺乏舒适度，离散的生态，难以获得内容，VR 内容版权得不到有效保护，安装操作复杂需要专业人员协助等问题。

在 5G 时代技术向云端演进，未来的云化激发新一轮的业务需求，如果能够将这些数据转移到云端，利用云端服务器的存储和高速算力，就能够大大降低设备成本，提供人人都能负担得起的价格。

除娱乐（如直播、游戏、视频）领域外，VR/AR 还可以广泛应用于教育、医疗、远程施工维护、车载导航等领域。

2. 智能制造

创新是制造业的核心，其主要发展方向有数字化、工作流程、精益生产以及生产柔性化。在传统生产模式下，制造企业依靠有线来连接应用。近些年，Wi-Fi、蓝牙等无线解决方案也已经在制造车间立足，但这些无线解决方案对于制造商实际生产过程来说未必能 100% 满足带宽、可靠性和安全性等方面的需求。

5G 时代的工业互联网领域，移动运营商可以帮助制造商和物流中心进行智能制造转型。5G 网络切片和 MEC 使移动运营商能够提供各种增值服务。运营商已经能够提供远程控制中心和数据流管理工具来管理大量的设备，并通过无线网络对这些设备进行软件更新，主要体现在以下几个方面。

（1）数据驱动的产品设计优化：收集产品与零部件的寿命等使用情况数据，结合产品材料规格等信息，建模指导产品设计与用料的优化。

（2）基于视觉技术的智能生产与质量控制：机器视觉辅助的制造机器人，实时测量产品外形规格与流水线运转情况，对产品质量进行把控。

（3）预测分析辅助生产计划优化：预测产品需求，结合目前生产材料与库存情况，分析出最优生产计划与节奏生产安全监控：结合生产环节产生的数据与捕捉到的生产环境影像，预判故障或事故发生的可能，及时干预基于物联网化生产设备优化。

（4）生产：增加温度、湿度、化学成分分析传感器等生产设备，建模分析优化产品质量或节约能源使用。

（5）生产人力优化与工单优化：实时安排生产人员工作任务，使生产效率最大化。

3. 无线医疗

在欧洲和亚洲，人口老龄化加速已经呈现出明显的趋势。在近 30 年里，全球超过 55 岁的人口占比将会从 12% 增长到 20%。一些国家将会率先成为“超级老龄化”国家，超过 65 岁的老龄化人口占比将会超过 20%。更先进的医疗水平对于老龄化社会而言将会是越来越重要的保障。在过去几年里，医疗设备采用移动互联网的使用概率正在提高。医疗行业已经开始采用可穿戴式设备及便携式设备进行远程诊断、远程手术、远程医疗。

通过 5G 连接到 AI 医疗辅助系统，医疗行业有机会开展个性化的医疗咨询服务。人工智能医疗系统可以嵌入医院呼叫中心、家庭医疗咨询助理设备、本地医生诊所，甚至是缺少现场医务人员的移动诊所。它们可以完成很多任务：

（1）实时健康管理，跟踪病人、病历，推荐治疗方案和药物，并建立后续预约；

（2）智能医疗综合诊断，并将情境信息考虑在内，如遗传、患者生活方式和患者的身体状况信息；

（3）通过 AI 模型对患者进行主动监测，在必要时改变治疗计划。

4. 新媒体——超高清 / 全景直播

截至 2017 年第三季度末，十大社交网络中每月活跃用户总数约为 100 亿。排在前 3 位的社交网络包括 Facebook，每月活跃用户数量为 20 亿；YouTube，每月活跃用户数量为 15 亿；微信，每月活跃用户数量为 9.63 亿。

智能手机一直是社交网络的关键。大约60%的月活跃用户通过智能手机访问Facebook等。然而，消费者正在通过个人可穿戴设备来更新自己的家庭和朋友社交网络，这些可穿戴设备可以实时视频直播，甚至是360°视频直播，分享运动、步数，甚至自己的心情。

社交网络的流行表明用户对共享内容（包括直播视频）的接受度日趋增加。直播视频无须网络主播事先将视频内容存储在设备上，然后上传到直播平台，而是直接传输到直播平台，观众几乎可以立即观看视频。

智能手机内置工具依靠移动直播视频平台，可以保证主播和观众互动的实时性，使这种新型的“一对多”直播通信比传统的“一对多”广播更具互动性和社交性。另外，观众之间的互动也为直播视频业务增加了“多对多”的社交维度。

5. 个人AI辅助

随着移动手机市场的成熟化，智能手机的普及程度越来越高，可穿戴式设备及智能助理有望引领下一波智能设备的普及，体育、健身和健康追踪设备在2022年仍是可穿戴设备主要的细分市场，占据了36%的发货量；智能手表（19%）、可穿戴相机（11%）和医疗保健（9%）紧随其后。

5G时代将有更多的可穿戴设备加入虚拟AI助理功能，个人AI设备可借助5G大带宽、高速率和低时延的优势，充分利用云端人工智能和大数据的力量，实现更快速、更精准的检索信息、预订机票、购买商品、预约医生等基础功能。另外，对于视障人士等特殊人群，通过佩戴连接5G的AI设备能够大幅提升生活质量。除了消费者领域外，个人AI设备将应用在企业业务中，制造业工人通过个人AI设备能够实时收到来自云端最新的语音和流媒体指令，能够有效提高工作效率和改善工作体验。

由于电池使用寿命、网络延迟和带宽的限制，个人可穿戴式设备通常采用Wi-Fi网络或蓝牙进行连接，需要将电脑或智能手机进行配对。

6.4.2 5G室内分布系统的演进

无源系统在一定时间内还将继续发挥作用，解决方案逐步向有源+无源方向演进，毫米波频段只能有源化。

演进路径 1：改造现有分布系统，支持 3.5 GHz 频段；

演进路径 2：现有室内分布系统只承载 2G、3G、4G，单独建设 5G 室内分布系统；

演进路径 3：通过 5G 新空中接口技术 Cloud Air，未来使 Sub-3 GHz 与 5G NR 平滑共存，即通过翻频现有频段，支持室内 5G 部署。

1. 改造现有分布系统，支持 3.5 GHz 频段存量改造方案

存量分布系统向 3.5 GHz 频段演进将面临两个关键问题。

（1）施工难：器件多为天花板内安装，天线存在隐蔽安装问题，国内实际安装位置和数量与设计多不相符，难寻、难换，仅在具备改造条件的场景可行。

（2）生命周期受限：中国的室内分布系统 2000 年起步，多数已进入后生命周期阶段，尤其是运营商自建的系统，多数无法改造。

无源器件更换的示意图如图 6.13 所示。

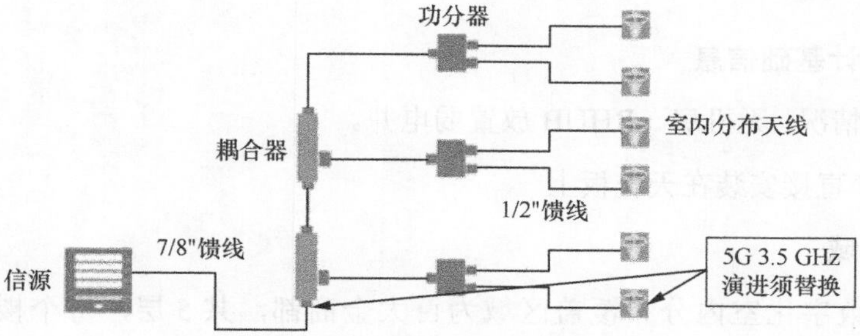

图6.13　无源器件更换的示意图

2. 现有室内分布系统只承载 2G、3G、4G，须单独建设 5G 室内分布系统

不具备改造条件的存量站址，新建 3.5 GHz 室内分布系统支持 5G 业务，但无法向高频演进，无源系统无法支持毫米波段。

3. 翻频现有频段支持室内 5G 部署

运营商翻频现有频率，供 5G 室内使用，从目前看，中国联通 TD-LTE 有 40 MHz 带宽闲置，中国电信有 20 MHz 闲置，中国移动如果后续启用 900、1800 FDD-LTE 系统，可以释放现阶段 F/A/E 部分频段，且可将 D 频段引入室内，因此，3 家电信运营商都有翻频的资源，同时通过 5G 新空中接口技术，也可实现 4G/5G 共频使用，通过时域进行划分，需要我们开发支持更多频段的 POI。翻频方案如图 6.14 所示。

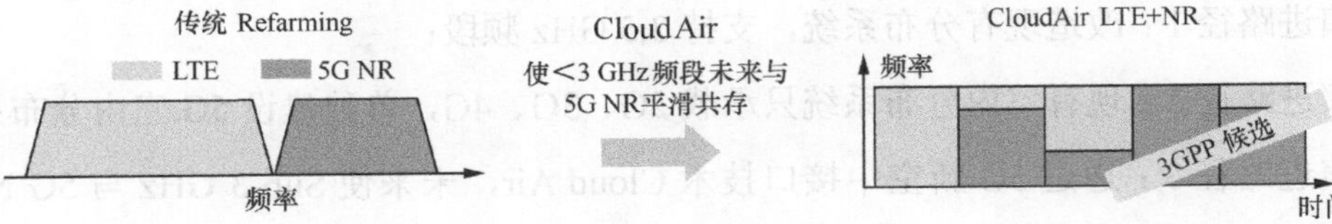

图6.14　翻频方案

| 6.5 |　数字化室内分布实例

6.5.1　站点信息

百大金商都为购物休闲娱乐场所，内部较为空旷，主要是商品货架，且1～5层结构相似。内部材料为混砖墙和玻璃。人流量大，对室内业务需求较大。

6.5.2　方案设计

1. 勘察设计基础信息

（1）机房情况：无机房、RHUB放置弱电井。

（2）pRRU直接安装在天花板上

2. 覆盖区域

本次5G数字化室内分布覆盖区域为百大金商都，共5层，每个楼层长为70 m、宽为60 m。

根据链路预算及pRRU覆盖半径，采用pRRU进行平层全覆盖。

3. pRRU规划原则

目前，业界推荐使用ITU-R P.1238室内传播模型，该模型把传播场景分为NLOS和LOS。室内覆盖按NLOS传播模型，所用公式为

$$L_{\mathrm{NLOS}}=20\log f(\mathrm{MHz})+N\log d(\mathrm{m})-28(\mathrm{dB})+BPL(\mathrm{dB})+LNF_{\mathrm{marg}}(\mathrm{dB})$$

其中，f：频率；

N：距离损耗系数；

d：天线覆盖距离；

BPL：墙体穿透损耗；

LNF_{marg}：慢衰落余量，取值与覆盖概率要求和室内慢衰落标准差有关。

ITU- RP. 1238 模型距离损耗系数取值见表 6.9。

表6.9　ITU-RP.1238模型距离损耗系数取值

频率	住宅	办公室	商场
900 MHz	28	33	20
1.2 ～ 1.3 GHz		32	22
1.8 ～ 2.0 GHz		30	22
4 GHz		28	22
5.2 GHz		31	

根据链路预算计算公式，天线口功率在不同场景的覆盖距离见表 6.10。

表6.10　天线口功率在不同场景的覆盖距离

场景类型	平均覆盖面积（m^2）	平均覆盖距离（m）
交通枢纽（飞机场）	1000	33
交通枢纽（火车站、汽车站）	800	28
写字楼	700	26
商场	1000	33
会展中心	800	28
酒店	200	14

4. 小区规划

由于目前 5G 仅在试验网阶段，用户没有达到容量的上限，初期试点阶段仅规划一个小区。

小区划分如图 6.15 所示。

5. 切换带划分

在目前一个小区的情况下不存在小区切换。

6. 传输解决方案

本站点 BBU 安装在移动通信机房，设计采用 FE/GE 电口。

传输线（光纤敷设）由运营商根据实际情况从机房敷设光纤到 RHUB 安装点（须挂墙安装）。

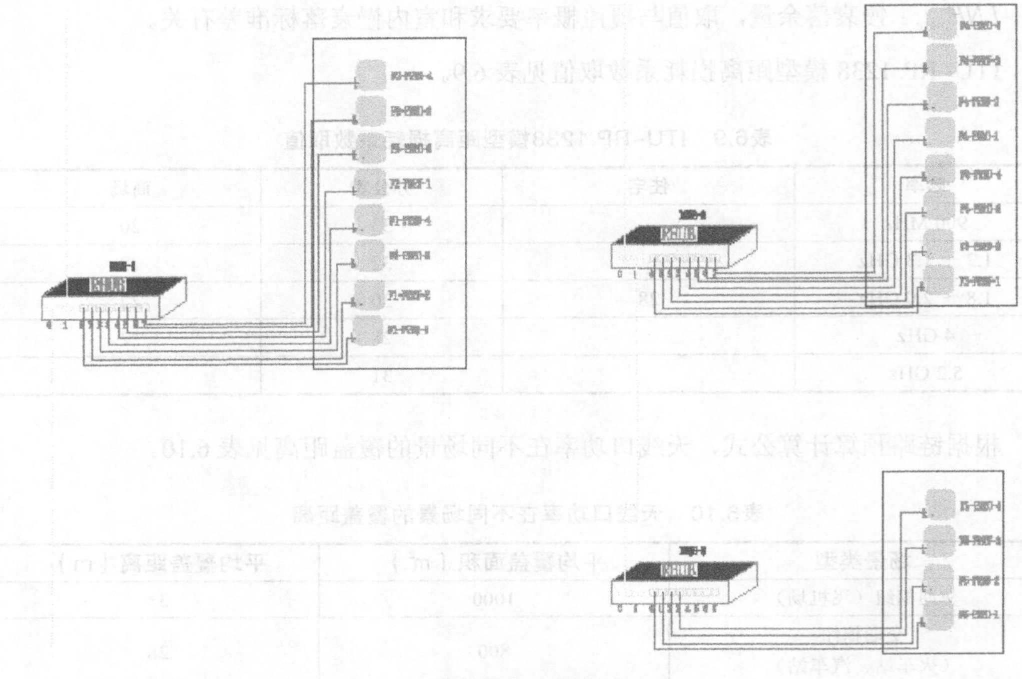

图6.15　小区划分

7. 电源解决方案

BBU 直接从机房内直流电源取电；

RHUB 建议从移动机房集中取电，通过电缆布放连接至每个 RHUB 安装处；

pRRU 与 RHUB 之间通过网线连接，采用 POE 供电。

6.5.3　工程建设规模及安装工艺要求

1. 主要设备清单

主要设备清单见表 6.11。

表6.11　主要设备清单

设备 / 材料名称	型号	数量	单位
BBU	4G/5G 双模	1	台
RHUB	8 口	3	套
pRRU	4G/5G 双模	20	套

2. pRRU 设备的安装工艺要求

pRRU 的安装位置依据设备安装示意图，安装时必须符合施工的规定；

pRRU 安装时应采用相应的配套支架安装，所有支架均做承重处理；

pRRU 布放时应尽量注意建筑墙体结构和金属结构对信号的影响，选择合适的位置；

pRRU 设备安装时必须戴干净手套进行操作，保证 pRRU 整体美观且不破坏环境；

pRRU 设备安装时需要注意距离防火感应装置至少 1 m 的距离。

3. 光电复合缆及六类线安装工艺要求

光电复合缆及六类线引出后，应严格按施工图纸所标路由在桥架内布放，不得随意更改；

主线必须准确固定在走线槽或走线架上，没有走线架的地方，须沿墙加套 PVC 管，并进行固定，转弯处使用转弯接头并做好防水处理；

主线的布放要求整齐美观，不可有交叉、扭曲、裂损情况出现；

机房内的主线应用扎带固定在走线架上，馈线应平直美观；

主线与 pRRU 设备相连的地方均要根据方案中的标识贴上标签，以方便维护；

主线应避免与强电、高压管道和消防管道一起布放走线，确保无强电、强磁干扰。

第 7 章

5G 核心网的规划与设计

| 7.1 | 5G 核心网的网络架构

7.1.1 5G 核心网的基本概念和特征

5G 核心网采用服务化架构，可采用 NFV/SDN（网络功能虚拟化 / 软件定义网络）等技术实现数据连接和业务。各控制面网络功能之间基于服务化接口交互。一些关键原则和概念如下。

（1）用户面功能与控制面功能分离，CP 和 UP 可独立扩展、独立演进和灵活部署，例如，集中部署或分布式（远端）部署。

（2）模块化功能设计，可实现灵活高效的网络切片。

（3）在适用情况下，将过程（网络功能之间的交互）定义为服务，以便可以重复使用它们。

（4）如果需要，允许每个网络功能（NF）直接与其他 NF 交互。该体系结构不排除使用中间节点来帮助路由控制消息（如 HTTP Proxy）。

（5）最小化接入网络和核心网之间的依赖关系。

（6）该架构定义的融合核心网络，具有共同的 AN-CN 接口，该接口可支持不同的接入类型。

（7）支持统一的认证架构。

（8）支持“无状态”NF，其中，计算资源与存储资源解耦。

（9）支持能力开放。

（10）支持对本地业务和中心业务的并行访问。为了支持低时延业务和对本地数据网络的访问，可以在接入网络附近部署 UP 功能。

（11）支持漫游，包括归属地路由和拜访地路由。

7.1.2　5G 核心网的网络功能与接口

（1）网络功能。

5G 核心网系统架构主要由网络功能（NF）组成，采用分布式的架构，根据实际需要部署，新的网络功能加入或撤出并不影响整体网络的功能。

5G 系统架构由以下网络功能组成：

① 认证服务器功能（AUSF）；

② 接入和移动管理功能（AMF）；

③ 数据网络（DN），如运营商服务、因特网接入或第三方服务；

④ 非结构化数据存储功能（UDSF）；

⑤ 网络开放功能（NEF）；

⑥ 网络功能存储功能（NRF）；

⑦ 网络切片选择功能（NSSF）；

⑧ 策略控制功能（PCF）；

⑨ 会话管理功能（SMF）；

⑩ 统一数据管理（UDM）；

⑪ 统一数据存储（UDR）；

⑫ 用户平面功能（UPF）；

⑬ 应用功能（AF）；

⑭ 用户设备（UE）；

⑮（无线）接入网 [（R）AN]；

⑯ 5G 设备身份识别器（5G-EIR）；

⑰ 安全边缘保护代理（SEPP）；

⑱ 网络数据分析功能（NWDAF）。

为了便于理解，表 7.1 整理了 5G 核心网主要网元功能与 4G EPC 核心网网元的对应关系。

表7.1　5G核心网主要网元功能与4G EPC核心网网元的对应关系

5G 核心网网元	功能描述	与 4G EPC 核心网网元对应关系
UDM	支持存储签约信息； 支持 5G 功能增强后的其他签约数据	类似于 HSS
AUSF	生成鉴权向量	类似于 HSS 的 AuC 功能
PCF	应用和业务数据流检测策略； QoS 控制、额度管理、基于流的计费； 背景数据（Background Data）传送策略协商； 数据流分流管理（不同 DN）； 具备 UDR（User Data Repository）前端功能以提供用户签约信息； 提供网络选择和移动性管理相关的策略（如 RFSP 检索）； UE 策略的配置（网络侧须支持向 UE 提供策略信息，如网络发现和选择策略、SSC 模式选择策略、网络切片选择策略）	类似于 PCRF
AMF	N1 接口终止、N2 接口终止； 移动性管理、SM 消息的路由； 接入鉴权、安全锚点功能（SEA）； 安全上下文管理功能（SCM）	类似于 MME
SMF	会话管理、UP 选择和控制； SM NAS 消息终止； 下行数据通知	类似于 P-GW-C
UPF	Intra-RAT 移动的锚点； 数据报文路由、转发、检测及 QoS 处理； 流量统计和上报	类似于 P-GW-U
NEF	网络能力的收集、分析和重组； 网络能力的开放	类似于 SCEF
NRF	业务发现，从 NF 实例接收 NF 发现请求，并向 NF 实例提供发现的 NF 实例的信息（被发现）	全新网元，类似于增强 DNS

（2）基于服务的接口。

5G 系统架构包含以下服务化接口：

① Namf：AMF 展现的基于服务的接口；

② Nsmf：SMF 展现的基于服务的接口；

③ Nnef：NEF 展现的基于服务的接口；

④ Npcf：PCF 展现的基于服务的接口；

⑤ Nudm：UDM 展现的基于服务的接口；

⑥ Nnrf：NRF 展现的基于服务的接口；

⑦ Nnssf：NSSF 展现的基于服务的接口；

⑧ Nausf：AUSF 展现的基于服务的接口；

⑨ Nudr：UDR 展现的基于服务的接口；

⑩ Nudsf：UDSF 展现的基于服务的接口；

⑪ N5g-eir：5G-EIR 展现的基于服务的接口；

⑫ Nnwdaf：NWDAF 展现的基于服务的接口。

（3）基于参考点的接口。

5G 系统架构包含以下参考点：

① N1：UE 和 AMF 之间的参考点；

② N2：（R）AN 和 AMF 之间的参考点；

③ N3：（R）AN 和 UPF 之间的参考点；

④ N4：SMF 和 UPF 之间的参考点；

⑤ N6：UPF 和 DN 之间的参考点；

⑥ N9：UPF 之间的参考点。

下述参考点描述 NF 间的服务交互，这些参考点通过相应的服务化接口实现：

N5：PCF 和 AF 之间的参考点；

N7：SMF 和 PCF 之间的参考点；

N8：UDM 和 AMF 之间的参考点；

N10：UDM 和 SMF 之间的参考点；

N11：AMF 和 SMF 之间的参考点；

N12：AMF 和 AUSF 之间的参考点；

N13：UDM 和鉴权服务器功能 AUSF 之间的参考点；

N14：AMF 之间的参考点；

N15：非漫游架构下，PCF 和 AMF 之间的参考点；漫游架构下，拜访地 PCF 和 AMF 之间的参考点；

N16：SMF 之间的参考点；漫游架构下，拜访地 SMF 和归属地 SMF 之间的参考点；

N17：AMF 和 5G-EIR 之间的参考点；

N18：NF 和 UDSF 之间的参考点；

N22：AMF 和 NSSF 之间的参考点；

N24：H-PCF 和 V-PCF 之间的参考点；

N27：拜访地 NRF 和归属地 NRF 之间的参考点；

N31：拜访地 NSSF 和归属地 NSSF 之间的参考点；

N32：拜访地 SEPP 和归属地 SEPP 之间的参考点；

N33：NEF 和 AF 之间的参考点；

N34：NSSF 和 NWDAF 之间的参考点；

N35：UDM 和 UDR 之间的参考点；

N36：PCF 和 UDR 之间的参考点；

N37：NEF 和 UDR 之间的参考点；

N40：SMF 和 CHF 之间的参考点；

N50：AMF 和 CBCF 之间的参考点。

7.1.3 5G 核心网架构

1. 架构综述

5G 的系统架构是按照服务化来定义的，NF 间的交互以两种方式来表述。

服务化表述：控制平面的 NF（如 AMF）允许其他授权的 NF 接入自身的服务。这种表述方式在必要时也包含参考点。

参考点表述：通过任意两个 NF（如 AMF 和 SMF）间的参考点（如 N11）来描述 NF 间服务交互。

5G 核心网控制平面的 NF 只能使用服务化接口来进行交互。

2. 非漫游参考架构

（1）基于服务接口的 5G 系统网络架构。

如图 7.1 所示是基于服务化接口的 5G 非漫游系统架构。

图 7.1 描述了非漫游参考架构，基于服务的接口在控制平面内使用。在控制面功能中，接口已经不是传统意义上的一对一，而是由一个总线结构接入，每个网络功能通过接口接入一个类似于计算机的总线结构，5G 这种看似简单的改变却为网络部署带来

极大的便利，因为网络功能的接入和移除只需要按规范进行即可，而不用顾及其他网络功能的影响，相当于总线建立了一个资源池。

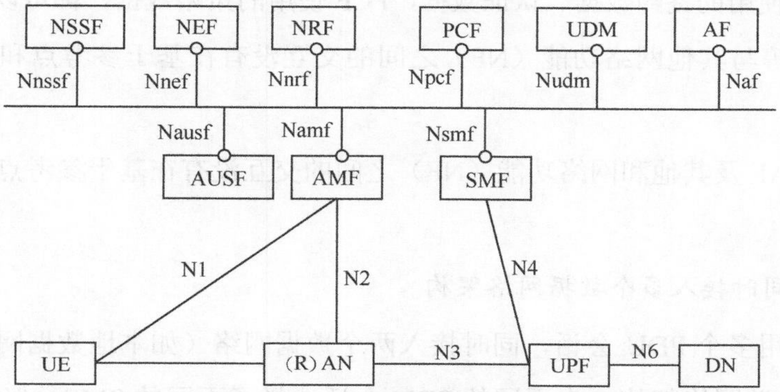

图7.1　基于服务接口的5G非漫游系统架构

（2）基于参考点的 5G 系统网络架构。

图 7.2 是基于参考点的 5G 非漫游系统架构，用来表示不同网络功能之间是如何交互的。

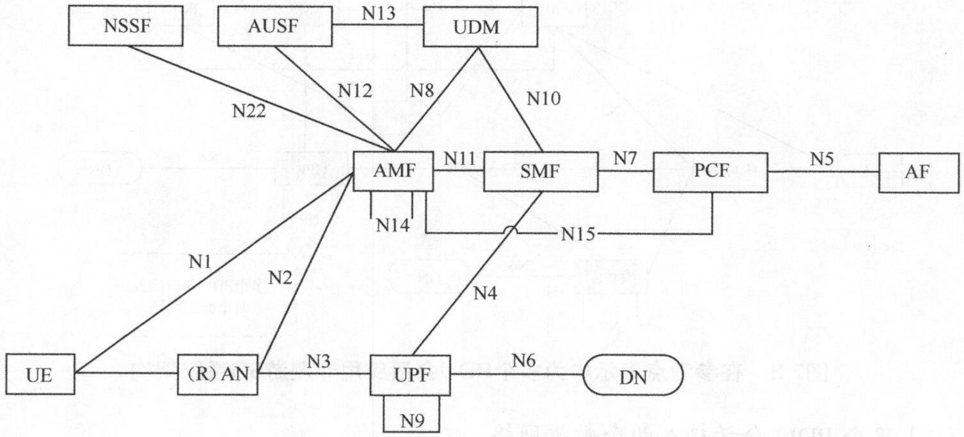

图7.2　基于参考点的5G非漫游系统架构

注意：

① 虽然在其他架构中没有描述 N9 和 N14 接口，但是它们依然可以应用在其他场景中。

② 为了清楚地说明点对点图，图 7-2 中未描述 UDSF、NEF 和 NRF。但是，所有描述的网络功能在必要时都可以与 UDSF、UDR、NEF 和 NRF 进行交互。

③ UDM 使用的签约数据、认证数据，PCF 使用的策略数据，都可以存储在 UDR。

④ UDR 等与其他网络功能（NF）之间的交互没有在基于参考点和基于服务的架构中体现。

⑤ NWDAF 及其他和网络功能（NF）之间的交互没有在基于参考点和基于服务的架构中体现。

（3）UE 同时接入多个数据网络架构。

图 7.3 采用多个 PDU 会话，同时接入两个数据网络（如本地数据网络和集中数据网络）的非漫游网络架构。为不同的 PDU 会话选择了不同的 SMF，但是，每个 SMF 还可以具有在 PDU 会话内控制本地和中央 UPF 的能力。

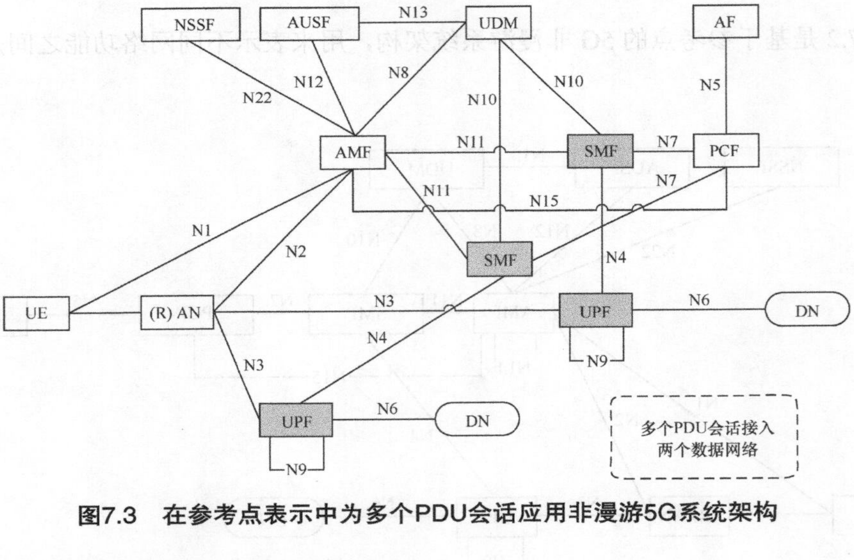

图7.3　在参考点表示中为多个PDU会话应用非漫游5G系统架构

（4）单个 PDU 会话接入两个数据网络。

图 7.4 是基于参考点，UE 采用单 PDU 会话，同时接入两个数据网络（如本地数据网络和集中数据网络）的非漫游网络架构。

单个 PDU 会话也可以接入多个数据网络，例如，在密集热点地区，运营商提供了多个网络，用户单个 PDU 会话接入多个数据网络，即使其中一个网络出现问题，并不会影响用户体验，这就为 5G 的可靠性提供了充足的保障。

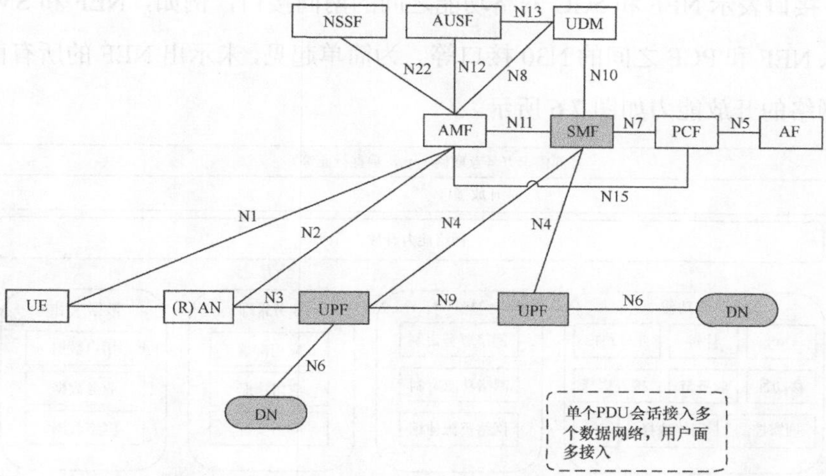

图7.4　基于参考点的非漫游架构，UE同时接入两个数据网络，单个PDU会话

（5）网络开放的 5G 系统架构。

5G 核心网中的 NEF（网络开放功能）向外提供其他网络的接入，同时，南向又可以接入所有的自有网络功能，既能使网络实现开放，又能保障网络安全。

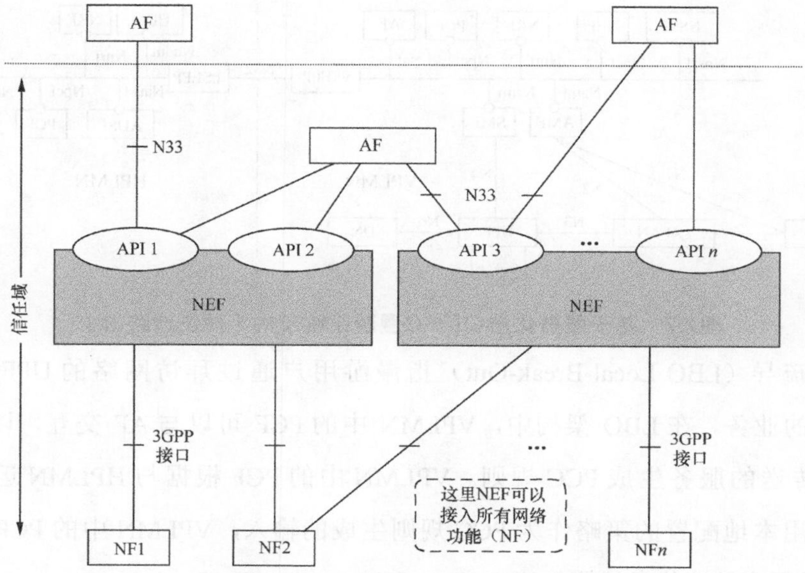

图7.5　基于参考点的网络能力开放的网络架构

图 7.5 是基于参考点网络能力开放的网络架构。NEF 的信任域与 SCEF 的信任域相同；3GPP 接口表示 NEF 和 5GC 网络功能之间的南向接口，例如，NEF 和 SMF 之间的 N29 接口、NEF 和 PCF 之间的 N30 接口等。为简单起见，未示出 NEF 的所有南向接口。

5G 网络的开放能力如图 7.6 所示。

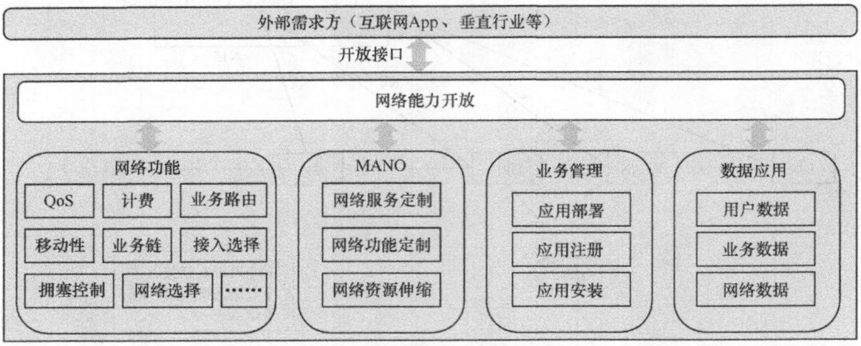

图7.6　5G网络的开放能力

3. 漫游参考架构

图 7.7 是基于服务化接口的 5G 漫游系统架构（拜访地路由）。

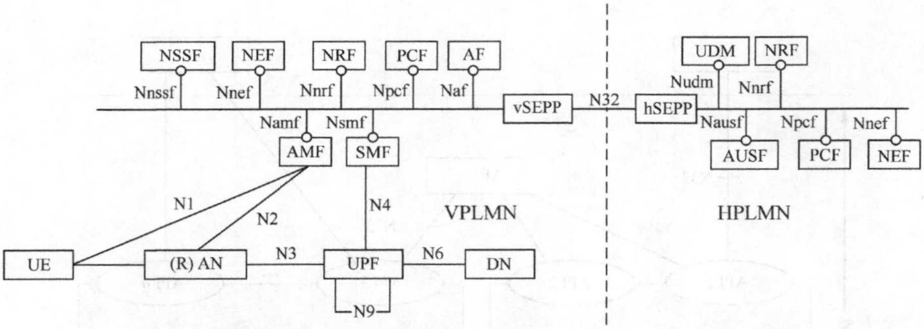

图7.7　基于服务化接口的5G漫游系统架构（拜访地路由）

本地疏导（LBO Local Break-Out）指漫游用户通过拜访网络的 UPF 接入网络获取相应的业务。在 LBO 架构中，VPLMN 中的 PCF 可以与 AF 交互，以便为通过 VPLMN 传送的服务生成 PCC 规则。VPLMN 中的 PCF 根据与 HPLMN 运营商的漫游协议使用本地配置的策略作为 PCC 规则生成的输入，VPLMN 中的 PCF 没有来自 HPLMN 的用户策略信息的接入。

图 7.8 是基于服务化接口的 5G 漫游系统架构（归属地路由，Home Routed），描述了在控制平面内具有基于服务化接口的归属路由场景下的 5G 系统漫游架构。

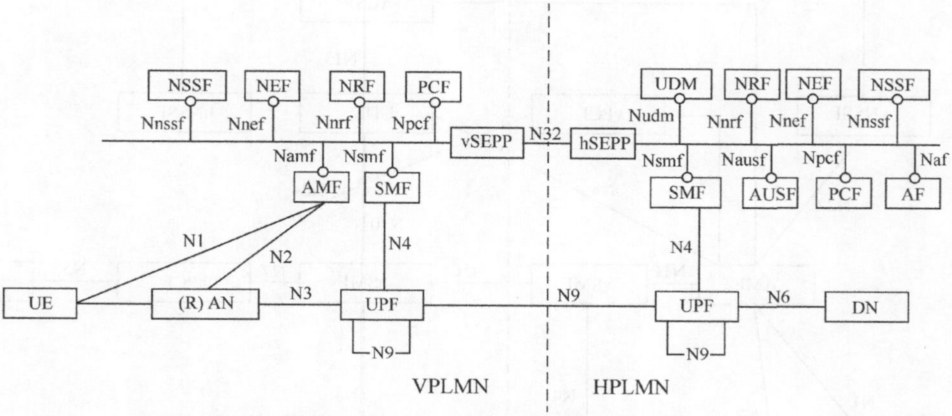

图7.8 基于服务化接口的5G漫游系统架构（归属地路由）

图 7.9 是基于参考点接口的 5G 漫游系统架构（拜访地路由）。

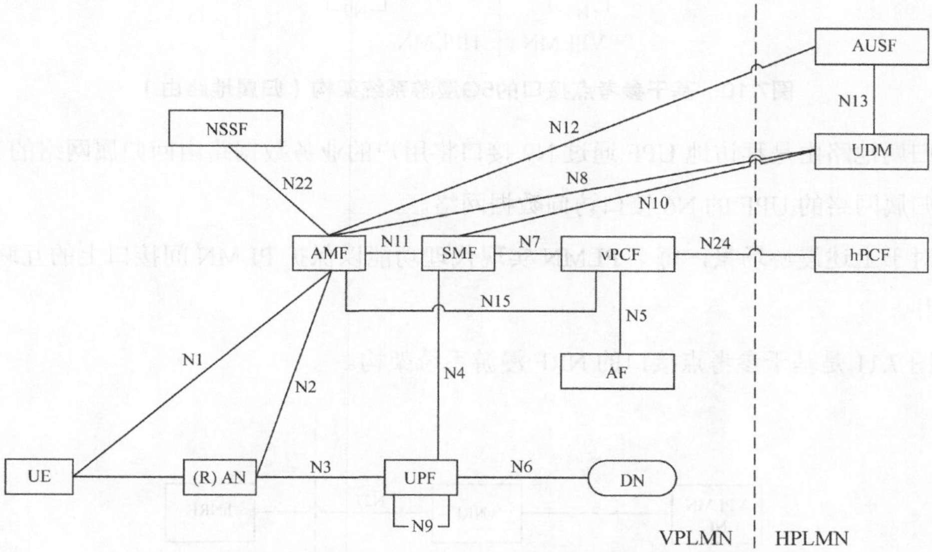

图7.9 基于参考点接口的5G漫游系统架构（拜访地路由）

NRF 未在参考点架构中描述。为清楚起见，在漫游参考点架构中未描绘 SEPP。

图 7.10 是基于参考点接口的 5G 漫游系统架构（归属地路由），描述了在使用参考

点表示的归属路由场景的情况下的 5G 系统漫游架构。

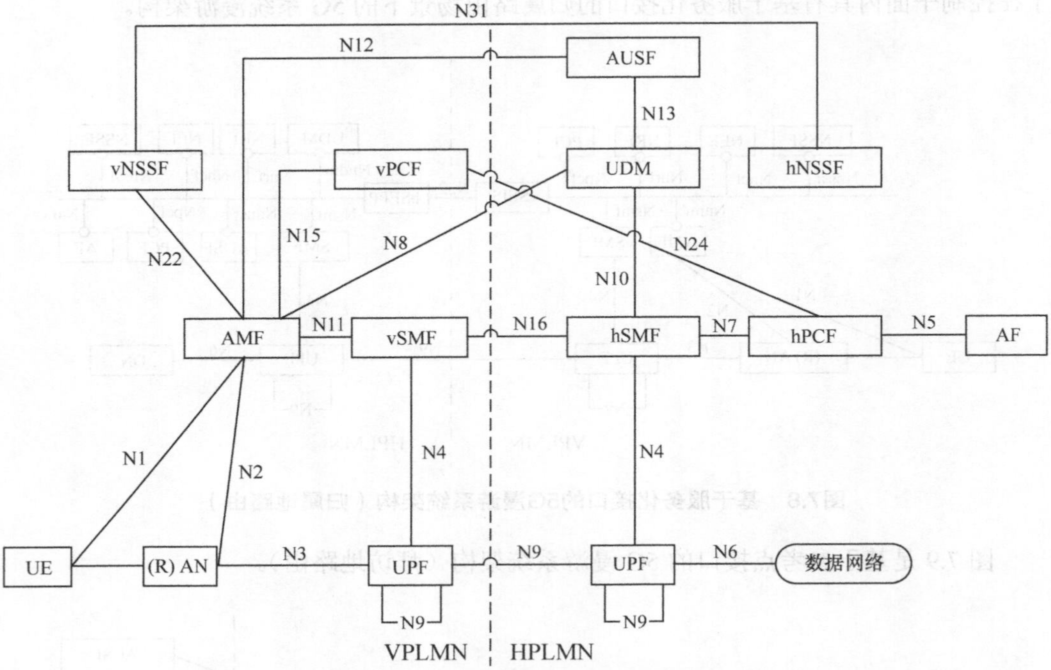

图7.10　基于参考点接口的5G漫游系统架构（归属地路由）

归属地路由是拜访地 UPF 通过 N9 接口将用户的业务数据路由回归属网络的 UPF，通过归属网络的 UPF 的 N6 接口访问数据网络。

对于上述漫游场景，每个 PLMN 实现代理功能以保护 PLMN 间接口上的互联和隐藏拓扑。

图 7.11 是基于参考点接口的 NRF 漫游系统架构。

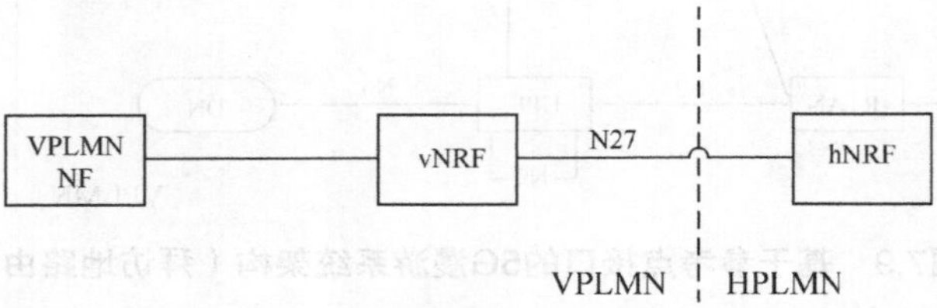

图7.11　基于参考点的NRF漫游系统架构

注：为清楚起见，PLMN 边界两侧的 SEPP 未在图 7.11 中描述。

4. 数据存储参考架构

（1）非结构化数据的数据存储架构。

如图 7.12 所示，5G 系统架构允许任何网络功能（NF）通过 UDSF 存取非结构化数据（如 UE 上下文）。

图7.12　非结构化数据的数据存储架构

UDSF 和 NF 属于同一 PLMN。控制面 NF 可以共用一个 UDSF，存取它们各自的非结构化数据，也可以有各自的 UDSF（例如，UDSF 可以位于相应的 NF 附近）。3GPP 将指定（可能通过引用的方式）使用 N18/ Nudsf 接口。

（2）数据存储架构。

图 7.13 为数据存储架构，在 UDR 中存储数据，包括 UDM 签约信息、PCF 的策略信息、用于开放的结构化数据和 NEF 的应用数据。UDR 能够在每个 PLMN 内部署，服务于以下网络功能：

① 同一 PLMN 的 NEF；

② 同一 PLMN 的 UDM；

③ 同一 PLMN 的 PCF。

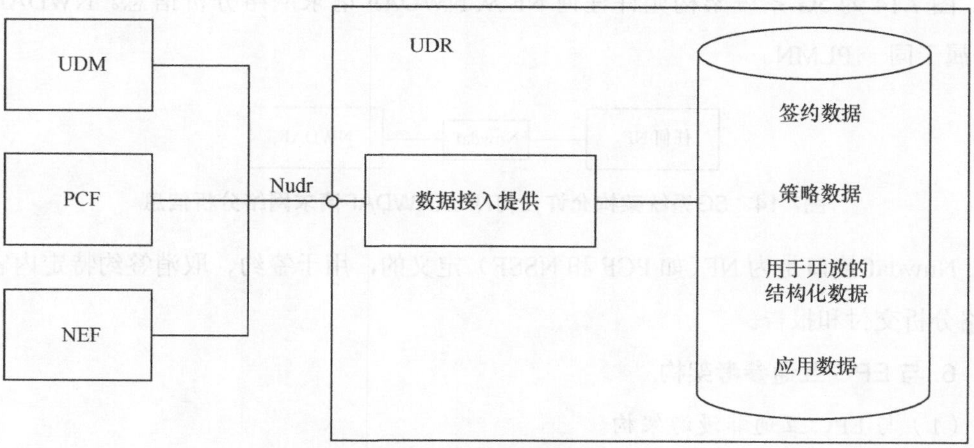

图7.13　数据存储架构

注意 1：UDR 可以存储漫游用户的应用数据。

注意 2：可在一个 PLMN 中部署多个 UDR，每个 UDR 可以包含不同的数据集或子集（如签约数据、签约策略、用于开放的数据、应用数据）和 / 或服务于不同的 NF 集合。如果 UDR 为单个 NF 提供服务并存储其数据，则可以与此 NF 集成。

每个 NF 使用 Nudr 接口，应能够仅添加、修改、更新或删除其有权更改的数据。UDR 基于 UE、数据集和 NF 对数据进行授权。

通过 Nudr 向相应的 NF 服务用户公开并存储的 UDR 集中的以下数据应标准化：

① 签约数据；

② 策略数据；

③ 用于开放的结构化数据；

④ 应用数据：用于应用检测的分组流描述（PFD），应用为多个 UE 的 AF 请求信息；

⑤ 基于服务的 Nudr 接口定义数据的内容和格式 / 编码。

此外，NF 可以从 UDR 访问运营商特定的数据集，也可以访问每个数据集的运营商特定数据。

注意 3：运营商特定数据和运营商特定数据集的内容和格式 / 编码不受标准化的约束。

5. 网络分析架构

图 7.14 为 5G 系统架构允许任何 NF 从 NWDAF 请求网络分析信息。NWDAF 和 NF 属于同一 PLMN。

图7.14　5G系统架构允许任何NF从NWDAF请求网络分析信息

Nnwdaf 接口是为 NF（如 PCF 和 NSSF）定义的，用于签约、取消签约特定内容的网络分析交付和报告。

6. 与 EPC 互通参考架构

（1）与 EPC 互通非漫游架构。

5G 与 EPC 互通非漫游架构如图 7.15 所示。

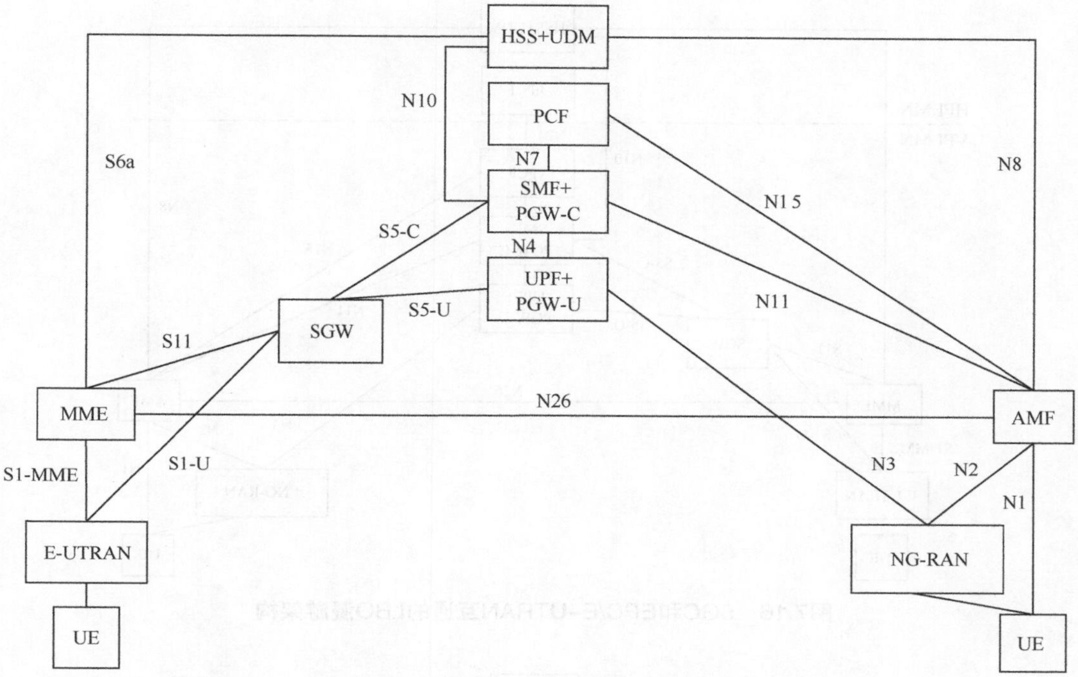

图7.15　5G与EPC互通非漫游架构

N26 接口是 MME 和 5GC AMF 之间的不同核心网之间的接口。它使能了 EPC 和 5GC 的互通。对于互通来说网络中对 N26 接口的支持是可选的。

PCF+PCRF、PGW-C+SMF 和 UPF+ PGW-U 专门用于 5GC 与 EPC 的互通，它们是可选的和基于 UE 与网络的能力。不支持 5GC 与 EPC 互通的 UE 可能被不是专门用于互通的网元所服务，如 PGW/PCRF 或 SMF/UPF/PCF。

在 NR 和 UPF+PGW-U 之间可以有另外一个 UPF，比如在需要的时候，UPF+PGW-U 能够支持面向另一个 UPF 的 N9 接口。

（2）与 EPC 互通漫游架构。

5GS 和 EPC/E-UTRAN 互通的 LBO 漫游架构如图 7.16 所示，5GC 和 EPC/E-UTRAN 互通的归属路由漫游架构如图 7.17 所示。

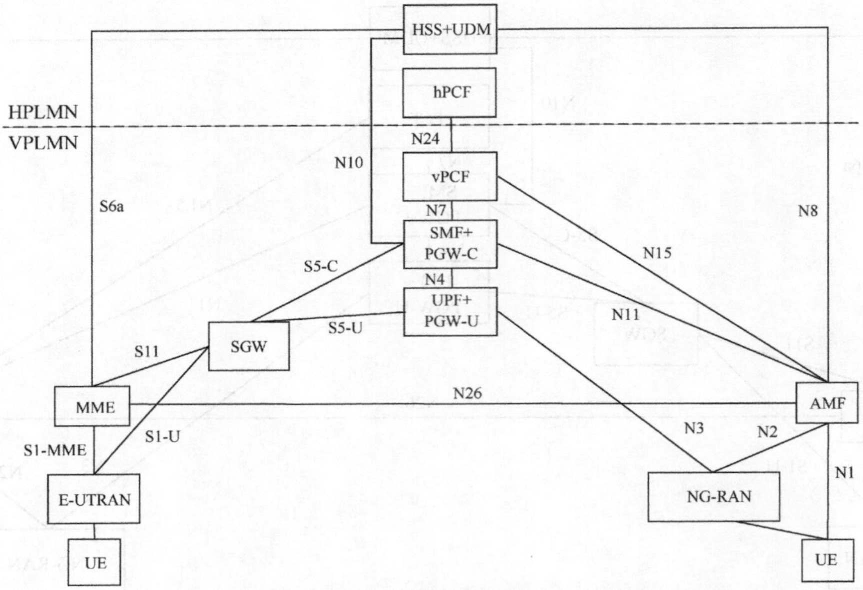

图7.16　5GC和EPC/E-UTRAN互通的LBO漫游架构

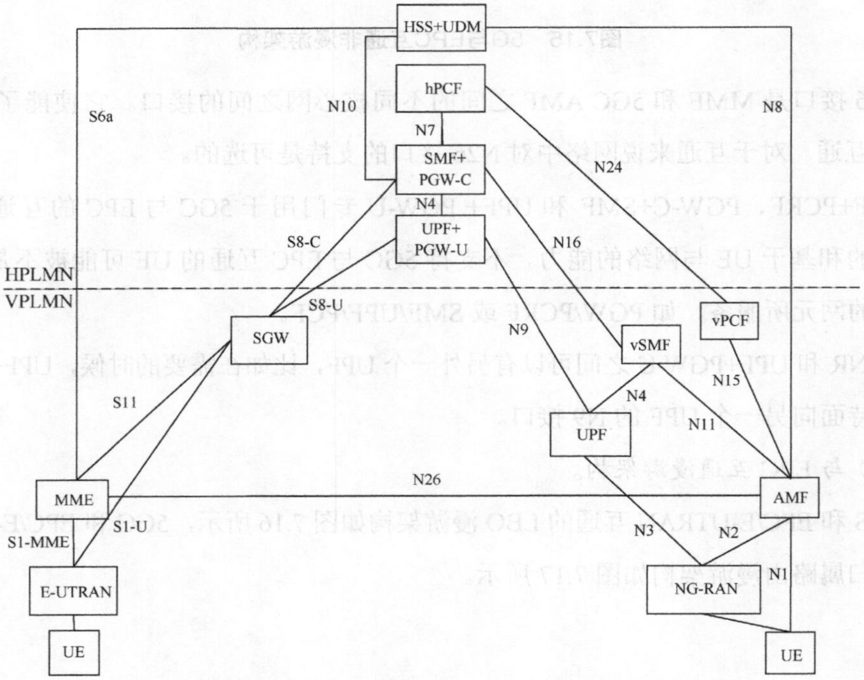

图7.17　5GC和EPC/E-UTRAN互通的归属路由漫游架构

7.2 | 5G 核心网的关键技术

7.2.1 服务化架构

服务化架构（SBA，Service-based Architecture）是 5G 网络的基础架构。SBA 的本质是按照“自包含、可重用、独立管理”3 个原则，将网络功能定义为若干个可被灵活调用的“服务”模块。基于此，运营商可以按照业务需求进行灵活定制组网。

SBA 主要特征如下。第一，相对独立、可重用、松耦合、可灵活调用的功能模块，甚至是微服务；第二，功能以服务形式定义，采用轻量、高效的服务调用接口（服务间通信接口）、以 API 方式对外呈现；第三，自动化、智能化的服务管理框架。

服务化架构是在控制面采用 API 能力开放形式进行信令的传输。在传统的信令流程中，很多消息在不同的流程中都会出现，将相同或相似的消息提取出来以 API 能力调用的形式封装起来供其他网元进行访问。服务化架构将摒弃隧道建立的模式，采用 HTTP 完成信令交互。

5G 核心网的控制面采用 SBA 设计，解耦后的网元功能采用统一的消息总线连接，即插即用。网元将自身的能力细分成的各种功能服务暴露于网络中，网元之间采用统一的基于服务化的接口互通，在传输层采用 TCP，在应用层采用 HTTP/2.0，接口描述语言采用 Open API 3.0。这种架构使网络功能服务可以快速按需发布、独立升级和扩容、可重复调用。在服务化架构下，各种网络功能服务可以任意调用，取代传统的路径复杂的点对点“信令交流”，各种服务由 NRF 进行统一注册、发现和管理，服务化接口支持“请求—响应”和“订阅—发布”两种通信模式。SBA 提高了接口间通信效率，同时便于运营商自有或第三方业务开发。

7.2.2 支持边缘计算

边缘计算（EC，Edge Computing）技术使运营商和第三方业务能够部署在靠近 UE 附着的接入点，因而能降低端到端时延和传输网的负载，实现高效的业务交付。

5G 核心网支持边缘计算的能力包括本地路由，即 5G 核心网选择 UPF 引导用户流量到本地数据网络；流量加速，即 5G 核心网选择须引导至本地数据网络中应用功能的业务流量；支持会话和业务连续性，支持 QoS 与计费；EC 服务兼容移动性限制要求；用户面选择和重选，如基于来自应用功能的输入。

5G 引入的移动边缘计算（MEC，Mobile Edge Computing）能在移动网边缘部署通用服务器以提供 IT 服务环境和云计算能力。一方面可以降低 E2E 时延，提升用户体验，另一方面通过本地分流，可以减少回传网络开销，降低网络成本。MEC 将移动网和互联网进行深度融合，开启了业务重回网络的契机，对运营商和设备商都有重要的战略意义。

MEC 的引入对网络架构的影响主要体现在用户面，包括业务分流、连续性保障、UPF 选择和重选，此外对能力开放、QoS 和计费等也有影响。

除此之外，SMF 可以控制 PDU 会话的数据路径，使 PDU 会话可以同时对应于多个 N6 接口。同一个 PDU 会话的不同 UPF 提供对不同 DN 的访问。

在 PDU 会话建立中分配的 UPF 与 PDU 会话的 SSC 模式相关联，并且在同一 PDU 会话中分配的附加 UPF（如用于选择性地向 DN 路由）独立于 PDU 会话的 SSC 模式。选择 DN 业务路由支持将一些选定的业务转发到某个与 UE 更近的 DN 的 N6 接口。

关于 UPF 下沉、MEC 部署位置的选择应综合考虑两方面因素。第一，越靠近网络边缘，时延越小，对承载网带宽节省越明显；第二，越靠近边缘，机房条件（温度范围、面积、防尘等）越差，而且 DC 化改造也需要一个过程。因此，UPF 按需下沉部署，只有在性能（如时延）或业务需要的情况下考虑下沉。

7.2.3 新型移动性管理

5G 移动性管理与 3G/4G 下的移动性管理相比有很大的改变，为了满足 RAN-CN 功能解耦、垂直行业应用、大数据、能力开放等需求，5G 移动性管理提出了灵活化、智能化的移动性管理能力，重点包含轻连接、区域监测和限制以及用户行为特征三大方面。

（1）轻连接。

轻连接功能，即 RAN 和 CN 各维护一套对 UE 的连接状态，在 CN 保持 UE 连接态时，RAN 有权释放空中接口已获得无线资源的释放，达到节省信令、终端节能的效果。

（2）区域监测和限制。

5G 时代将满足不同垂直行业的需求，不同垂直行业下的终端移动性行为差别很大；同时，用户基于时间、地点、业务等维度对其终端移动性管理也需要区分对待，以达到最优的网络交互效果。

① 根据 UE 粒度进行移动管理策略的按需下发和修改；

② 基于用户粒度的用户位置实时上报能力；

③ 对不同区域进行业务接入的限制。

（3）用户行为特征。

用户与网络的交互行为（交互间隔、时长、数据量）往往与时间、地点、业务等属性相关。5G 网络中为了更好地利用网络资源，并保证用户体验，将对不同用户进行用户移动行为特征的统计、下发和修改，可以结合大数据技术实现：

① 用户移动行为特征的定义；

② 用户移动行为特征与移动性管理参数的映射关系；

③ 用户移动行为特征的下发和修改。

5G 核心网通过切换限制列表向无线接入网提供移动性限制信息，移动性限制信息包括 RAT 限制、禁止区域和限制服务区域

- RAT 限制。定义了 UE 不允许接入的 3GPP 接入类型。在受限 RAT 中，UE 基于签约不允许发起任何与网络之间的通信。

- 禁止区域。在指定接入类型的禁止区域，UE 基于签约不允许发起任何与网络之间的通信

- 限制服务区域。许可区域：在指定接入类型的许可区域，UE 基于签约可以发起与网络间的通信；非许可区域：在指定接入类型的非许可区域，无论是处于空闲态还是连接态的 UE，都不允许发起 UE 触发的业务请求（Service Request）或会话管理信令来获得 UE 发起的用户业务。UE 可以执行周期性和移动性注册更新，如果 UE 没有注册，可以完成附着，非许可区域内的 UE 应通过业务请求响应核心网的寻呼（Paging）消息。

服务区域限制可能包括一个或多个完整的跟踪区域。用户签约数据可以以跟踪区

域标识来显式地标记许可区域或非许可区域。许可区域可以限制在最大许可的跟踪区数量，也可以配置为无限许可区域。

UDM负责保存业务区域限制信息，PCF可以通过调整跟踪区域数量随时配置区域限制策略。AMF将实时通知处于连接态的UE和RAN区域变更信息，对空闲态的UE，AMF可以通过寻呼或暂存的方式完成区域变更。当发生AMF变更时，旧AMF将UE的服务区域限制告知新AMF。

7.2.4 网络切片

网络切片利用虚拟化技术将通用的网络基础设施资源根据场景需求虚拟化为多个专用虚拟网络。每个切片都可独立按照业务场景的需要和话务模型进行网络功能的定制剪裁和相应网络资源的编排管理，是5G网络架构的实例化。

网络切片打通了业务场景、网络功能和基础设施平台间的适配接口。通过网络功能和协议定制，网络切片为不同业务场景提供匹配的网络功能。例如，热点高容量场景下的C-RAN架构、物联网场景下的轻量化移动性管理和非IP承载功能等。同时，网络切片使网络资源与部署位置解耦，支持切片资源动态扩容、缩容调整，提高网络服务的灵活性和资源利用率。切片的资源隔离特性增强整体网络健壮性和可靠性。

网络切片功能包括切片管理器、切片选择、共享切片或独立切片实体、切片的虚拟化管理与编排。

网络切片分为公共部分和独立部分：

（1）公共部分是可以共用的功能，一般包括签约信息、鉴权、策略等相关功能模块；

（2）独立部分是每个切片按需定制的功能，一般包括会话管理、移动性管理等相关功能模块。

为了能够正确地选择网络切片，3GPP协议中引入了S-NSSAI（单一网络切片选择辅助信息）标识，S-NSSAI包括切片业务类型，指示所需切片的业务特性与业务行为；切片租户标识，在切片业务类型的基础上进一步区分接入切片的补充信息。

UE可提供网络切片选择的信息，以网络侧的决定为准。5G网络切片如图7.18所示。

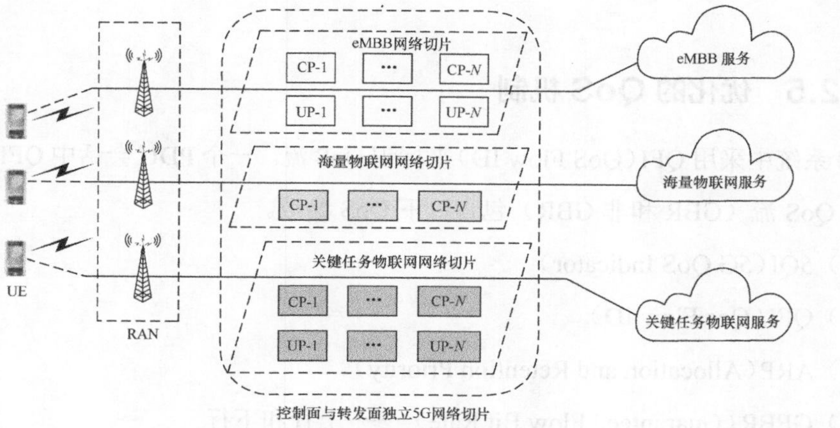

图7.18 5G网络切片

一个网络切片实例是网络功能和所需的物理 / 虚拟资源和合集，可分为无线网、传输网和核心网 3 个部分。其中，5G 核心网网络切片基于服务化架构实现，引入独立的网络切片选择功能（NSSF，Network Slice Selection Function），当用户初次在网络中注册时，携带相应的 NSSAI（网络切片标识）请求 NSSF 获取接入的网络切片选择信息。5G 核心网支持网络切片标识的签约和管理，支持网络切片网元选择和更新流程。

端到端切片管理编排提供网络切片设计、网络切片配置和质量管理、切片生命周期管理、网络切片监控及运维等功能。

网络切片部署如图 7.19 所示。

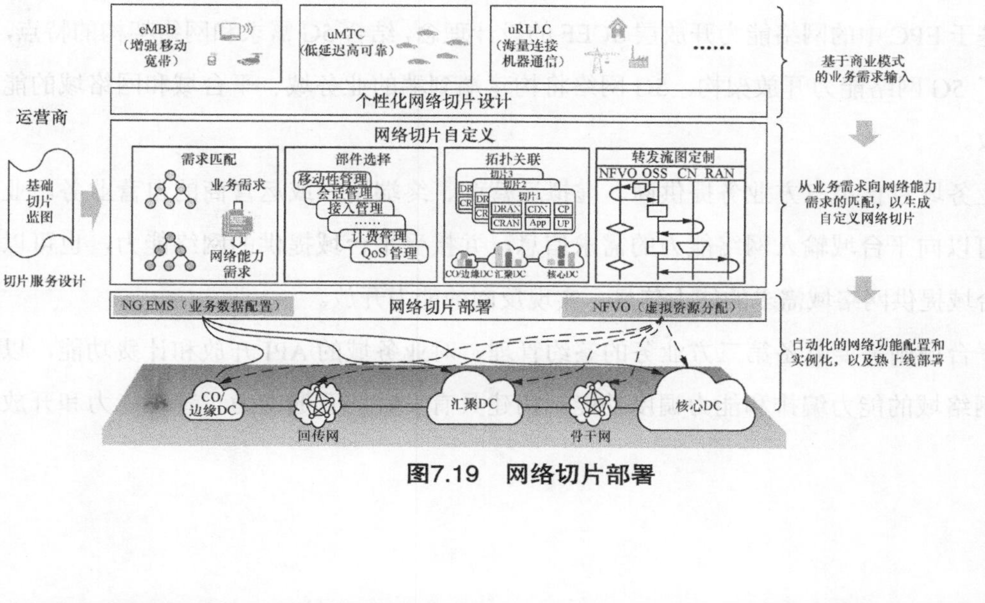

图7.19 网络切片部署

7.2.5 优化的 QoS 机制

5G 系统中采用 QFI（QoS Flow ID）来标识 QoS 流。一个 PDU 会话中 QFI 保持唯一。每一个 QoS 流（GBR 和非 GBR）包含以下 QoS 参数。

（1）5QI（5G QoS Indicator）

（2）QFI（Qos Flow ID）

（3）ARP（Allocation and Retention Priority）

（4）GFBR（Guaranteed Flow Bit Rate）——上行和下行

（5）MFBR（Maximum Flow Bit Rate）——上行和下行

（6）Notification Control

5G QoS 参数分为 Type-A 和 Type-B 两种。

（1）Type-A QoS 流，所有需要的 QoS 文档（QoS 参数）或在 PDU 会话建立 /PDU 会话的用户面激活时，通过 N2 接口发送到 RAN，无须额外的 QoS 信令。

（2）Type-B QoS 流，所有需要的 QoS 文档（QoS 属性和 QoS 参数）通过 N2、N7 和N11 接口发送到RAN。Type-B QoS流可以在PDU会话中通过信令动态的增加和移除。

7.2.6 5G 核心网的网络能力开放

基于 EPC 中的网络能力开放层 SCEF 的设计理念，结合 5G 需求和网络架构的特点，提出了 5G 网络能力开放架构。5G 网络将构建端到端的业务域、平台域和网络域的能力开放。

业务域包含第三方业务提供商、虚拟运营商、终端用户或运营商的自营业务。业务域可以向平台域输入网络能力的需求信息，并接受平台域提供的网络能力，也可以向平台域提供网络域需求的能力信息，实现反向的能力开放。

平台域则需要具备第三方业务的签约管理、对业务域的 API 开放和计费功能，以及对网络域的能力编排和能力调度功能。构建具有良好的互通能力、管理能力和开放能力的平台域是 5G 网络能力开放的重要研究内容。

网络域则主要考虑业务支撑系统（BSS，Business Support System）/ 运营支持系统（OSS，Operation Support System）和 MAN 能力的结合实现对网络切片的统一编排管理，以及对平台域的能力开放。

网元实体实现具体的网络控制能力、监控能力、网络信息以及网络基本服务能力的开放。大数据分析平台实现对网络基础数据的大数据分析，并将分析结果上报给平台。

7.3 5G 核心网的部署

7.3.1 5G 部署场景

3GPP 定义了 8 个 5G 部署架构选项，根据无线侧基站的部署情况又分为 SA（独立组网）和 NSA（非独立组网）两种方案。其中，Option 3/4/7/8 是非独立组网，即 LTE 与 NR 双连接；Option 1/2/5/6 是独立组网，即 LTE 与 NR 独立组网。

在图 7.20 中，EPC+ 是指部署 Option 3 需要对现有 EPC 相关网元进行升级；eLTE 指部署 Option 4/5/7 时升级改造接入 5G 核心网的 LTE 基站。

（1）5G 部署场景——SA 模式：5G 核心网对接的无线基站只有一种类型，即为 5G NR 或为 4G 增强型的 eLTE 基站。

Option 2：核心网为全新的 5GC，可以支持 5G 全业务场景，包括 eMBB、uRLLC 和 mMTC。核心网必须为全新 5GC 功能，支持 4G 互操作；终端要求仅支持 5G 即可，考虑到 4G/5G 的业务连续性，终端也会支持 LTE 制式。

Option 5：核心网为全新的 5GC，与 Option 2 对核心网的需求相同，但 Option 5 连接的是 4G 增强型的 eLTE 基站；终端要求支持 4G 增强型和 5G NSA，考虑到 4G/5G 的业务连续性，终端也会支持 LTE 制式。

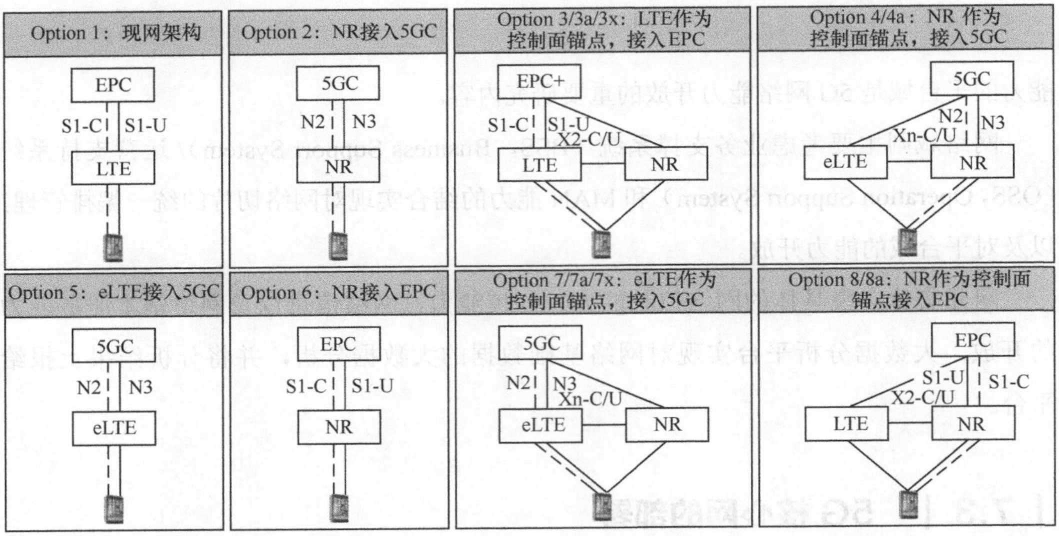

图7.20　3GPP定义的几种5G部署架构

（2）5G 部署场景——NSA 模式：4G 核心网或 5G 核心网对接的无线基站有两种类型，为 5G UE 和 4G 基站 LTE 或 4G 增强型的 eLTE 基站。

Option 3/3a/3x：核心网依然是 4G EPC，要求支持 QoS 并扩展支持 4G/5G 接入，支持新 RAT 类型用于差异化策略，沿用现有 4G 接口，仅支持 eMBB 业务；终端仅要求支持 4G 的 NAS 协议。

Option 3 部署：LTE 作为 MN（主节点）提供连续覆盖（LTE 作为控制面锚点），NR 作为 SN（辅节点）热点区域部署，升级 EPC 核心网，实现增强的业务体验。Option 3 能够实现 5G 快速部署，仅能满足初期 eMBB 大带宽容量补充需求。

Option 4 和 Option 7 这两个方案涉及 4G 基站改造，核心网均为 5G 核心网，要求具备全新的 5GC 功能；终端要求支持双连接，仅支持 5G 的 N1 接口协议。

5G 核心网部署方案的选择需要兼顾商用时间、对现网的影响、建设成本、新业务支撑和网络演进等因素，如哪种演进方案综合成本更佳；SBA 成熟程度是否影响商用；语音短信是否可以商用；BSS/OSS 可否分布改造；初期频率审计是否会影响 4G；如何不换卡、不换号升级到 5G；支撑 uRLLC、端到端切片和垂直行业等新业务。

7.3.2　采用 NSA 方案

基于 EPC 升级改造支持 NSA 功能，新增功能要求如下。

（1）双连接：MME 和 SAE-GW 需要支持双连接至 LTE 和 NR，支持 DCNR、承载迁移（从 eNB 到 gNB）等功能；

（2）QoS 扩展：支持 QoS 最大取值从 4 Gbit/s 扩展到 4 Tbit/s；可选字段，如果用户不签约，则 HSS 不会下发；

（3）NR 接入限制：支持识别 UE 上报的 DCNR 能力，并根据 HSS 的签约判断该 UE 能否接入 NR（ARD），将限制信息发给 eNB；可选字段需要限制才签约；

（4）网关选择：MME 构造 FQDN 查询 DNS，支持根据 UE 上报的 DCNR 能力选择改造的 SAE-GW；

（5）NR 流量上报：MME 支持转发 eNB 上报的 gNB 流量上报；SAE-GW 支持识别 gNB 流量上报，生成原始话单；

（6）NR 话单：CG 应支持 NR 双连接用户产生的话单和相关字段处理。

NSA 组网改造网元范围：为支持 NSA Option 3 的部署，现有 LTE 无线网和 EPC 核心网均需升级改造。

无线网：升级与 5G NR 双连接的 LTE 基站，涉及 PDCP 和 MAC 层部分改动，并增加 LTE 至 NR 的 X2 接口

核心网：升级网元包括 HSS、PCRF、MME、SAE-GW、CG 等，主要涉及支持双连接、QoS 扩展、NR 接入限制、网关选择、计费扩展等方面，并须增加到 NR 的 S1-U 接口。

NSA 组网升级改造如图 7.21 所示。

NSA 网元主要通过现网设备升级支持。核心网升级网元包括 HSS、PCRF、MME、SAE-GW、CG、DNS 等，主要涉及支持双连接、QoS 扩展、NR 接入限制、网关选择、计费扩展等方面，并需要增加到 NR 的 S1-U 接口。

（1）MME：升级支持 5G RAT 类型、新 QoS 参数、5G 签约控制以及 NR 流量上报等。

（2）SAE-GW：升级支持 5G RAT 及 NR QoS 参数；建立全新的 S1-U 平面，与

gNB 对接。

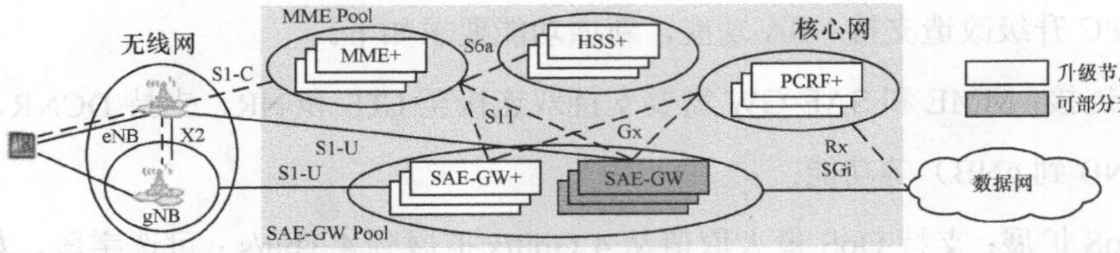

4G网元	升级改造范围分析	初步建议
HSS PCRF	涉及用户号码，考虑到用户不换卡、不换号，HSS和PCRF在业务开通范围内须全部升级	业务开通范围内，全部升级
MME	全部升级，eNB不需要选网、无须支持DECOR功能；MME Pool 内设备负载均衡	业务开通范围内，按Pool全部升级
	部分升级，需要RAN和MME/SGSN、HSS支持DECOR为5G-Enabled的UE选择NSA MME，或eNB定制升级根据UE能力选择MME(方案非标)；Pool内设备负载不均	
SAE-GW	MME和DNS可根据UE NR双连接能力选择NSA SGW和PGW；引入并开启MME跨区重新附着（重选SAE-GW）机制	按需部分升级
LTE基站	与5G NR可能形成双连接的基站，包括5G NR覆盖的邻小区	升级范围大于NR覆盖范围

图7.21　NSA组网升级改造

（3）HSS：支持 5G 用户签约 QoS 最大带宽取值范围，NR 接入限制。

（4）PCRF：支持对同一个号码按照其接入的无线网络差异下发不同的计费控制策略，支持 AMBR QoS 最大带宽取值范围。

（5）其他设备，如 CG、DNS 等，按照 5G 业务新特性进行网元升级或增加数据配置，满足 5G 业务需求。

NSA 方式下短信、彩信业务与炫铃业务等建议沿用现有方案，无新增网元。

（1）短信业务：如果 NSA 5G 用户开通 VoLTE 业务，则短信沿用 IMS 方式，基于 IP-SM-GW 实现；如果 NSA 5G 用户未开通 VoLTE，则短信方式沿用现有电路域短信业务方案。

（2）炫铃业务：如果 NSA 5G 用户开通 VoLTE 业务，则炫铃沿用 IMS 方式，基于 VoLTE 炫铃平台实现；如果 NSA 5G 用户未开通 VoLTE，则炫铃方式沿用现有电路域炫铃业务方案。

（3）彩信业务：NSA 5G 用户彩信业务由现有彩信网关实现，通过 SAE-GW 接入 WAP 系统，完成彩信的收发。

7.3.3 采用 SA 方案

1. 5G 核心网整体架构

5G 核心网整体网络组织架构如图 7.22 所示。

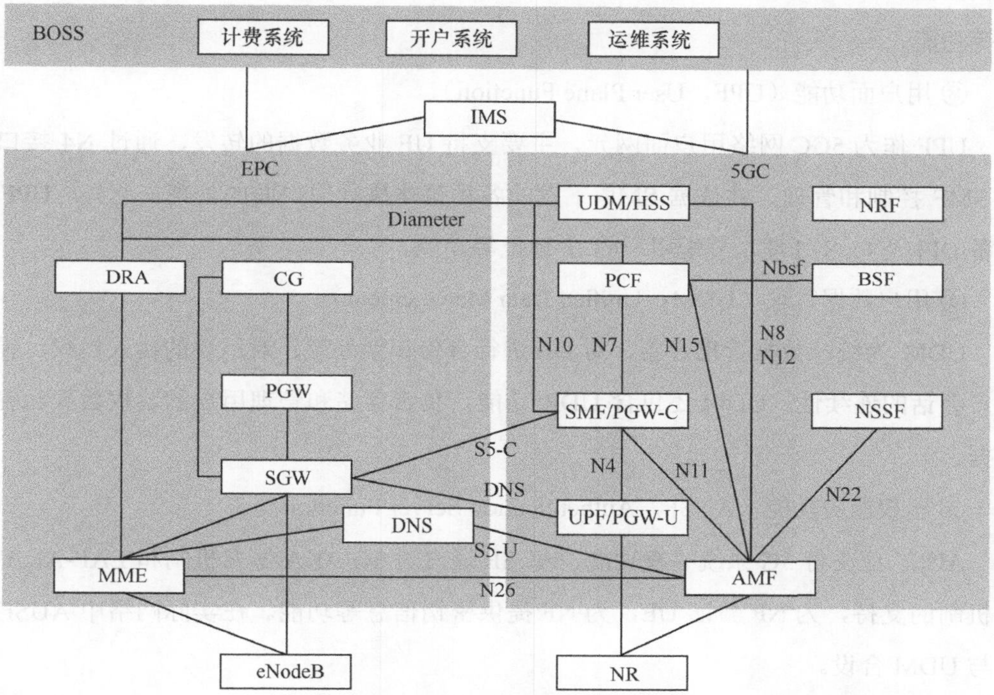

图7.22 5G核心网网络架构

（1）5GC 部署。

为了支持基本的 5G 数据和语音业务，5G 核心网必须部署的基础网元包括 AMF、SMF、UDM、UPF、PCF、NRF、NSSF、BSF、AUSF，具体网元功能如下。

① 接入和移动性管理功能（AMF，Access and Mobility Management Function）。

AMF 是 5GC 中负责用户接入管理和移动性管理的网元，处于 5G 核心网的边缘，与 RAN 的控制面对接。AMF 的主要负责对终端用户的接入进行鉴权，确保合法的终端能安全接入 5G 网络，同时，AMF 还负责对用户的移动性进行管理，包括注册管理、连接管理、用户的移动性管理等功能。

② 会话管理功能（SMF，Session Management Function）。

SMF 是负责建立 5G 业务的网元，负责用户的会话管理，包括会话建立、修改和释放，UPF 的选择和控制，维护 UPF 和 RAN 之间的隧道，并执行 PCC 策略，如业务数据流检测、授权 QoS、计费、门控、流量使用报告，控制 UPF 数据分组的路由和转发等功能。

③ 用户面功能（UPF，User Plane Function）。

UPF 作为 5GC 网络用户面网元，主要支持 UE 业务数据的转发，通过 N4 接口接受 SMF 控制和管理，并依据 SMF 下发的各种策略执行用户面的处理。此外，UPF 还具备 DPI 及 QoS 处理、分配用户的 IP 地址等功能。

④ 用户数据管理（UDM，Unified Data Management）。

UDM 为统一数据管理设备，对 UE 进行身份识别处理、对用户的接入授权、提供用户会话的连续性。UDM 还包含 UDR 功能，负责存储和管理用户的鉴权数据和签约数据。

⑤ 鉴权服务功能（AUSF，Authentication Server Function）。

AUSF 应支持 5G 系统鉴权功能，AUSF 通过对 5G AKA 鉴权机制和 EAP-AKA' 鉴权机制的支持，为 NF 验证 UE，为 NF 提供密钥信息等功能。在实际网络中 AUSF 一般与 UDM 合设。

⑥ 策略控制功能（PCF，Policy Control Function）。

PCF 是用于策略控制的网元，提供统一的策略框架来管理网络行为，为 SMF/AMF 提供策略规则（如 QoS、计费控制、配额管理、带宽控制等），PCF 还负责保存用户的策略控制相关的签约信息（如 SSS 模式、切片选择等）。

⑦ 网络存储功能（NRF，Network Repository Function）。

5G 核心网基于 SBA 架构，各 NF 的具体能力保存在 NRF 中。各 NF 网元统一向 NRF 注册其所能对外的服务，其他网元通过 NRF 来发现和调用这些服务。NRF 负责维护各 NF 的可服务性管理、NF 间的服务发现；接收和处理 NF 发现请求；NF 间相互访问时的服务授权功能以及跨网络（PLMN）分级 NRF 等功能。

⑧ 网络切片选择功能（NSSF，Network Slice Selection Function）。

NSSF 是负责 5G 网络切片分配和管理的实体。网络切片选择功能在非漫游状态下为 AMF 提供允许的 NSSAI 以及用于目前注册 PLMN 的 NSSAI，在漫游状态下为 vPLMN 的 NSSF 提供切片选择信息。

⑨ 绑定支持功能（BSF，Binding Support Function）。

BSF 负责登记 PCF 发来的会话绑定信息，并提供会话绑定信息的查询功能。

除了上述必选基础网元外，其他网元可以根据业务需要按需部署，如 SMSF、NEF、NWDAF 等。

（2）4G/5G 互操作。

5G 网络建设过程也是从热点到广覆盖再到更广覆盖的过程。当用户移动到没有 5G 网络覆盖的地方时，需要继续使用 4G 保证业务的连续性。为了支持 4G/5G 互操作，5GC 网元要融合 4G 能力，包括 UDM 融合 HSS、PCF 融合 PCRF、SMF 融合 PGW-C、UPF 融合 PGW-U。同时，EPC 需要改造或升级支持 4G/5G 互操作。EPC 和 5GC 互通支持 4G/5G 网络之间的切换和重选，确保用户在 4G 网络和 5G 网络之间业务的连续性。

（3）语音方案。

5G SA 架构下，语音解决方案有 VONR 和 EPS Fallback 两种方案，两种方案都基于 IMS 实现。IMS 需要改造支持 5G 接入类型和位置信息，同时需要增加 SA 统计等功能。IMS 和 5GC 通过两种途径互通：

① Diameter 接口（Sh、Cx 和 Rx）：IMS 通过 DRA 和 5GC 互通，主要用于控制信令的转发，用于域选、语音专有承载创建等功能。

② UPF 和 SBC 之间的 N6 接口：负责转发 IMS 信令和承载信息，与 4G 的 SGi 接口功能相同。

2. 分层部署方案

目前，分层部署主要有控制面大区部署和分省部署两种方案，可以根据网元的业务特点和运营商的自身组织架构选择部署层面。

大区部署方案（如图 7.23 所示）即将全国分为若干个大区，在每个大区部署数据域网元（UDM、PCF）和控制面网元（AMF、SMF、NRF、NSSF 等），大区内的网元可以根据业务特点、最大容量等条件选择是否逻辑分省。

（1）省份的业务关联性大，最大容量小的网元可以选择逻辑分省。

① AMF和省份无线对接，每个AMF Pool容量有限，无法管理多个省份的无线基站。

② SMF需要管理省份的UPF，每套SMF容量较小，无法承载多个省的业务。

③ UDM和PCF主要是省内用户的签约数据和策略数据。

（2）省份业务关联小，最大容量大的网元可以选择逻辑不分省。

① NRF、NSSF网元容量大，一套设备可以管理多个省的业务；

② 物联网单独运营，省份不需要管理UDM和PCF的签约数据。

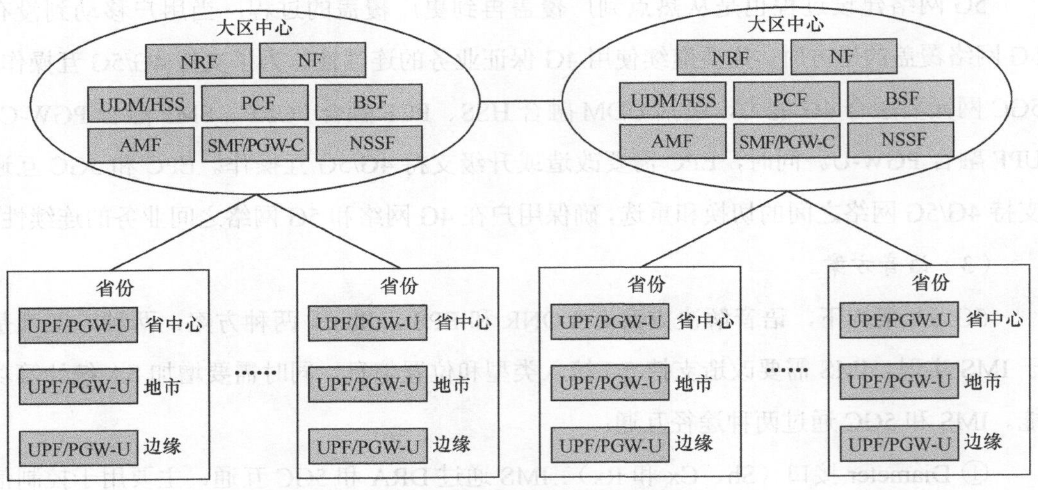

图7.23　控制面大区部署网络架构

分省部署（如图7.24所示）即数据域网元和控制面网元省内集中部署，承载省内业务，同时考虑到省间漫游，可以在大区部署H-NRF用于跨省网元发现。

两种方案的选择考虑以下因素。

（1）成本：大区部署多个省份的业务可以共用云资源池，资源利用率更高。

（2）管理：大区集中部署资源池更有利于资源池集中管理；但部分网元有省份属性，省份和大区需要协调，管理难度大。

（3）安全：大区资源池设备集中，故障影响范围大，对大区节点的安全性要求更高。

（4）业务：大区在控制面和用户面之间引入时延，用户状态切换慢（空闲态到连接态、N2 切换），降低部分时延敏感业务和高速移动业务的体验。

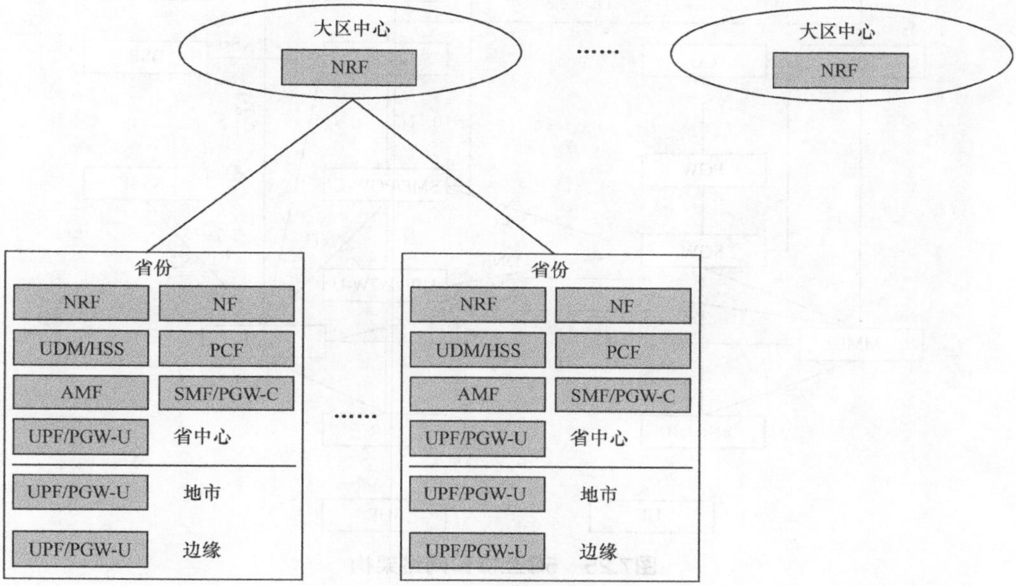

图7.24　控制面分省集中部署方案

3. 互操作方案

5G 不再考虑与 2G/3G 的业务连续性，只考虑与 4G 之间的业务连续性。SA 架构 4G/5G 互操作方案根据 MME 与 AMF 之间是否有 N26 接口，可以分为有 N26 接口互操作方案和无 N26 接口互操作方案。有 N26 接口互操作方案有切换时延低、业务中断时间短的优势，为首选方案。

5G 互操作网络架构如图 7.25 所示。

有 N26 接口互操作方案包含重选和切换流程，要求 UE 必须使用单注册方式，即 UE 一次只能在一个系统中注册，注册到 LTE 网络或 5G 网络中。

基于 N26 接口的 5G 网络与 4G 网络之间重选包括如下流程。

（1）UE 从 4G 到 5G 的注册更新流程。如果 UE 在 EPC 中处于 ECM-IDLE 状态，UE 移动到 5GC 网络中，则发生 5G 注册流程。

（2）UE 从 5G 到 4G 的 TAU 流程。如果 UE 在 5GC 中处于 CM-IDLE 状态，UE 移动到 LTE 网络中，则发生 TAU 流程。

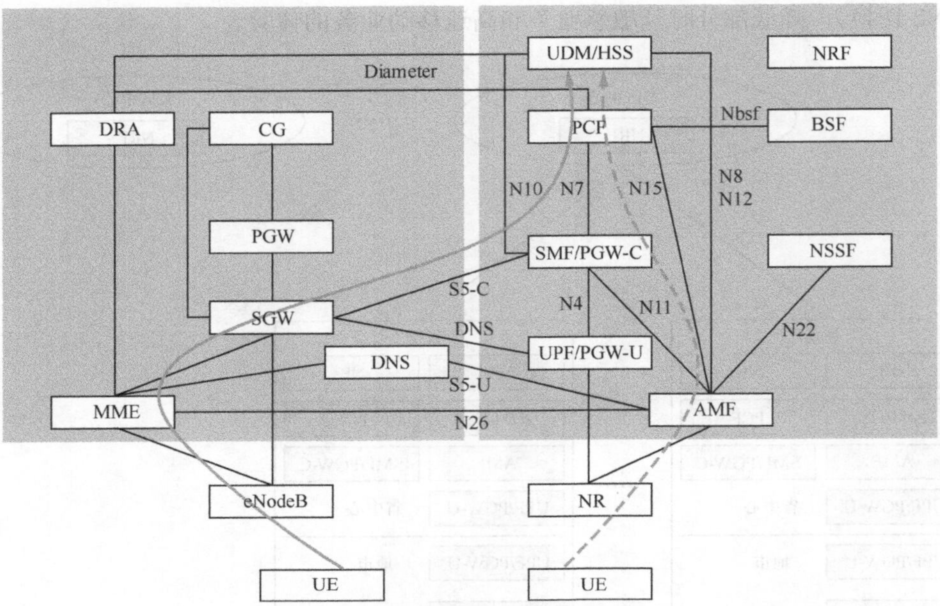

图7.25　5G互操作网络架构

基于 N26 接口的 5G 网络与 4G 网络之间的切换包括如下流程。

（1）UE 从 5G 到 4G 的切换流程。当 UE 在 5GC 中处于 CM-CONNECTED 状态时，UE 移动到 LTE 网络和 5G 网络的边缘区域，NG-RAN 根据终端的信号测量发起 5G 到 LTE 网络的切换请求。AMF 根据目标 TAI 向 DNS 获取目标 MME 地址，AMF 将 UE 上下文转发、UE 使用类型转发给选定的 MME。

（2）UE 从 4G 到 5G 的切换流程。当 UE 在 EPC 中处于 ECM-CONNECTED 状态时，UE 移动到 LTE 网络和 5G 网络的边缘区域，LTE 根据终端的信号测量发起 LTE 到 5G 网络的切换请求。MME 根据目标位置信息，例如，TAI 和任何其他可用的本地信息（包括 UE 在签约数据中可用的 UE 使用类型）选择目标 AMF，并将 UE 上下文转发给选定的 AMF。SMF 根据 EPS Bear ID 和 PDU Sesison ID 的映射关系将会话切换到 5G 网络。

为了支持 4G/5G 互操作，EPC 需要做如下改动。

（1）MME 改造或升级支持 N26 接口和融合网关选择功能。

（2）DRA 需要配置到 PCF 和 UDM 的 Diameter 链路对接数据和路由数据。

（3）DNS 上需要配置融合网关的记录，用“nc-smf”能力标识；配置 AMF 记录，将 AMF ID 映射成 MME ID，配置方式同 MME。

4. 语音方案

虽然数据业务驱动了 5G 的演进，但语音业务仍然是运营商的重要业务。5G 仍沿用 4G 的语音架构，基于 IMS 为用户提供语音业务，有两种方案：EPS Fallback 和 VoNR。

EPS Fallback 方案（如图 7.26 所示），5G 初期 NR 不提供语音业务，当 gNB 在 NR 上建立 IMS 语音通道时会触发切换。此时，gNB 判断自身或者终端不支持 VoNR，则向用户发起重定向或 inter-RAT 切换请求，用户回落到 LTE 网络，由 VoLTE 提供语音。

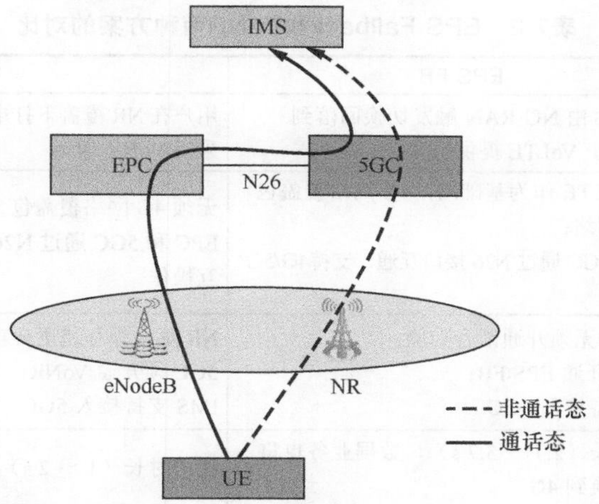

图7.26　EPS Fallback方案

回落 4G 的流程和 4G/5G 互操作的流程相同，回落后用户从 LTE 基站接入 MME，MME 通过 N26 接口从 AMF 获取用户上下文信息，根据基站的 TAC 选择 SGW，同时保持融合网关（SMF/PGW-C）锚点不变，确保业务连续性。

VoNR 方案是指用户通话时在 5G 网络下建立语音通道，不需要回落到 4G。VoNR' 的流程和 VoLTE 基本相同（如图 7.27 所示）。

EPS Fallback 和 VoNR 两种方案的对比见表 7.2，运营商可以根据自身网络情况选择。

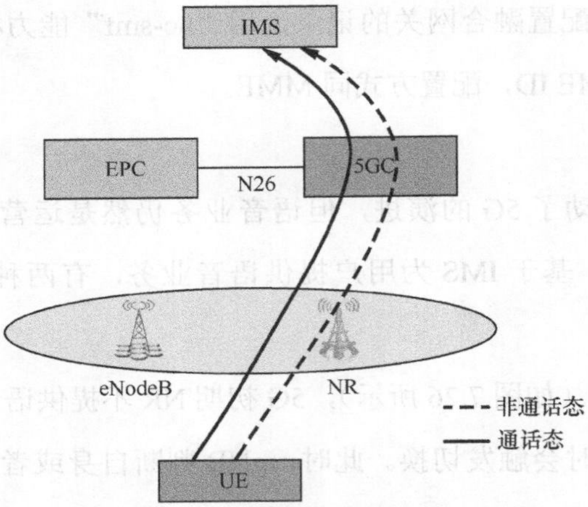

图7.27 VoNR方案

表7.2 EPS Fallback和VoNR两种方案的对比

解决方案	EPS FB	VoNR
语音方案原理	打电话时由 NG-RAN 触发切换回落到 4G，基于 VoLTE 提供语音	用户在 NR 覆盖下打电话时直接被 NR 基站处理，采用 VoNR 通话
部署前提	要求 VoLTE 作为基础网，4G 网络覆盖包含 5G 网络； EPC 和 5GC 通过 N26 接口互通，支持4G/5G 互操作	无须 4G 网络覆盖包含 5G 网络； EPC 和 5GC 通过 N26 接口互通，支持 4G/5G 互操作
设备改造	NR 基站无须开通语音功能； 5GC 须开通 EPS FB； IMS 支持接入 5GC	NR 基站须开通语音功能； 5GC 须开通 VoNR； IMS 支持接入 5GC
接续体验	接续时长（2.7 ～ 3.7 s），数据业务也将跟随切换到 4G	接续时长（1 ～ 2 s），数据与语音业务均在 NR
4G/5G 切换时延	大于 200 ms	不大于 120 ms（建议优化网络）
视频通话体验	4G 基站无法承载过多的视频呼叫，话务量大时很容易拥塞	NR 基站可承载大量的视频呼叫，用户在 NR 下体验更好
音视频通话体验	LTE 低频覆盖、穿透力强、切换等引起中断少	NR 高频覆盖、穿透力差、切换等引起中断多
推荐方案	过渡阶段推荐	目标网推荐

5. 容灾方案

5G、物联网、自动驾驶、VR 等业务的快速发展带来了海量数据、业务永久在线等网络要求。随着企业信息化程度的不断提高，企业对系统的依赖程度越来越高，业务系统的连续性和灾难保护的重要性也越来越突出。硬件故障、设备掉电、地震、海啸等灾害会导致通信设备的中断，用户无法接入业务，直接影响金融服务、能源、电信、制造业等重大行业的业务运行。如果没有完善的容灾系统，系统不能及时恢复，就会出现数据丢失、资金损失的情况，后果不堪设想。

为了消除单点故障，5GC 网元主要有 1+1 主备、*N*+1 主备和负荷分担 3 种容灾方式：

（1）1+1 主备。

网元成对部署，分为一个主用节点和一个备用节点，节点都正常时主用节点处理业务，备用节点仅从主用节点同步数据，不处理业务。当主用节点故障时，备用节点自动承接业务，确保业务连续。

（2）*N*+1 主备。

一组网元中包含 *N* 个主用节点和 1 个备用节点，正常情况下，*N* 个主用节点承载业务，1 个备用节点不处理业务，只同步 *N* 个主用节点的业务数据。当某个主用节点故障时，备用节点自动承接该故障节点的业务，确保业务连续。

（3）负荷分担。

所有网元都处理业务，当某个网元故障时，业务平均或按比例分担到其他正常的节点上，确保业务连续。

5GC 各网元根据自身特点选择容灾方式，容灾方式见表 7.3。

表7.3　容灾方式

网元	容灾方式
NRF	1+1 主备
NSSF	1+1 主备
UDM/AUSF FE	1+1 主备或 *N*+1 主备
UDM/AUSF BE	1+1 主备
PCF FE	1+1 主备或 *N*+1 主备
PCF BE	1+1 主备
BSF	负荷分担
AMF	负荷分担
SMF	负荷分担
UPF	负荷分担

7.3.4 核心网云化

5G 将渗透到未来社会的各个领域，为不同用户和场景提供灵活多变的业务体验，最终实现“信息随心至，万物触手及”的总体愿景，开启一个万物互联的时代。

与此同时，相较于传统的电信业务，新业务要求网络侧具备快速上线的能力，以实现不同行业业务诉求的快速响应。

5G 系统架构采用原生云化设计思路，关键特性包括服务化架构（Service-based Architecture）、网络切片、边缘计算。服务化架构将网元功能拆分为细粒度的网络服务，“无缝”对接云化 NFV 平台轻量级部署单元，为差异化的业务场景提供敏捷的系统架构支持；网络切片和边缘计算提供了可定制的网络功能和转发拓扑。

对于 NSA 部署方案，依据运营商通信云 DC 规划，按照分层目标架构进行设置，即大区 DC、区域 DC、本地 DC（含边缘 DC），分别承载不同业务网元。其中，区域 DC 主要部署控制类网元和业务平台，本地 DC 主要部署转发类网元、MEC、虚拟化 CU、App 等资源服务器。对于有区域 DC 的城市，区域 DC 和本地 DC 可以合设。单 DC 内应构建统一的云资源池，各业务网元进行共平台部署，同一资源池内的控制类网元和转发类网元应分别部署在不同硬件上。DC 内外部组网原则与通信云项目组网原则保持一致。

对于 SA 部署方案，运营商应该提前规划 DC 基础设施，根据网元功能特点，需要考虑分层部署。

（1）管理域和控制面：管理集中，可以部署在大区中心或省中心。

（2）转发面：为满足低时延业务要求，节省传输资源，转发面应靠近用户和服务器部署，可以选择地市部署。

（3）边缘根据业务需求按需部署。

5G 核心网云化分层部署如图 7.28 所示。

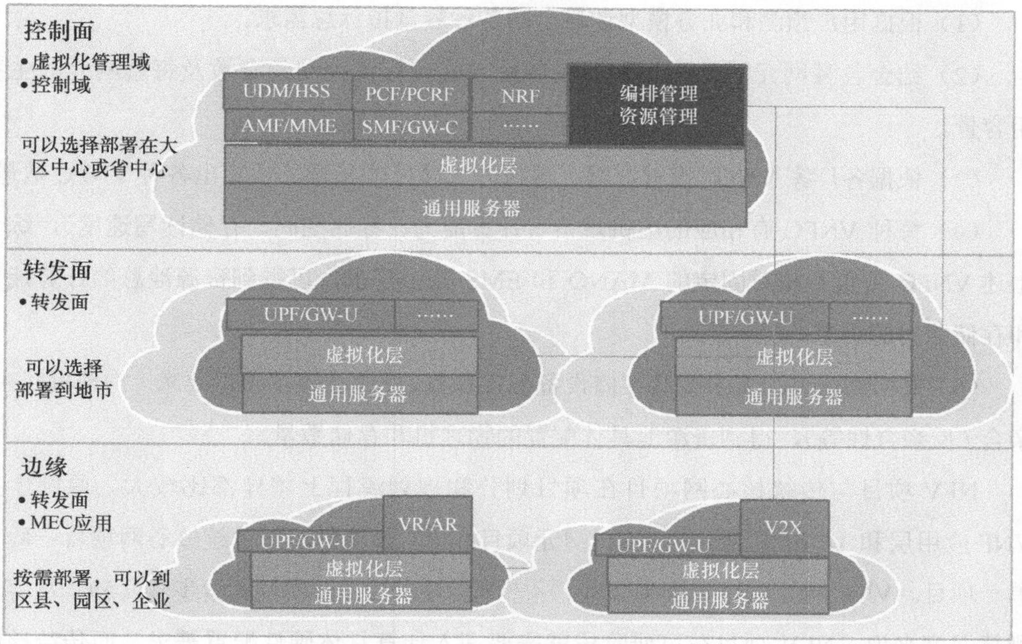

图7.28　5G核心网云化分层部署

7.3.5　核心网容量需求测算

1. 5GC 云化容量测算

5GC 云化容量测算流程如图 7.29 所示。

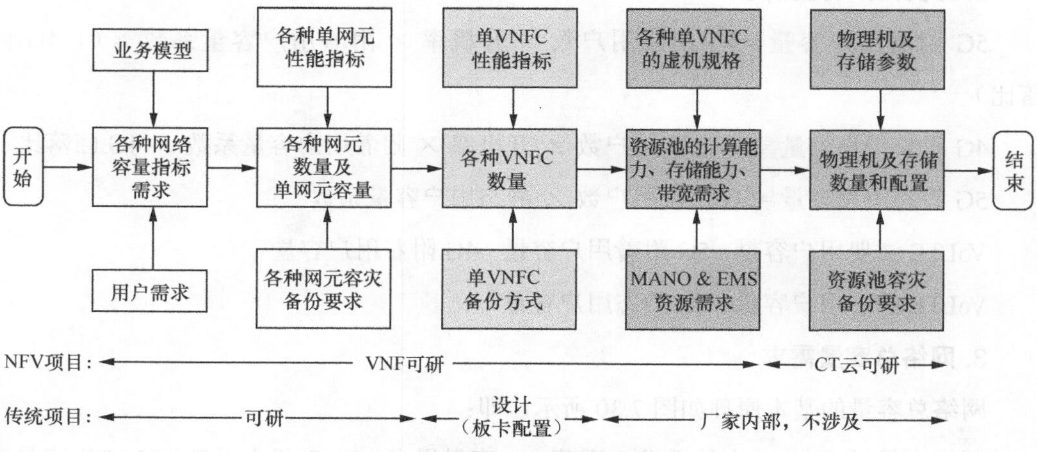

图7.29　5GC云化容量测算流程

（1）根据用户预测和业务模型计算全网各种容量指标总需求。

（2）结合各种网元容量门限和容灾备份方式计算各种网元套数及每套网元的主备用容量。

（3）依据各厂家 VNFC 设置原则、备份方式及性能指标，计算出各种 VNFC 数量。

（4）每种 VNFC 有相应的虚机规格（计算能力、存储空间、存储读写速度），综合上述 VNFC 数量及相对固定的 MANO 和 EMS 资源需求，可得到资源池总的计算能力和存储能力的需求。

（5）根据物理机配置参数和存储设备配置参数、资源池容量备份要求（物理机冗余、亲合 / 反亲合性等），得到资源池具体配置的物理机和存储数量。

NFV 项目与传统核心网项目在项目划分和规划流程上差异都比较大。原则上按 VNF 应用层和 VNFI 层划分为 VNF 网元项目和 CT 云项目，而传统核心网项目一般为单一项目。VNF 网元项目负责步骤（1）~ 步骤（4），CT 云项目负责步骤（5）。从容量测算深度来说，NFV 项目在可研阶段就需要深入计算具体硬件配置需求，而传统核心网项目一般在可研阶段只需要计算网元数量及容量 [步骤（1）~ 步骤（2）]，设计阶段负责对应步骤（3）的板卡配置计算。传统核心网的板卡硬件具体配置参数属于厂家内部固化，一般不进行具体测算。

5G 核心网业务模型根据 5G 业务需求并参考 4G 现有业务模型进行确定。

2. 分类用户容量需求

5G 附着用户容量 =5G 出账用户数 × 开机率 × 附着用户容量系数 ×（1–4G 回落比）

4G 附着用户容量 =5G 出账用户数 × 开机率 × 附着用户容量系数 × 4G 回落比

5G 静态用户容量 =5G 出账用户数 × 静态用户容量系数

VoLTE 注册用户容量 =5G 附着用户容量 +4G 附着用户容量

VoLTE 静态用户容量 =5G 静态用户容量

3. 网络总容量需求

网络总容量的基本原理如图 7.30 所示，即：

网络容量需求 =5G 容量需求 + 回落 4G 容量需求 × 4G 折合系数 +VoLTE 容量需

求 ×VoLTE 折合系数

分解到各种网元的容量计算方法如下。

AMF 附着用户容量需求 =5G 附着用户容量 +VoLTE 注册用户容量 × VoLTE 折合系数

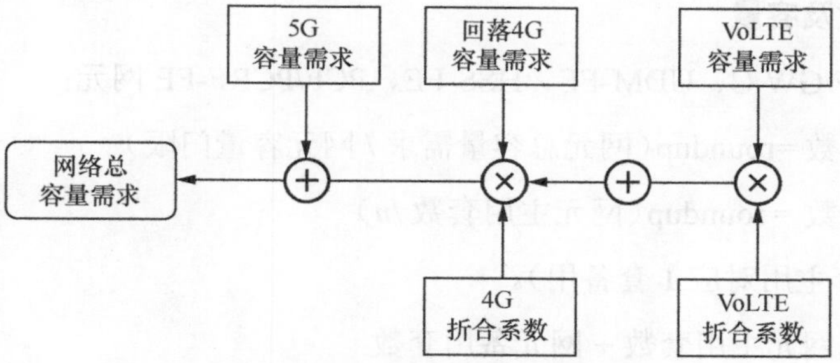

图7.30　网络总容量的基本原理

5G 附着承载数 =5G 附着用户容量 × 每 5G 附着用户承载数

4G 附着承载数 = 4G 附着用户容量 × 每 4G 附着用户承载数

VoLTE 附着承载数 = VoLTE 注册用户容量 × 每 VoLTE 注册用户承载数

SMF/GW-C 承载容量需求 =5G 附着承载数 +4G 附着承载数 × 4G 折合系数 + VoLTE附着承载数× VoLTE 折合系数

UDM/HSS-FE 附着用户容量需求 =5G 附着用户容量 +4G 附着用户容量 × 4G 折合系数 +VoLTE 注册用户容量 × VoLTE 折合系数

UDM/HSS-BE 静态用户容量需求 =5G 静态用户容量 +VoLTE 静态用户容量 × VoLTE 折合系数

PCF/PCRF-FE 附着用户容量需求 =5G 附着用户容量 +4G 附着用户容量 × 4G 折合系数 +VoLTE 注册用户容量 × VoLTE 折合系数

PCF/PCRF-BE 静态用户容量需求 =5G 静态用户容量

UPF/GW-U 承载容量需求 = SMF/GW-C 承载容量

UPF/GW-U 吞吐量需求 =5G 附着承载数 × 每 5G 承载吞吐量 +4G 附着承载数 × 每 4G 承载吞吐量 +VoLTE 注册用户容量 × 每 VoLTE 注册用户吞吐量 × VoLTE 折合系数

NRF 处理能力 =5G 附着用户容量 × 每 5G 附着用户忙时查询次数 +4G 附着用户

容量 × 每 4G 附着用户忙时查询

NSSF 处理能力 =5G 附着用户容量 × 每 5G 附着用户忙时查询次数

BSF 会话绑定容量 = VoLTE 注册用户容量

4. 网元套数及容量

AMF、SMF/GW-C、UDM-FE、HSS-FE、PCF/PCRF-FE 网元：

网元主用套数 =roundup（网元总容量需求 / 网元容量门限）

网元备用套数 = roundup（网元主用套数 /*n*）

（注：每 *n* 套主用对应 1 套备用）。

网元套数 = 网元主用套数 + 网元备用套数

单套网元主用容量（软件容量）= 网元总容量需求 / 网元套数

单套网元主备容量（硬件容量）= 网元总容量需求 / 网元主用套数

UDM/HSS-BE、PCF/PCRF-BE、NRF、NSSF、BSF 网元：

网元套数 =roundup（网元总容量需求 / 网元容量门限）×2

单套网元主用容量（软件容量）= 网元总容量需求 / 网元套数

单套网元主备容量（硬件容量）= 网元总容量需求 / 网元套数 ×2

UPF/GW-U 网元：

网元主用套数 =roundup［max（承载容量需求 / 网元承载门限，吞吐量需求 / 网元吞吐量门限）］

网元备用套数 =roundup（网元主用套数 /*n*）

（注：每 *n* 套主用对应 1 套备用）。

网元套数 = 网元主用套数 + 网元备用套数

单套网元主用容量 = 网元总容量需求 / 网元套数

单套网元主备容量 = 网元总容量需求 / 网元主用套数

7.3.6 路由组织

（1）网内路由方案。

考虑到 5G 用户使用业务时的大带宽和低时延要求，在 5G 商用初期，5G 用户的话音业务网内路由方案与 4G 相同，数据业务网内路由方案原则上采用拜访地疏通方式。

（2）运营商间互通。

国内运营商间互通方案建议与现有 EPC 网络国内运营商间互通方案相同，不直接互通，采用 Internet 互通方式。

7.3.7　核心网机房规划

（1）局址利用及发展规划思路。

重点聚焦通信网络云化重构的战略部署，兼顾公有云、私有云和 5G 发展，兼顾小型 IDC 机房业务发展需求，跟进机房基础设施相应的规划布局。

根据 5G 核心网云化分层部署方案，结合运营商现有核心交换机房现状和业务需求，综合选择局址。

分析通信设备功率密度的提高对局房和基础设施的影响，综合考虑机房 DC 化标准建设模式和基础设施配置。

充分利用现有资源，为现有机房提出过渡解决方案，逐步过渡到终期方案。

规划由近及远，设定路标，近期有清晰的方案，远期有前瞻性。

（2）设备布置。

DC 内的各类设备应根据工艺设计进行布置，应满足系统运行、运行管理、人员操作和安全、设备和物料运输、设备散热、安装和维护的要求。

容灾系统中相互备用的设备应布置在不同的物理隔间内，相互备用的管线宜沿不同路径敷设。

当机柜（架）内的设备采用前进风 / 后出风的冷却方式，且机柜自身结构未采用封闭冷风通道或封闭热风通道方式时，机柜（架）的布置宜采用面对面、背对背方式。

主机房内通道与设备间的距离应符合以下规定。

① 用于搬运设备的通道净宽不应小于 1.5 m。

② 面对面布置的机柜（架）正面之间的距离不宜小于 1.2 m。

③ 背对背布置的机柜（架）背面之间的距离不宜小于 0.8 m。

④ 当需要在机柜（架）侧面和后面维修测试时，机柜（架）与机柜（架）、机柜（架）

与墙之间的距离不宜小于1.0 m。

⑤ 成行排列的机柜（架），其长度超过6 m时，两端应设有通道；当两个通道之间的距离超过15 m时，在两个通道之间还应增加通道。通道的宽度不宜小于1 m，局部可为0.8 m。

（3）核心局房电源系统。

5G核心网建设对于现有核心局房电源配套设施具有新的需求。

目前，核心局房往往集中多种业务的通信设备，其交流电源系统采用集中供电方式；对于不同业务（2G、3G、4G、增值类业务等）的直流供电，采用分散供电方式，各个局房建设多套直流电源系统。

为了满足5G核心网的建设需求，需要对运营商已有的交换局电源配套进行扩容改造。

① 变配电系统扩容改造方案：新增变压器、配电柜、油机并机系统。

② UPS（不间断电源系统）扩容：模块化UPS系统应用。

③ 直流系统：扩容整流模块、蓄电池组替换。

④ 高压直流系统应用。

局房电源系统的改扩建必须结合现状，尽量考虑系统的潜力发挥，适当预留冗余，避免资源浪费。

| 7.4 |　5G核心网的演进

7.4.1　5G核心网演进思路

5G核心网发展兼顾EPC演进和5GC部署两种情况，选择EPC还是5GC取决于如下因素。

（1）3GPP核心网标准及产品成熟度；RAN产品成熟度和部署策略，如果NR早于5GC成熟，则考虑优选EPC增强，反之建议直接选择5GC。

（2）SDN/NFV基础设施部署成熟度：5G核心网需要通过NFV/SDN基础设施实现“自上而下”按需、灵活的网络切片定制。

（3）IMS 语音成熟度：5GC 必须且只支持 VoLTE 语音业务。

NSA 与 SA 混合组网分析如下。

SA 方案的标准于 2018 年 6 月冻结。采用 SA 方案，5G 网络可支持网络切片、MEC 等新特性，4G 核心网 MME 需要升级支持 N26 接口，4G 基站仅须较少升级（如增加与 5G 切换等参数），4G/5G 基站可异厂家组网，终端不需要双连接。

NSA 是将 5G 的控制信令锚点在 4G 基站上通过 4G 基站接入 EPC 或 5GC（5G 核心网），NSA 方案要求 4G/5G 基站同厂家，终端支持双连接。基于 EPC 的 NSA 标准已经在 2017 年 12 月冻结。采用这种方案，不支持网络切片、MEC 等新特性，EPC 需要升级支持 5G 接入相关的功能，4G 基站需要升级支持与 5G 基站间的 X2 接口。

在业务上，重点应用场景以 eMBB 为切入点；在核心网侧，eMBB 业务通过演进的 EPC 架构来支持；在无线侧，以 4G 基站作为 5G 基站的锚点接入 EPC 网络，5G 站点视为对当前容量的提升。

NSA 架构在网络性能、投资成本及 5G 初期商用等方面具有先发优势。

首先，从网络性能上来看，NSA 架构的 5G 载波可看作在现有 4G 网络上增加的新型载波，可用于热点区域扩容；基于双连接特性，可以保证 5G 与 4G 之间的业务连续性，有利于保障用户体验。

其次，从投资及建设成本来看，NSA 架构在现有的网络资源基础设施上整合新的 5G 网络，网络升级所需的投资门槛低，既有利于 LTE 投资的收回，又有利于 5G 初期低成本部署。

最后，从 5G 商用需求来看，NSA 架构使运营商有选择性地灵活建设 5G 网络，便于快速推出 5G 新业务。

5G 核心网的演进要分阶段、分步骤进行。

第一阶段主要针对部分 eMBB 业务升级 EPC 网络，对接 LTE 和 NR，重点实现控制转发分离，采用虚拟化技术实现 vEPC。

第二阶段在原有的 EPC 增强的基础上实现控制面 / 用户面的 PDN 网关（PGW-C/U，PDN GateWay-C/U）、归属签约用户服务器（HSS，Home Subscriber Server）、策略与计费规则功能（PCRF，Policy and Charging Rules Function）单元等平滑升级，支持 5GC，

实现上述网元的合设。新建5G AMF网元与MME实现对接，支持与EPC的无缝切换，实现网络架构的搭建，承载部分专网业务。

第三阶段扩建5G核心网并支持接入所有4G和5G基站，逐步淘汰专有硬件的EPC网元，将vEPC资源释放，实现5GC网元重构，将大部分eMBB、mMTC和uRLLC等业务迁移到5G网络。

5G已来，万物互联已展现在眼前。未来多样化的业务将提供更多智能化的物联网服务。这些多样化的业务需求对5G核心网在基本性能提出了更高的要求。例如，10 Gbit/s以上的高峰值速率、连接密度达百万的大连接、毫秒级的低时延等。

5G网络承载的多样化业务需要新一代网络架构灵活地适配不同的业务需求。为引领5G时代，在5G启动之际，组网方式的选择已经成为运营商首要考虑的问题。

运营商需要基于发展愿景和当前的网络特点选择合适的组网方式，通过新的网络架构承载灵活的网络功能，同时实现现有网络的逐步演进及与5G网络的融合互通。

7.4.2 5G核心网演进思考及标准化进展

（1）5G核心网演进思路分析。

5G核心网架构及关键技术赋能5G个人客户业务和垂直行业类应用，为当前5G网络的快速发展奠定了技术基础，然而，面向未来通信网络发展需要和创新业务应用需求，5G核心网架构及关键技术仍存在增强和优化空间，主要包括以下几个方面。

① 网络极简化。服务化架构是5G核心网的基础架构，实现控制面网络功能的模块化解耦，灵活支持5G的丰富业务场景和需求。然而，引入服务化架构后，5G核心网控制面功能的复杂度有一定增加。面向中小型公众网、行业专网等场景，在功能层面和部署层面，5G核心网控制面功能存在进一步整合和优化的空间。由于行业专网是5G的重点发展方向，网络极简化将成为5G核心网未来发展的重要方向，在B5G核心网架构演进中，应考虑从网络架构、网元、接口和业务流程等维度出发，对控制面网络功能进行融合和简化。

② 行业专网增强。万物互联是5G的重要标志，面向智慧城市、智慧工业、智慧教育、智慧交通、智慧医疗、智慧农业、智慧金融、智慧媒体等垂直行业应用的行业

专网在 5G 时代飞速发展。然而，目前的 5G 核心网架构主要还是针对公众网设计的，面向行业专网的高网络性能、数据不出园区、高隔离安全、定制化业务和网络、多量纲计费、批量开通运营等需求，需要提高在网络架构、网络功能、网络组织、网络性能等方面的差异化服务能力，构建可扩展性强、自适应、前后向兼容的 B5G 核心网，从而更好地满足行业客户的实际应用需求。

③ 网络智能化。人工智能（AI，Artificial Intelligence）/ 机器学习（ML，Machine Learning）技术近年来发展迅速，已具备商用条件。网络智能化能够有效提升 5G 核心网的网络效率，强化网络管理和数据分析能力，使能智能化创新业务，已成为 5G 核心网研究的重点攻关方向。随着 AI/ML 与移动通信结合相关技术的进一步发展，5G 核心网的架构、功能、接口及流程将进行智能化演进和智能化改造，通过网络数据分析功能（NWDAF，Network Data Analytics Function）等智能化功能和智能化技术，实现智能内生的 B5G 核心网。

④ uRLLC。uRLLC 是 5G 的三大场景之一，是行业专网的重要技术抓手，能够为客户提供时延和可靠性保障，对垂直行业应用具有重要价值。随着 eMBB 技术的逐渐成熟，uRLLC 将成为 5G 核心网标准和技术方案的研究热点。uRLLC 除了应用冗余传输、网络切片等成熟的技术之外，还将对网络协议栈的三层（路由层）和四层（传送层）进行优化和增强，构建端到端的确定性网络，从而提供超低时延、超高可靠性的 B5G 通信业务质量保证。

⑤ mMTC。mMTC 是 5G 的三大场景之一，是新型物联网的重要技术抓手，能够为客户提供大规模、低成本的物联网解决方案，对垂直行业应用具有重要价值。目前，eMTC 和 NB-IoT 技术已基本成熟，面向 mMTC 演进的方案和技术路线将成为 5G 核心网标准和技术方案的研究热点。通过引入 NR LITE 等新技术，面向超大连接、低功耗、低复杂度、低成本的 eMTC 技术将得到快速发展，满足上行视频监控、工业传感器等垂直行业应用场景的需求。

⑥ 天地一体化。构建天地一体化网络是 B5G 核心网甚至 6G 核心网的重要发展目标，天地一体化标准和技术方案也是目前业界的研究热点，是实现 5G 通信服务泛在化的重要抓手。天地一体化发展的第一阶段，将卫星接入网络作为专网，地面接入网络

作为公众网，两者独立建网，分别拥有不同的核心网，通过网关互通。对卫星接入核心网的架构、功能、接口进行增强和优化，并提供增强的移动性管理、会话管理、多连接管理、广播多播、业务连续性、业务调度等能力。天地一体化发展的第二阶段，卫星接入网络和地面接入网络融合组网，二者的核心网融合，结合卫星接入的特点进行核心网的架构、功能、接口增强，在系统、网络、业务、用户层面实现协同和初步融合，为用户提供全球全域无缝连接、业务连续性和通信服务保障。

（2）5G核心网标准化进展。

目前3GPP、ITU等标准化组织已启动5G/IMT-2020 Advanced标准研究，在网络极简化、行业专网增强、网络智能化、uRLLC、mMTC、天地一体化等演进方向上取得了一系列标准化进展，为5G核心网演进奠定了技术基础。下面举例介绍5G核心网的标准化进展。

3GPP R17提出5G多媒体广播多播业务（MBMS，Multimedia Broadcast Multicast Service）架构和关键技术，服务众多垂直行业的群组通信需求。5G MBMS架构重用已有单播网元的功能，单播、多播架构统一；业务和承载管理分离，实现按需部署。5G MBMS的核心网技术方案包括在用户面识别并处理多播数据；根据用户设备的实际物理位置分布，动态进行数据分离和复用决策；核心网只维护单播承载，单播、多播一体化；核心网到无线网只传输一份数据流，降低传输网负载。

3GPP R17提出NPN增强架构，实现NPN的快速部署（快速开户、第三方认证鉴权）、网络定制化、能力开放、与公众网的无线资源共享、多业务类型支持。在网络管理方面，实现NPN私网增强管理框架，通过使用运营商统一维护私网的运维架构，实现基于运营商的运维系统对NPN进行管理。

3GPP R17提出TSN增强架构，实现5G核心网架构增强，控制面设计支持TSN相关控制面功能；实现5G核心网确定性传输调度机制，而不依赖于外部TSN网络；通过UPF增强实现终端间的确定性传输；实现可靠性增强；实现工业以太网协议对接；支持多时钟源技术。

3GPP R17提出NWDAF预测用户行为，包括第三方数据和用户设备相关网络数据（如用户设备轨迹、用户设备业务调用、用户设备优先级、用户设备活动信息），辅助实现 5G 网管系统和无线网节能，如关闭负载门限、关闭时间窗等操作。

ITU 未来网络研究组提出基于轻量核心网的专网需求和架构，研究面向 5G 及未来垂直行业专网的轻量核心网的需求、架构、参考点、业务流程，提出包括统一控制功能、统一数据功能、网络智能功能、集中用户功能、边缘用户功能的轻量核心网参考模型，是 5G 及未来垂直行业专网面向网络极简化的重要标准探索。5G 轻量专网核心网架构如图 7.31 所示。为了降低核心网的复杂度（包括消息格式、信令交互和业务流程），提高网络效率，提供性能优化空间，轻量核心网在网络功能（统一控制功能、统一数据功能、网络智能功能、集中用户功能、边缘用户功能）的内部设计中允许采用“黑盒”模式，允许不采用服务化架构和服务化接口。而轻量核心网的业务调用接口、能力开放接口和智能化接口采用 HTTP+TCP+IP 协议栈和 RESTful 风格，以便引入第三方。

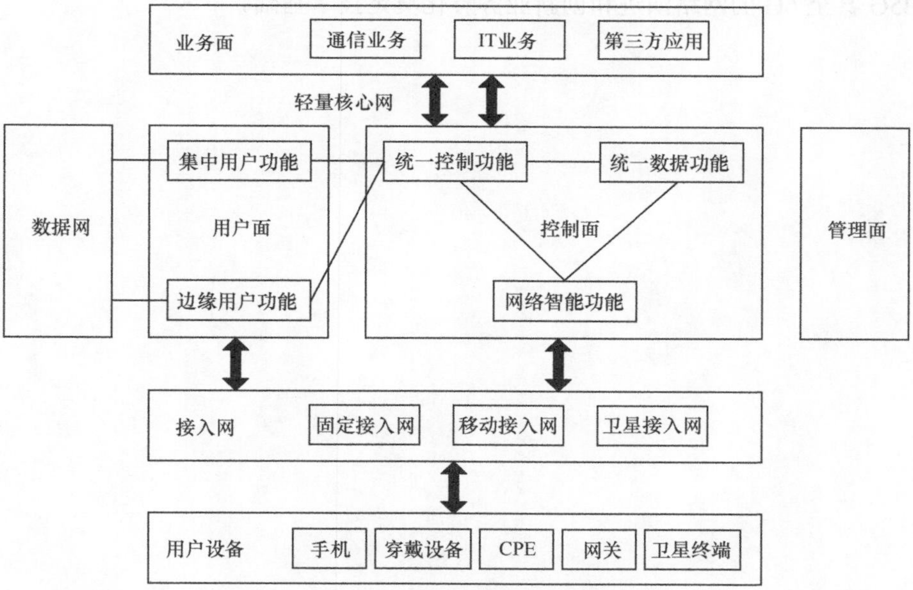

图7.31　5G轻量专网核心网架构

ITU 未来网络研究组在网络智能化领域取得了重大进展。《AI 集成跨域网络架构》标准首次提出设计跨域智能化顶层架构及域间协同机制；《网络智能化分级方法》标准提供 IMT-2020 及未来网络的智能化水平的评估方法；《面向未来网络包括 IMT-2020 的机器学习架构框架》标准提出了机器学习相关功能组件及与网络的交互接口定义；《面向未来网络包含 IMT-2020 中机器学习能力的数据处理框架》标准提供了面向 5G 及未来网络中机器学习应用的数据处理需求、参考架构和功能及典型应用流程;《未来网络包含 IMT-2020 中的机器学习用例》标准提供了二十余种网络中机器学习应用用例，分析了其数据采集、存储、处理需求和机器学习用例输出的应用需求。以上标准均为 B5G 核心网智能化提供了重要的技术指引。

总结 5G 核心网的标准化和演进方向可以得出，网络服务化、个性化、融合化、智能化、泛在化是 5G、B5G 核心网的核心特征和发展方向。在可预见的未来，5G 将孵化大量的创新个人客户业务和垂直行业类应用，将对 5G 核心网提出更高的技术能力和业务能力要求。因此，B5G 核心网技术方案研究和标准化应针对全部的主流技术方向进行全方位、遍历式探索和研究，为 B5G 甚至 6G 核心网做好技术能力储备，从而为未来 B5G 甚至 6G 的网络演进和创新业务孵化奠定技术基础。

第8章

5G 传送网的规划与设计

8.1 5G 技术需求及传送网面临的挑战

8.1.1 5G 无线网络的整体架构

1. 核心网架构

4G“省集中”架构：4G 核心网设置在省会城市，4G 基站到省中心的承载属于移动接入网 。

5G“控制面集中，用户面分散”架构：初期接入 4G 核心网 ，远期用户面从省中心下沉到地市核心乃至地市边缘节点。

2. 无线接入网架构

4G“BBU-RRU”架构：4G LTE 基站由 BBU 及 RRU 组成，BBU 一般集中放置在综合接入点和 BBU 集中机房。

5G“CU-DU-AAU”架构：BBU/RRU 重构为 CU-DU 架构，近期 CU、DU 合设，远期 CU-DU 分离，DU 位于无线或 BBU 集中机房。

承载网须解决：前传，AAU-DU；中传，DU-CU；回传，CU- 核心网，通信云之间 4 段链路的业务传输。4G、5G 架构与传输基础架构对应关系如图 8.1 所示。

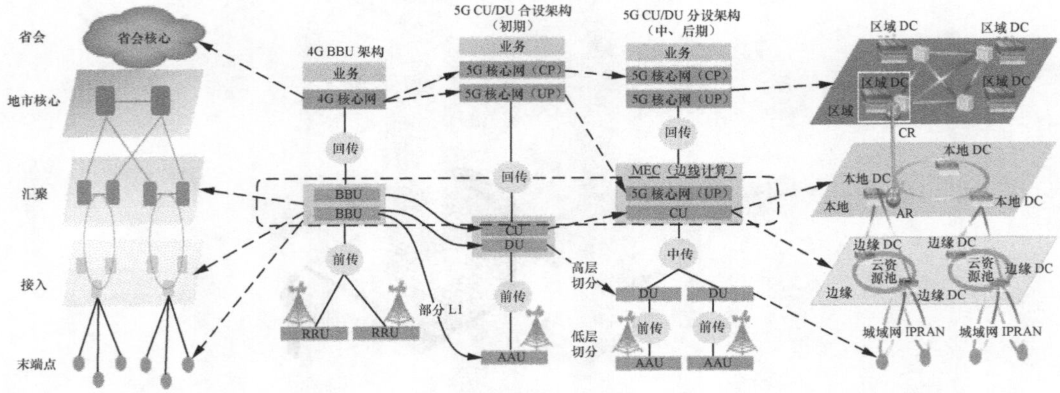

图8.1 4G、5G架构与传输基础架构对应关系

8.1.2　5G 部署对承载网的需求与近期挑战

根据 5G 部署节奏相关业务的推广，5G 承载网将面临“三大需求”和“四大挑战”：

（1）三大需求：5G 部署初期以 eMBB 场景为主，未来半年到一年内 5G 承载网将面临机房空间功耗、5G 超密接入、大带宽的需求；

（2）四大挑战：随着 5G uRLLC、eMTC 场景逐步应用，未来 1~3 年 5G 承载网将面临 5G CU 和 DU 分离网络架构、5G 核心网功能下沉及 MEC 部署、网络分片、低时延等挑战。

5G 对承载网的需求与挑战如图 8.2 所示。

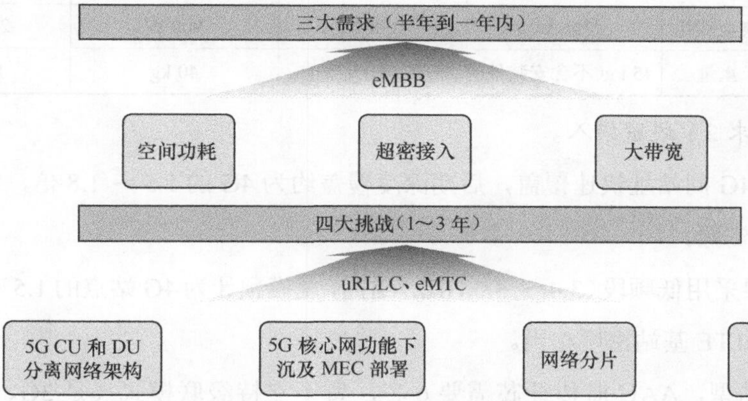

图8.2　5G对承载网的需求与挑战

5G 部署对承载网的近期需求如下。

（1）近期需求 1：功耗空间。

5G CU/DU 集中部署，对机房空间、电源提出较高需求：

① 功耗需求：单个 5G 站点（CU/DU+3×AAU），功耗需求 4000 W。

- CU/DU 功耗：约 1000 W（2xS111）。
- AAU 功耗：约 1000 W。

② 空间需求：综合业务接入机房需要两个机架位。

- 无线机柜：单机柜可集中 10 个 CU/DU。
- 传输机柜：传输设备预留一个机柜。

5G 初期采用小集中部署方案（3 ～ 5 个 CU/DU），机房空间整合后，基本可以满足需求；5G 中后期接入机房外市电需求在 20 kW 以上，汇聚机房在 30 kW 以上，外市电容量将成为最大瓶颈。主流厂家 5G 设备参数见表 8.1。

表8.1　5G设备参数

主设备			华为 5G 设备参数	中兴 5G 设备参数	诺基亚 5G 设备参数	4G 设备参数
CU/DU	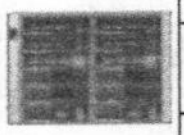	大小	2U	2U	2U	2U
		供电方式	–48 V DC	–48 V DC	–48 V DC	–48 V DC
		典型功耗	800W	630 W	740W	145W
AAU		供电方式	–48 V DC	–48 V DC	–48 V DC	DC：–48 V AC：220 V/110V
		典型功耗	796 W	1000 W	900 W	220 W
		重量	45 kg(不含安装件)	40 kg	40 kg	14 kg

（2）近期需求 2：超密接入。

初期 5G 和 4G 同站址快速覆盖，后期深度覆盖约为 4G 的 1.5 ～ 1.8 倍，前传接入将消耗大量纤芯资源。

5G 初期主要采用低频段（3.4 ～ 3.6 GHz）组网，规模预计为 4G 站点的 1.5 ～ 1.8 倍，起步阶段至少和 LTE 基站密度相当。

对于 S111 站型，AAU 前传纤芯需要 6 芯，暂不支持级联模式（是 3G、4G RRU 前传纤芯需求的 3 倍，部分厂家支持单芯收发）。建议末端主干光缆或配线纤芯按单站 6 芯预留。

5G 超密接入对主干光缆和管道覆盖、主干光交（分纤点）覆盖密度、主干纤芯容量提出较高需求。

（3）近期需求 3：大带宽。

根据 5G 流量模型测算，5G 单站峰值带宽达 4.65 GHz，单站均值带宽达 2.03 GHz，5G 流量约为 4G 流量的 5 ～ 10 倍。5G 承载网的接口速率与环路容量均有大幅提升：

① 接口速率提升：5G 接入端口提升至 10GE；

② 环路容量翻番：5G 环路容量从 10G 向 25G、50G、100G 发展。

4G/5G 对 IPRAN 网络带宽需求对比分析如图 8.3 所示。

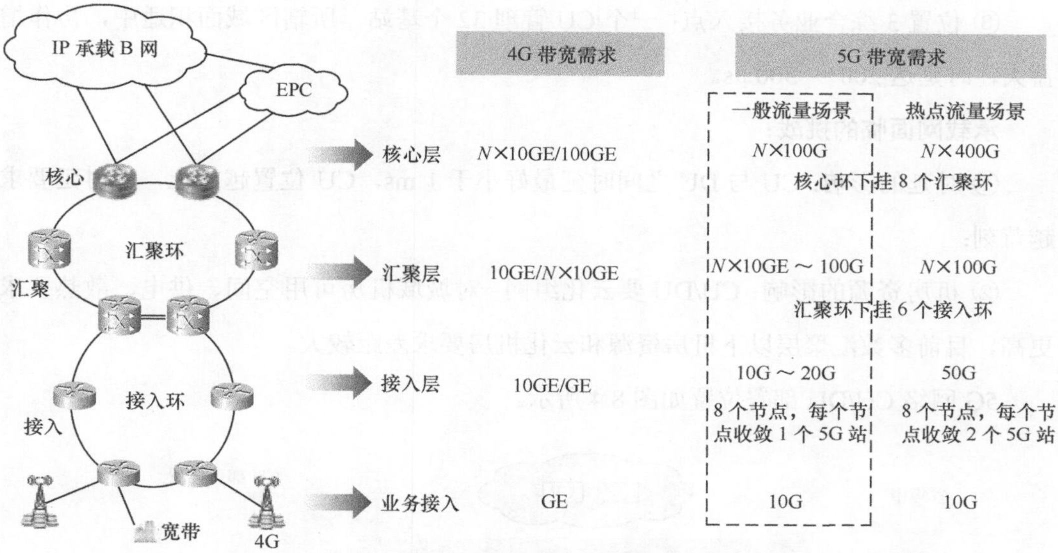

图8.3　4G/5G对IPRAN网络带宽需求对比分析

IPRAN 网络面临的问题如下。

接口不足：5G 业务接入端口带宽提升至 10GE，现网接入设备仅支持 2×10GE，满足环路组网后，无冗余业务端口。

带宽提升：5G 初期，接入环采用 10GE、汇聚环采用 N×10GE 基本可以满足需求，后期 5G 业务发展，环路容量提升至 50G/100G，现网设备难以满足。

8.1.3　5G 部署对承载网的远期挑战

（1）远期挑战 1：CU、DU 分离架构。

5G 初期各厂家无线设备将以 CU/DU 合设形态为主，远期将采用 CU/DU 分离架构，DU 一般部署在接入点，CU 部署位置根据实际业务需求及现网条件进行灵活选择，存在以下 3 种可能。

① 位置 1 核心节点：一个 CU 管理约 3000 ～ 4000 个基站，时延达 10 ms，缺乏快速协调能力。

② 位置 2 汇聚节点：一个 CU 管理约 300 ～ 400 个基站，CU/DU 时延较大，协作增益大，时延达 1 ～ 2 ms。

③ 位置 3 综合业务接入点：一个 CU 管理 32 个基站，所辖区域面积适中，协作增益大，时延达 200 ～ 300 μs。

承载网面临的挑战：

① 时延的影响：CU 与 DU 之间时延最好小于 1 ms，CU 位置越靠上，对时延要求越苛刻；

② 机房资源的影响：CU/DU 要云化组网；对城域机房可用空间、供电、散热要求更高，目前多数汇聚层以下机房资源和云化机房要求差距较大。

5G 网络 CU/DU 部署位置如图 8.4 所示。

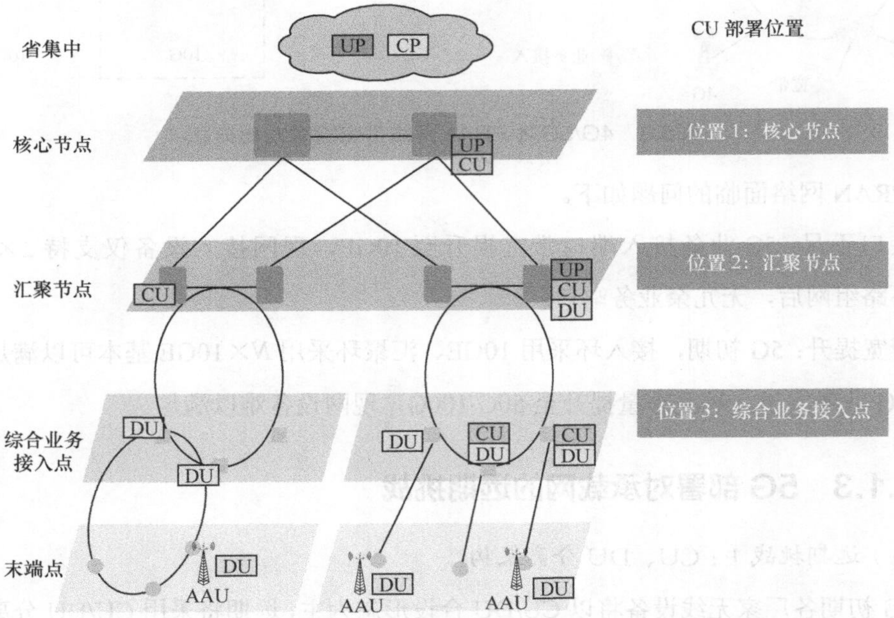

图8.4　5G网络CU/DU部署位置

（2）远期挑战 2：核心网功能下沉。

为满足 5G 不同场景的需要，某些业务需求（eMBB、uRLLC）需要核心网从省中心下沉到地市核心乃至地市边缘节点，5G 核心网设备将采用网络功能虚拟化（NFV）架构，下沉至核心 DC、边缘 DC，满足某些特殊业务需求（车联网的低时延业务、AR/VR 业务等）。5G 核心网下沉至各位置具体特点如图 8.5 所示。

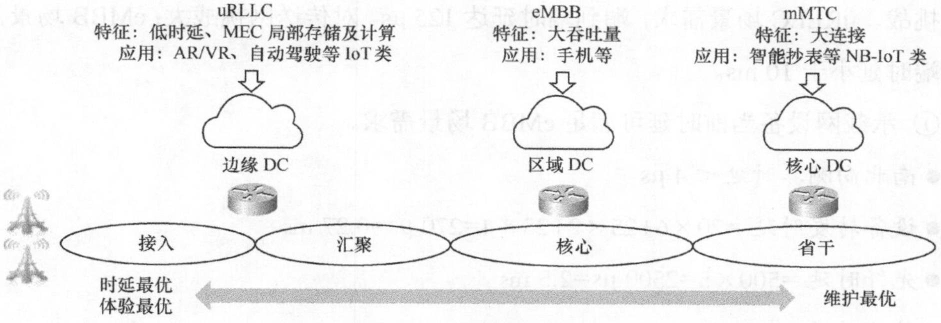

图8.5　5G核心网下沉

承载网面临的挑战：5G 核心网云化，将下沉至本地网内各层骨干节点。不同业务切片流量、时延对承载网流量的智能化管控提出挑战。

（3）远期挑战 3：网络分片。

5G 不同应用场景对承载网需求差异明显，传输网络须具备网络切片能力。5G 网络有三大类业务：eMBB、uRLLC 和 mMTC，不同应用场景对网络要求差异明显，如时延、峰值速率、QoS 等要求都不一样。为适应不同的业务需求，更好地支持不同的应用，承载网须支持网络切片能力，每个网络切片将拥有自己独立的网络资源和管控能力，具体网络切片方案如图 8.6 所示。

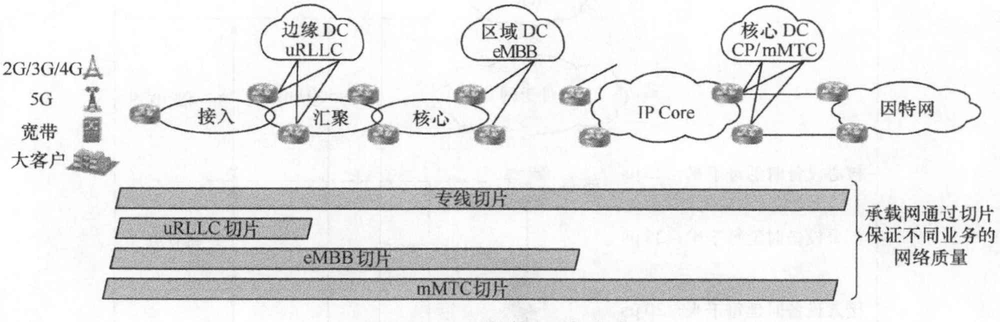

图8.6　5G网络切片方案

承载网面临的挑战：承载网须具备网络切片能力，同时与通信云、业务云和其他相关网络高度协同。

（4）远期挑战 4：低时延。

5G uRLLC 场景业务端到端时延要求达到微秒量级，对承载网结构简化、转发时延提出挑战。uRLLC 场景需求，端到端时延达 125 μs，对传送网挑战大；eMBB 场景需求，端到端时延小于 10 ms。

① 承载网设备当前时延可满足 eMBB 场景需求。

- 南北向测算时延＜ 4 μs
- 设备转发时延 =20×6+25×2+25×4=270 μs=0.27 ms
- 光纤时延 =500×5=2500 μs=2.5 ms
- 其他时延 =0.2 ms

光纤时延占比 85%，设备时延占比 9%。

② uRLLC 场景对时延要求较为苛刻，现有承载网架构、设备难以满足。

- 光纤（10 km）引入时延为 50 μs，要满足 uRLLC 场景需求，每台设备的时延要控制在 10 μs 量级。
- 即使 uRLLC 业务核心网下沉到汇聚层，现有传送技术也难以满足这种业务需求。

承载网时延预算模型如图 8.7 所示。

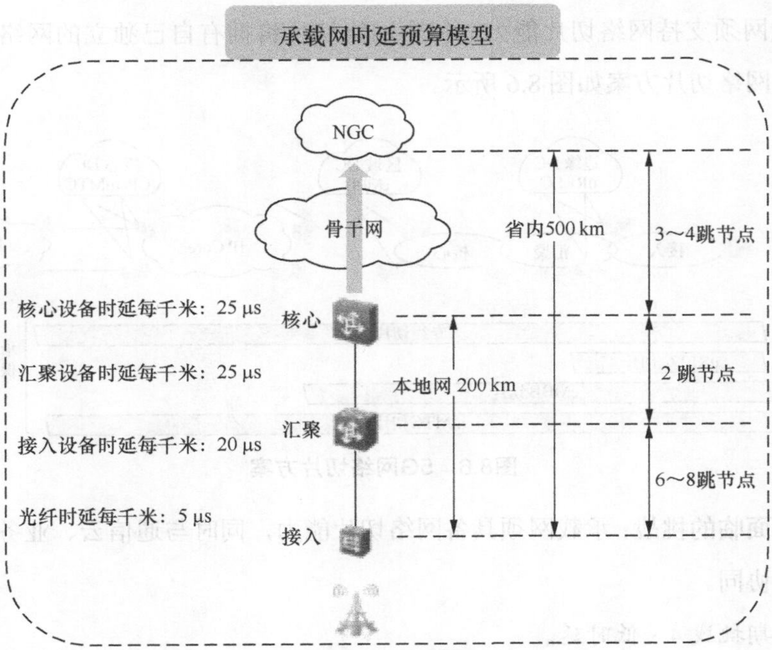

图8.7　承载网时延预算模型

承载网面临的挑战：5G uRLLC 场景微秒量级时延需求对现有承载网结构简化、设备转发时延提出严苛要求。

8.2　5G 传送网架构及关键技术

8.2.1　5G 传送网架构

根据 DU 和 CU 部署位置的差异，5G RAN 组网可以分为以下 3 种方式，具体如图 8.8 所示。

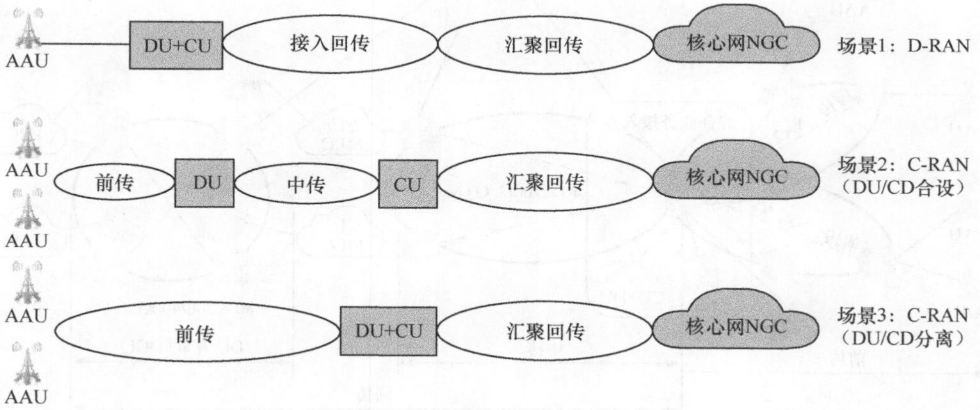

图8.8　5G RAN组网方式

在无线接入网（RAN）中，传输网需要满足前传（AAU-DU）、中传（DU-CU）、回传（CU- 核心网）的需求。

1. 5G 前传

前传是指 AAU/RRU-DU 的传输，根据 DU 所在位置不同，分为大集中和小集中两种典型场景。

小集中：DU 部署位置较低，一般与 4G BBU 集中点位置同址，集中的拉远站点一般小于 5 个宏基站。

大集中：DU 部署位置较高，位置综合业务接入点或汇聚节点，集中的拉远站点一般大于 10 个宏基站。

2. 5G 中传和回传

中传是指 DU-CU 的传输，带宽与回传相当；回传是指 CU- 核心网之间的传输，如果采用的是 DU 与 CU 合一的设备，就只有前传和回传。中传和回传采用同样的传输技术，其网络结构要求也与 4G 网络基本一致，目前主流技术是 SPN 和 IPRAN 2.0，同时智能城域网与分组化 OTN 也将成为 5G 承载的主要技术之一。

5G 承载网架构如图 8.9 所示。

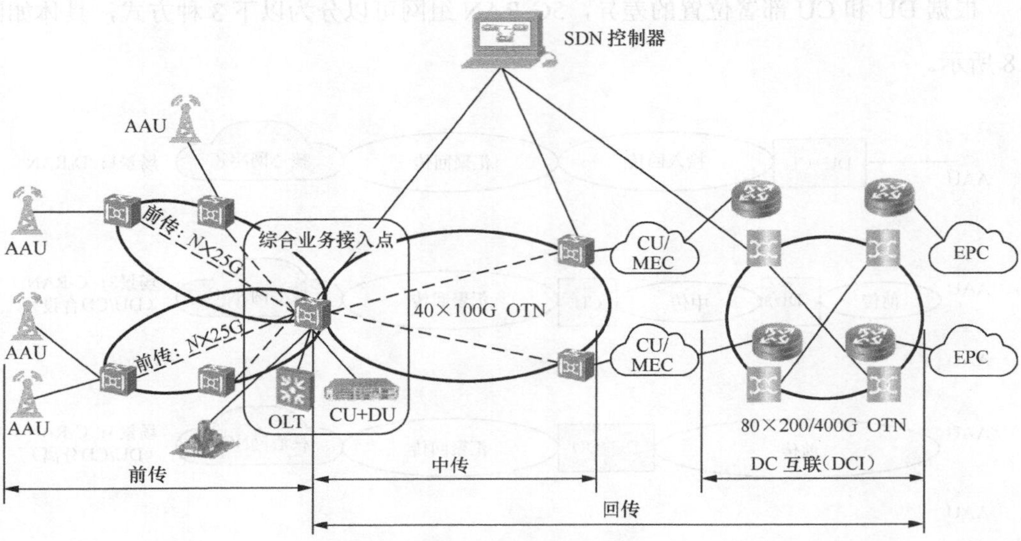

图8.9　5G承载网架构

8.2.2　5G 传送网的演进

为适应 5G 业务承载，未来，传送网应具备以下 4 个特征。

简洁。网络的层级、种类、类型等尽量减少，降低运营和维护的复杂性和成本，有助于提升业务和应用的保障能力。例如，通过网络层级简化、业务路由等的优化，在全国 90% 的地区实现小于或等于 30 ms 的传输网时延，这对于时延敏感型业务是非常有益的。

敏捷。网络需要提供软件可编程的能力，具备资源弹性可伸缩的能力，这非常有助于网络业务的快速部署和扩缩容。例如，面向最终客户的“随选网络”可以提供分钟级的配套开通和调整能力，使客户可以按需实时调整网络连接。

开放。网络需要形成更丰富和边界的开放能力，能被不同类型的业务所调用，且不仅可以为自营业务服务，还可以为第三方应用所使用。例如，互联网的通信平台可以根据其不同应用对网络能力的不同要求（服务质量、带宽、时延等）提供差异化的网络资源。

集约。网络资源应该能够统一规划、部署和端到端运营，避免分散、非标准的网络服务。例如，业务平台全面实现云化，使其支撑的所有网络服务的体验与地域无关。

1. 5G 前传城域传送网建设演进策略

5G 承载网前传（RRU/AAU--DU）的演进利用完善的二级主干光交，就近接入，主要采用综合业务节点小集中的方式满足 5G 初期和中后期的前传需求。这种方式的特点是开通快、简单、成本小、时延低。对于少量光缆资源缺乏的，可以考虑新建少量无源或有源波分，不建议大规模采用，因为成本较高、时延较大。

2. 5G 初期及发展期中回传城域传送网建设策略

各大运营商均根据自身网络特点制定了各自的 5G 中回传传输网建设策略，目前，主流技术包括智能城域网、SPN、STN，下面分别对这 3 种主流技术的演进策略进行介绍。

（1）智能城域网承载 5G 演进策略。

智能城域网是以实现 5G 承载、通信云以及固网宽带的综合承载为目标，引入大容量设备提升网络流量疏导能力，以通信云 DC 为中心的融合承载的城域网。其主要技术特点是引入简化网络设备提升网络流量疏导能力；同时端到端部署 SR/EVPN 技术，提升网络智能化、差异化能力。该方案需要全程新建一张网络，建设成本高、建设周期长；同时由于城域网的复杂性以及 5G、通信云建设的时间跨度，现有传送网、宽带城域网以及本地 CE 网络将与新建的智能城域网共存，后期随着 5G 业务和通信云业务的发展逐渐过渡到统一的智能城域网。

智能城域网部署根据各本地网业务规模、通信云 DC 部署等因素大致分为以下 3 种模型，具体模型分别如图 8.10、图 8.11 和图 8.12 所示。

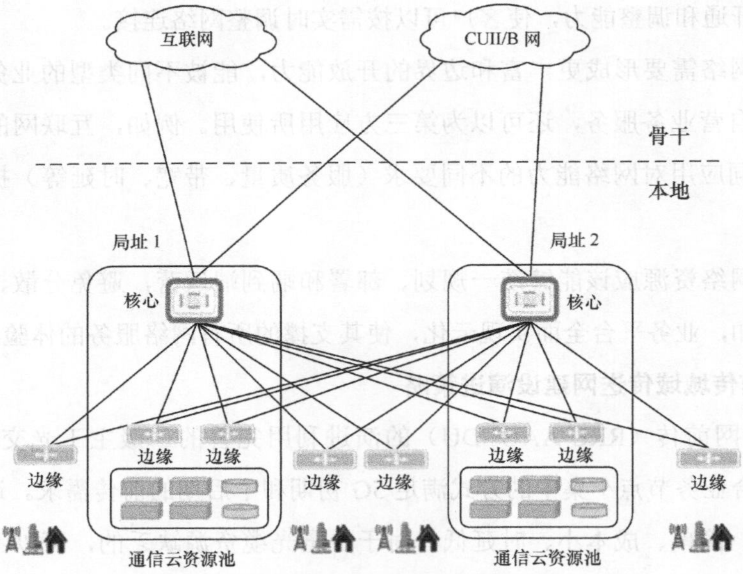

图8.10　中小型城域网模型M1

M1 方案特点：通信云 DC 双局址设置，DC 局房距离小于 50 km；智能城域网的一对核心设备分局址设置，通信云 DC 内边缘网络设备下挂多个服务器，核心设备兼做边界出口网络设备。

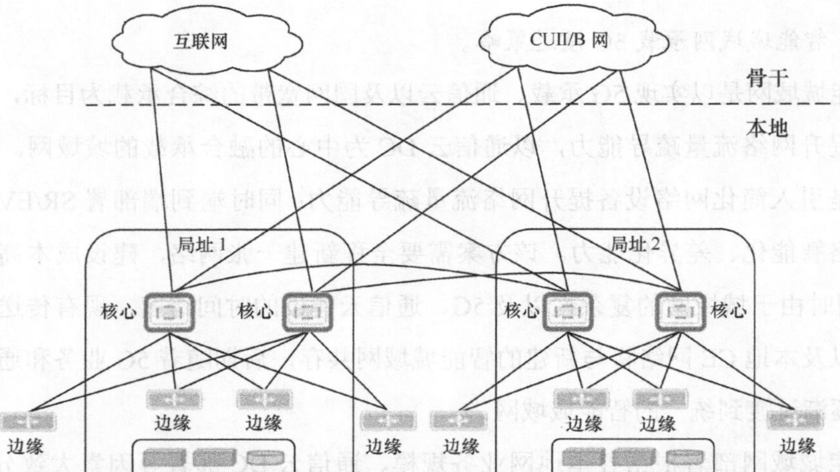

图8.11　中小型城域网模型M2

适用场景：适用于双 DC 局房和业务量小的中小型本地网，初期建设成本低，只需要新建一对核心设备，通信云 DC 内边缘网络设备下挂多个服务器，收敛周边业务，有效节省局间光纤资源。

M2 方案特点：通信云 DC 双局址设置，实现分区域覆盖 + 负载分担；每局址设置成对的智能城域网核心设备，核心设备兼做边界出口网络设备。

适用场景：适用于双 DC 局房和业务量适中的中小型本地网，初期建设成本低，每局址设置一对智能城域网核心设备，分区域覆盖，单设备失效影响较小，同时节省纤芯资源。

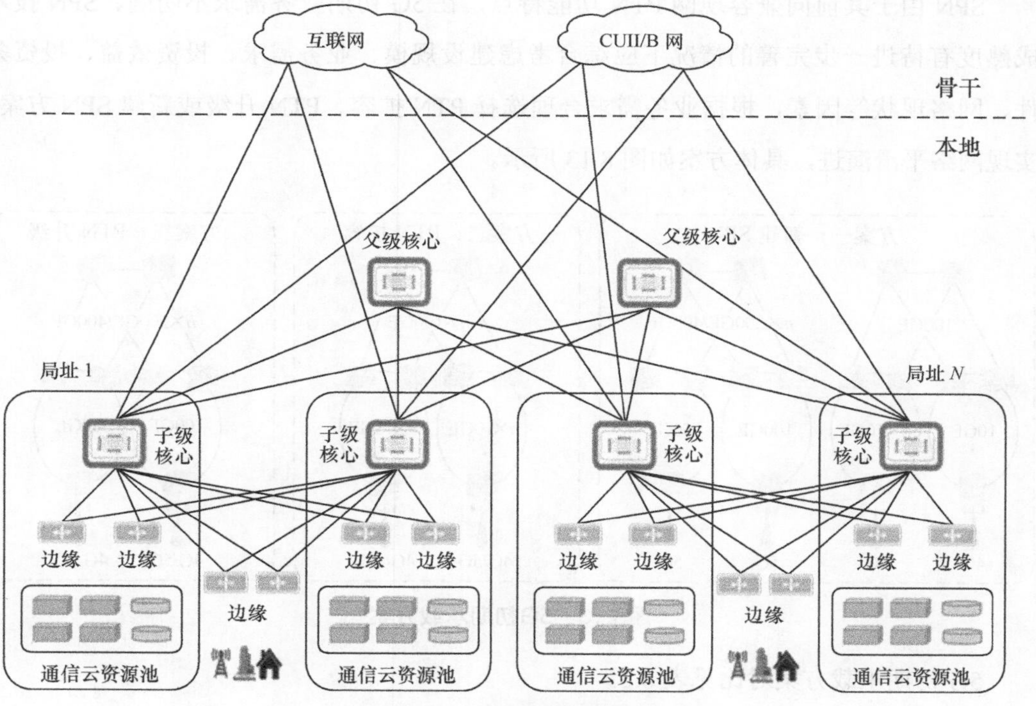

图8.12　中小型城域网模型M3

M3 方案特点：通信云 DC 多局址设置，设置两级核心设备，即每局址设置单台智能城域网核心设备，同时设置一对一级核心设备用于转发通信云 DC 间的流量；每局址普通核心设备兼做边界出口网络设备，DC 外边缘设备就近双归至两个通信云 DC 的核心设备上。

适用场景：适用于多DC局房和业务量较大的大型本地网，DC局单点失效影响小，设置一对一级核心设备用于局间流量转发，节省局间互联纤芯资源，转发效率高。

（2）SPN承载5G演进策略。

SPN（切片分组网）是基于PTN演进的新型传输技术，其传输平面技术具备3个特点：第一，面向PTN演进升级、互通及4G与5G业务互操作，前向兼容现网PTN功能；第二，面向大带宽和灵活转发需求，可进行多层资源协同，同时融合L0～L3能力，而针对超低时延及垂直行业，可支持软、硬隔离切片，须融合TDM和分组交换。第三，引入SDN架构实现转发与控制分离，利用集中化的控制面实现全局视角的业务调度。

SPN由于其前向兼容现网PTN功能特点，在5G初期业务需求不明确、SPN技术成熟度有待进一步完善的情况下应综合考虑建设规模、业务需求、投资效益、投资条件、网络现状等因素，根据业务需求合理选择PTN扩容、PTN升级或新建SPN方案，实现网络平滑演进，具体方案如图8.13所示。

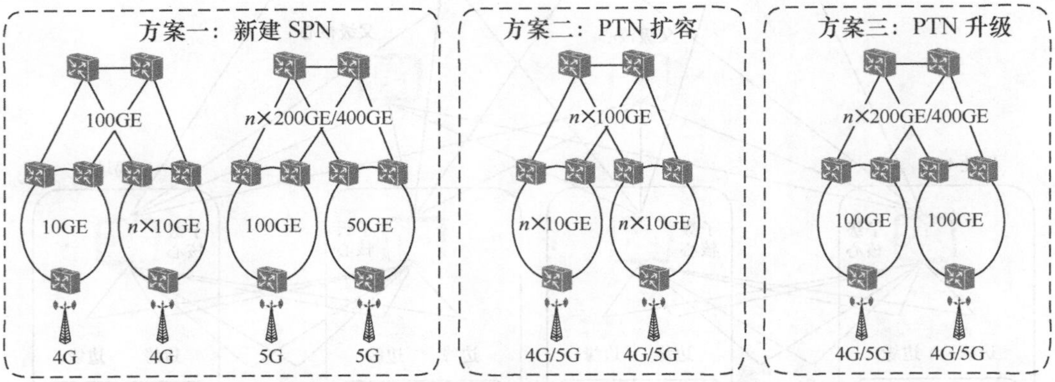

图8.13 5G初期承载方案

5G初期承载方案对比见表8.2。

表8.2 5G初期承载方案对比

建设方案	适用场景	方案优点	方案缺点
新建SPN	支持5G各种场景，基础资源（机房光缆）丰富，可以支撑新平面建设	全面满足5G各阶段、全场景业务需求，不影响现网业务，充分保留现网资源能力，引入新技术不受限制，未来可以向一张网架构演进	两个平面、增加纤芯资源、初期投资大

（续表）

建设方案	适用场景	方案优点	方案缺点
PTN 扩容	5G 基站数量少且不部署 uRLLC 业务，5G 上行速率接口不超过 10GE，不支持 L3 下沉	投资小、难度小，维护简单	无法支撑 5G 规模部署；无法满足 uRLLC 业务需求
PTN 升级	带宽需求适中、机房有限、3G\4G\5G 融合承载	一网融合、维护简单、满足 5G 基本需求	现网大部分设备需要升级改造，割接工作量大，存在安全风险；现网逐步全替换、与新建投资相当或略高

5G 站点大规模部署后应该考虑采用 SPN 端到端的方式进行承载，同时根据业务需求情况将 L3 功能逐步下沉至骨干汇聚节点或汇聚节点，针对时延要求较高的 uRLLC 业务场景，根据需要部署 FlexE，具体承载方案如图 8.14 所示。

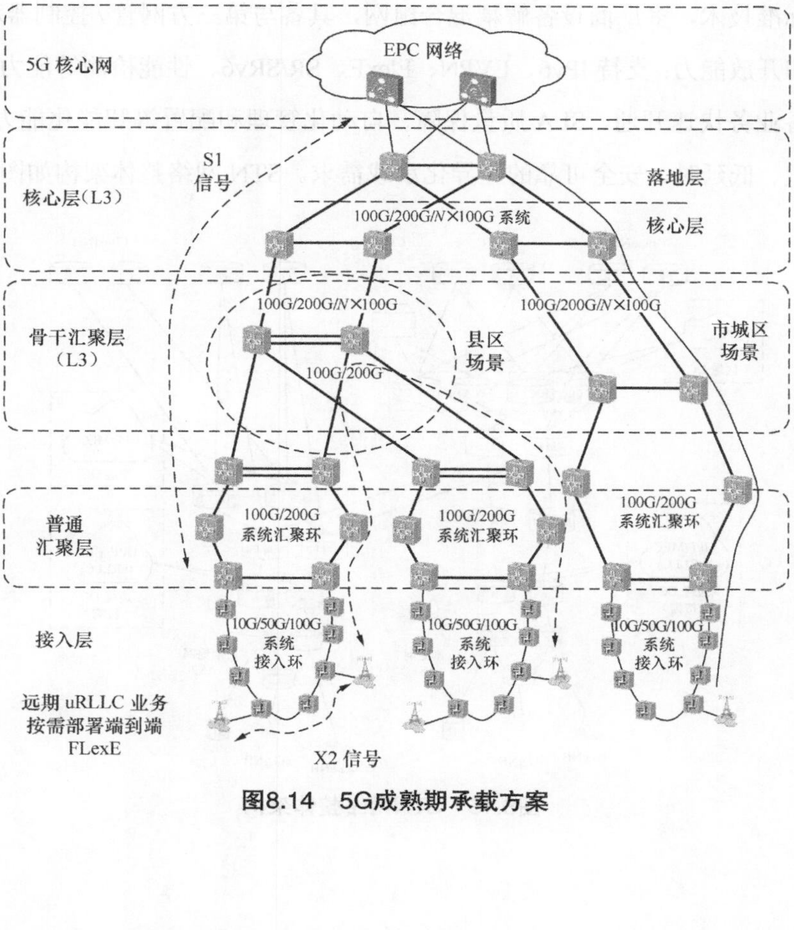

图8.14 5G成熟期承载方案

组网要求如下。

核心层：核心层宜采用 $N\times100$GE 组建系统，采用口字形组网。

汇聚层：汇聚层根据业务需求情况采用 100GE/200GE 组建系统，采用环形组网，采用环形结构，每环 4 ～ 6 个节点，建议不超过 8 个节点，双挂到骨干汇聚对。汇聚环不能双挂到两对不同的骨干汇聚对。

接入层配置：接入层近期宜采用 10GE/50GE 组建系统；远期宜采用 100GE 组建系统，采用环形结构，每环 4 ～ 6 个节点，最多不超过 12 个节点。接入环双挂到同一汇聚环的两个汇聚点（建议为相邻节点）。综合接入点挂接到汇聚环的两个相邻汇聚点下，每环 3 ～ 4 站点。

（3）STN 承载 5G 演进策略。

STN 是基于 IPRAN 演进的新型传输技术，STN 网络定位为实现 3G / 4G / 5G 等移动回传业务，政企以太专线、云专线等多业务的融合承载网络。STN 网络采用符合业界开放的标准技术，多厂商设备解耦混合组网，具备与第三方网管 / 控制器对接、网络能力抽象和开放能力；支持 IPv6、EVPN、FlexE、SR/SRv6、性能检测等能力；支持网络切片，具备业务快速开通、SLA 质量保障、自动化管理和配置等智能化能力，满足 5G 业务大带宽、低延时、安全可靠的差异化承载需求。STN 网络整体架构如图 8.15 所示。

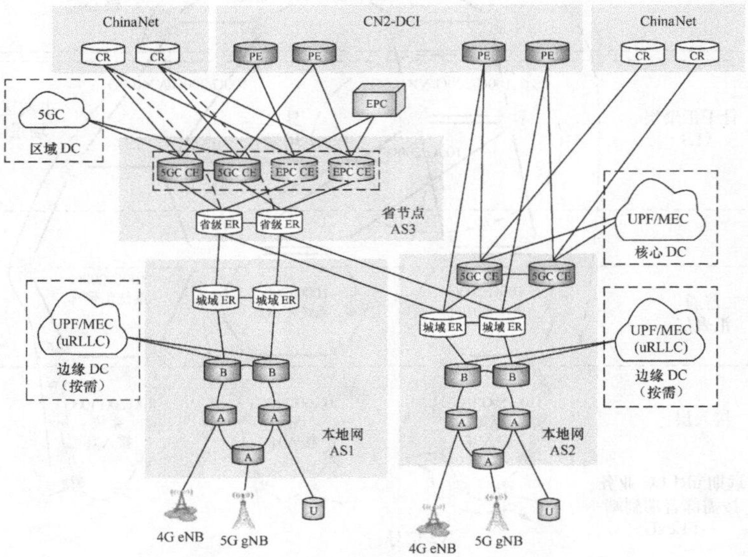

图8.15　STN网络整体架构

STN 网络的演进应在现有 IPRAN 网络基础上，以 5G 建设为契机，根据 5G 站点部署节奏逐步引入 STN（新型 IPRAN）设备，提升网络流量疏导能力。5G 建设初期在核心汇聚设备能力较强的本地网可考虑先新建 STN 接入层，然后根据 5G 部署节奏逐步完成核心汇聚层网络的搭建，远期应考虑 4G/5G 和云网业务融合承载，逐步将网络融合成一张承载网络，优化网络架构，简化网络层级，提升网络承载效率。并根据业务发展，逐步引入新技术（SDN 管控 /Flex 等），提升差异化服务能力。进一步完善第三方网管 / 控制器，实现业务自动开通、SLA 可承诺、可保障，提高网络的智能化能力。STN 网络演进方案如图 8.16 所示。

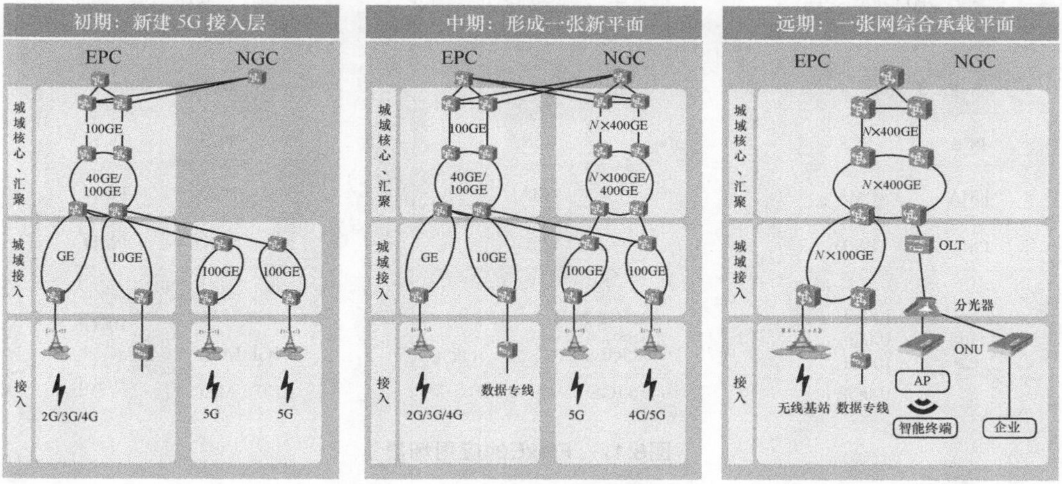

图8.16 STN网络演进方案

网络部署初期，CU 云化程度不高，建议采用 CU-DU 合设方式部署于综合接入机房；对于 MEC 已商用区域，可采用 CU-DU 分离方式，CU 直接部署于通用服务器上。

考虑 CU/DU 的不确定性，承载网应以不变应万变，端到端组网节省投资，网络归一化。在同一个网络层次，可能会同时面对前传、中传、回传。

技术趋同：带宽提速，50GE/100GE 成为主流；SDR 成为主要选择，满足切片、智能化需求；SR 隧道技术成为共同选择，提升网络扩展性；L3 到边缘，满足东西向流量的调度需求。

8.2.3 5G 传送网的关键技术

1. FlexE 接口技术

FlexE 基于传统以太网轻量级增强，引入 FlexE Shim（时隙化技术），实现业务的隔离和捆绑。64 bit/66 bit 块是以太网的物理层码块，基于 64 bit/66 bit 块构成时隙，实现 MAC 和 PHY 的解耦。FlexE 大大提升了以太网的组网灵活性，实现 MAC 和 PHY 的解耦，实现多虚一 / 一虚多 / 多虚多组网。通过 FlexE 可灵活扩展以太网物理层容量，实现 MAC 的虚拟化。FlexE 的应用场景如图 8.17 所示。

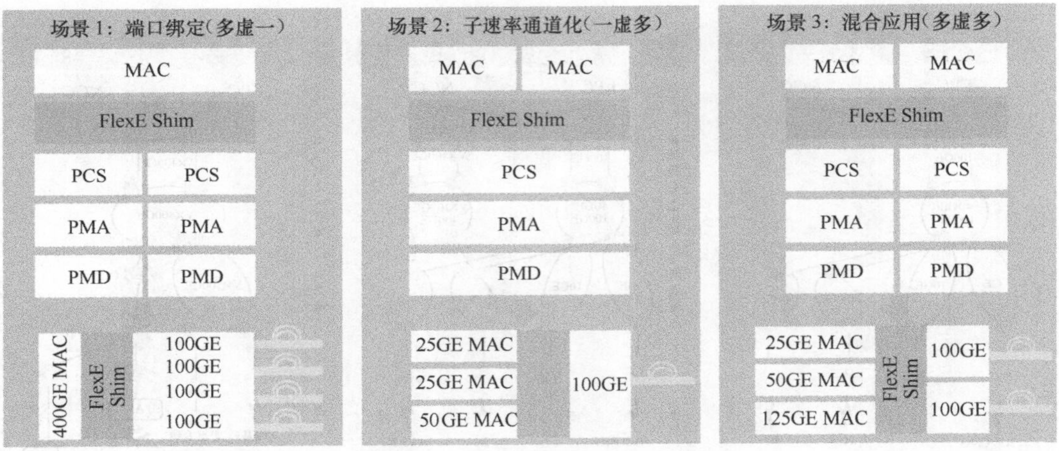

图8.17 FlexE的应用场景

基于 FlexE Client 交叉的低时延转发，中间节点基于业务流的物理层交叉方式，用户报文无须解析；具体采用 FlexE Client 交叉，基于 66 bit/64 bit 的码块进行转发；最小时延可以在 1 μs 以内，并且抖动极小，非常适合 uRLLC 业务的承载。

每个子接口速率可配置，现有标准支持 10、40、n×25G，现有架构可以支持 n×5G 的粒度，并支持粒度进一步降低。

每个 PHY 承载一个或多个子接口的全部或部分数据流，按照基于 64 bit/66 bit 块数据的方式进行 TDM 复用。

每个 100GE PHY 划分为 20 个块（64 bit/66 bit），每个块带宽为 5 GHz，可以按照 5 GHz 的整数倍进行带宽分配。

Flex 基于时隙严格隔离，保障不同业务的 SLA。

可基于多路 PHY 捆绑，支撑扩展大端口，突破 400GE 限制。

2. 灵活连接技术 SR(Segment Routing)

SR 是一种完全兼容现有 MPLS 转发面的源路由技术。转发节点不感知业务状态，只维护拓扑信息，可以使网络获得更佳的可扩展性；通过在源节点设置有序的指令集实现显示的路径转发。

采用 SR 技术主要简化协议，无须 LDP/RSVP-TE 等信令协议，降低 L3 下沉到边缘的实现和维护成本；控制点少，便于部署 SDN 控制解决跨 IGP 路由域的问题；中间节点无须维护连接的状态，可扩展性好，可支持数 100000 个节点的网络；转发面兼容现有 MPLS；具有很强的局部保护能力。

（1）无流量工程隧道 SR–BE。

IGP 洪泛后，每个节点的 SID 都在 IGP 域内被洪泛出去，其他节点会生成相应的 SID 标签转发表，出接口和 IGP 的路由保持一致。

业务转发时在入口节点只压一层标签，此标签为隧道目的节点的 SID。例如，在 PE1 压入 PE2 的节点标签 800，发给 P1，P1 收到查表后，报文会转发给 P2，同样，报文沿着 IGP 最短路径 P2 → P3 → PE2 转发。PE2 收到后，发现标签为本地的 SID 标签 800，直接移除 SID 标签 800。

无流量工程隧道 SR-BE 如图 8.18 所示。

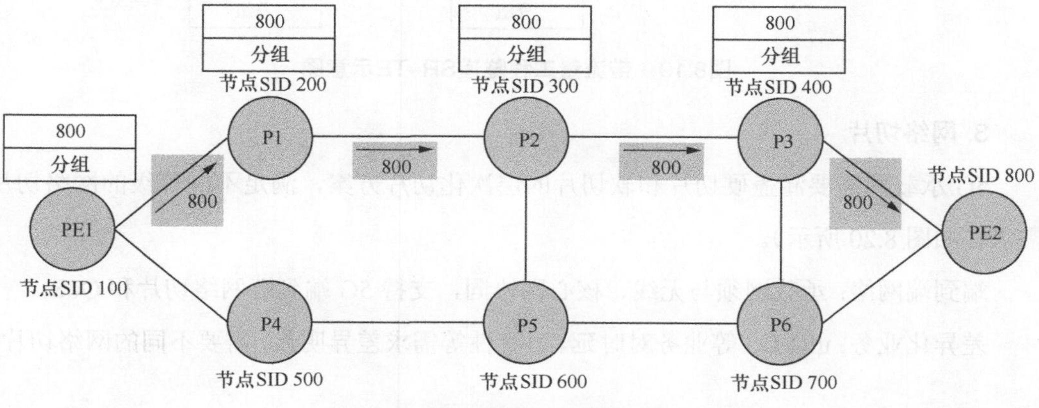

图8.18 无流量工程隧道SR–BE

（2）带流量工程隧道 SR-TE。

IGP 洪泛后，每个节点的 SID 都在 IGP 域内被洪泛出去，其他节点会生成相应的 SID 标签转发表，出接口和 IGP 的路由保持一致。入口节点根据流量工程要求进行路径选择，如 PE1—P1—P2—P5—P6—PE2。PE1 一次性压入 800/600/300 3 层标签，然后转发给 P1，P1 根据标签转发给 P2，P2 发现栈顶标签 300 是本地 SID，然后移除标签 300，转发给 P5，P5 节点移除标签 600，转发给 P6，P6 根据标签 800 转发给 PE2，PE2 再把 800 标签移除掉。

带流量工程隧道 SR-TE 如图 8.19 所示。

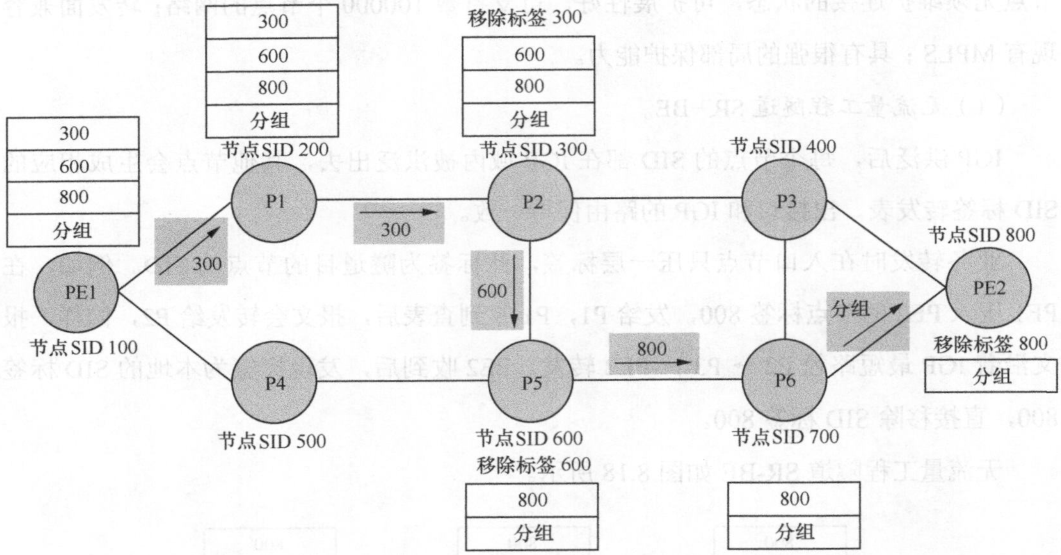

图8.19　带流量工程隧道SR-TE示意图

3. 网络切片

5G 承载网需要涵盖硬切片和软切片的层次化切片方案，满足不同等级的网络切片需求（如图 8.20 所示）。

端到端网络：承载网须与无线、核心网协同，支持 5G 端到端网络切片和 QoS。

差异化业务：uRLLC 等业务对时延、可靠性等需求差异明显，需要不同的网络切片。

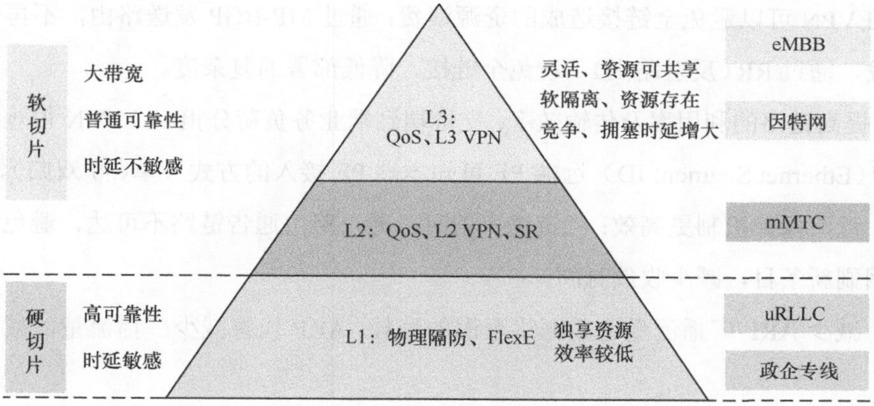

图8.20　网络切片

网络切片架构如图 8.21 所示。

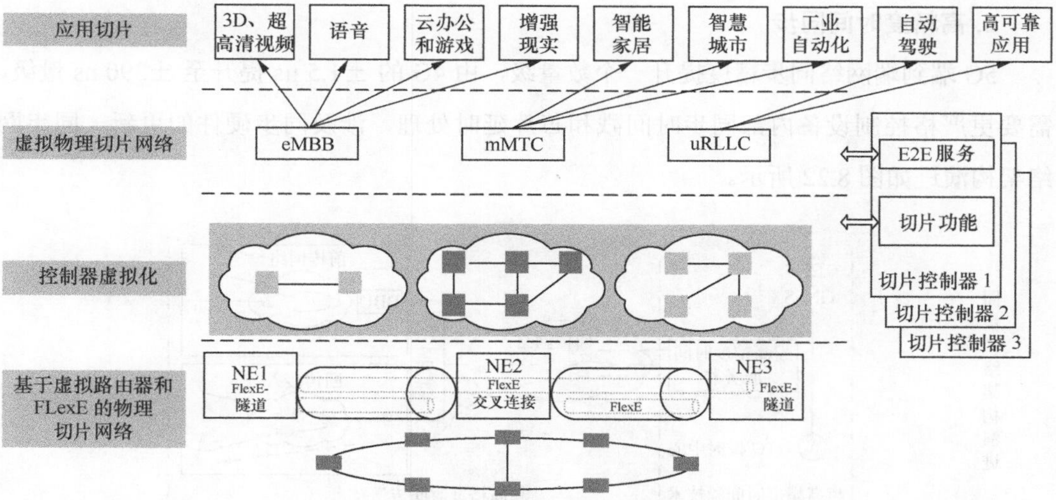

图8.21　网络切片架构

4. EVPN

EVPN（Ethernet Virtual Private Network）是一种用于二层网络互连的 VPN 技术；EVPN 技术采用类似于 BGP/MPLS IP VPN 的机制，通过扩展 BGP，使用扩展后的可达性信息，使不同站点的二层网络间的 MAC 地址学习和发布过程从数据平面转移到控制平面；EVPN 主要适用于 L2 网络以及 L2/L3 桥接场景；支持 L3 网络的协议扩展。

与传统 L2 VPN 相比，EVPN 的优势如下。

（1）EVPN 可以避免全链接造成的资源浪费：通过 MP-BGP 发送路由，不再依赖数据流触发，通过 RR（反射路由），避免全链接，降低部署的复杂度。

（2）提高链路的利用率及传输效率：支持端到端业务负荷分担（L2 VPN 很难实现），通过 ESI（Ethernet Segment ID）远端 PE 可知本端 PE 接入的方式（单归 / 双归）。

（3）链路保护机制更高效：当链路失效时，通过路由通告链路不可达，避免逐条通告或全网刷新条目，减少收敛时间。

（4）减少 ARP 广播流量造成网络资源的消耗：ARP 代答减少广播流量，减少带宽浪费。

（5）支持虚机迁移功能：MAC 移动性特性能够通过路由快速通告设备，一台主机从一个物理域迁移到另一个物理域，不再依靠老化机制。

5. 高精度时间同步

5G 端到端网络同步精度提升一个数量级，由 4G 的 ±1.5 μs 提升至 ±390 ns 量级，需要更严格控制设备内部同步时间戳和芯片延时处理，涉及同步硬件的更新。同步网络架构演进如图 8.22 所示。

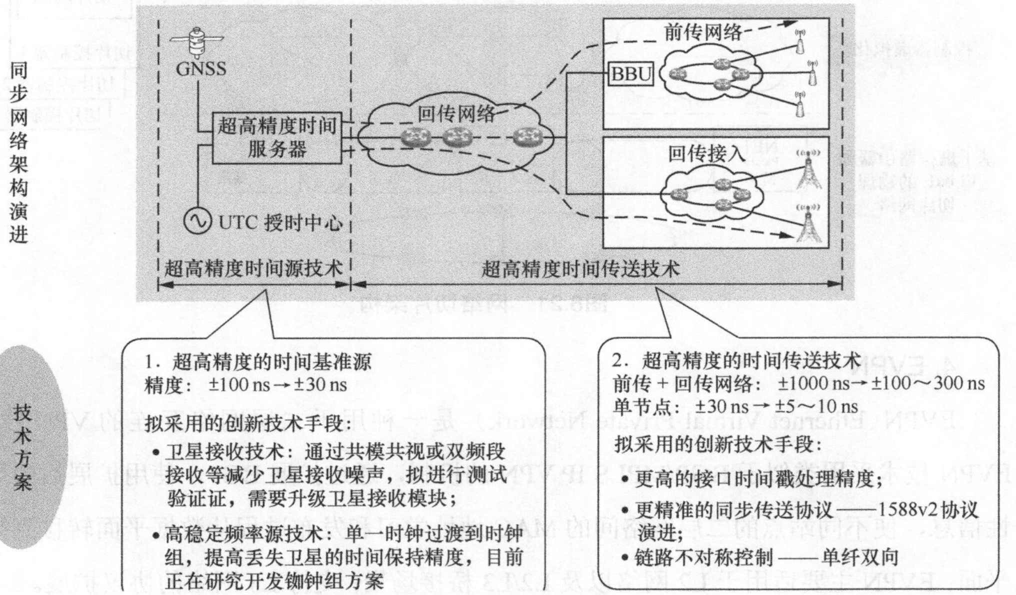

图8.22 同步网络架构演进

单跳设备精度＜±5ns，时间源精度提升路径为单频、双频，进而向共视差分演进，时钟时间网络从松耦合向紧耦合演进，双网合一（如图 8.23 所示）。

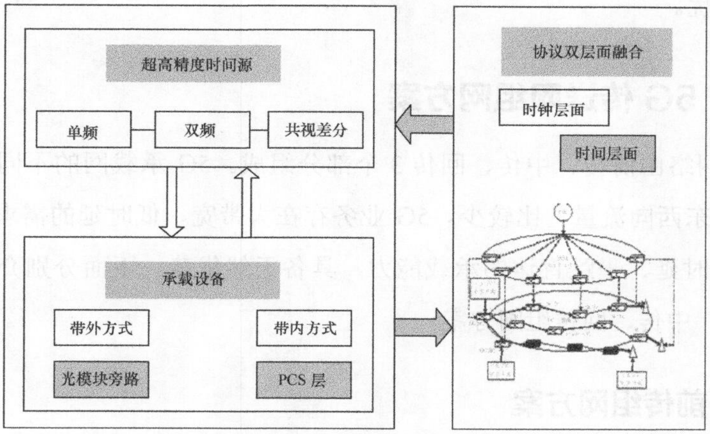

图8.23　同步网紧耦合演进

6. SDN

软件定义网络（SDN，Software Defined Network）是 Emulex 网络一种新型网络创新架构，是网络虚拟化的一种实现方式，其核心技术 OpenFlow 通过将网络设备控制面与数据面分离开，从而实现网络流量的灵活控制，使网络作为管道变得更加智能。管控融合的 SDN 系统如图 8.24 所示。

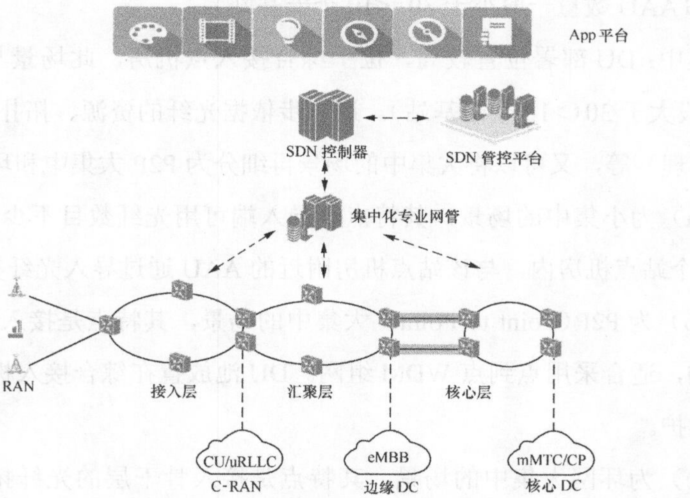

图8.24　管控融合的SDN系统

采用 SDN 架构可以打破垂直组网、专网专用的架构，实现网络智能、动态的重组。跨域业务协同，快速集成，实现网络资源电商化销售模式。感知网络和业务状态实现精细化网络调优。

| 8.3 | 5G 传送网组网方案

5G 承载网络由前传、中传、回传 3 个部分组成。5G 承载网的不同部分均以南北向流量为主，东西向流量占比较少。5G 业务存在大带宽、低时延的需求，光传送网提供大带宽、低时延、一跳直达的承载能力，具备天然优势。下面分别介绍基于光传送网的 5G 前传、中传、回传组网方案。

8.3.1 前传组网方案

5G 初期主要是 eMBB 业务的应用，基本沿用 4G 时代一个站点带 3 个 AAU 的方式。5G 成熟期将根据实际业务流量的需求，既有在低频站点基础上增加高频 AAU 的方案，又有扩展低频 AAU、新建高频基站等方案扩展网络容量。

1. 5G 前传典型组网场景

根据 DU 部署位置，5G 前传有大集中和小集中两种典型场景。

（1）小集中：DU 部署位置较低，与 4G 宏基站 BBU 部署位置基本一致，此时与 DU 相连的 5G AAU 数量一般小于 30（<10 个宏基站）。

（2）大集中：DU 部署位置较高，位于综合接入点机房，此场景与 DU 相连的 5G AAU 数量一般大于 30（>10 个宏基站）。进一步依据光纤的资源、拓扑分布以及网络需求（保护、管理）等，又可以将大集中的场景再细分为 P2P 大集中和环网大集中。

图 8.25（a）为小集中的场景，其特点是导入端可用光纤数目不少于 AAU 的数目，DU 放置在某个站点机房内，与该站点机房附近的 AAU 通过导入光纤实现连接。

图 8.25（b）为 P2P（Point to Point）大集中的场景，其特点是接入骨干层的光纤拓扑为树形结构，适合采用点到点 WDM 组网。DU 池放置在综合接入机房，便于对 DU 池进行集中维护。

图 8.25（c）为环网大集中的场景，其特点是接入骨干层的光纤拓扑为环形结构，

适合采用 WDM 环形组网，从而进一步节省光纤资源。

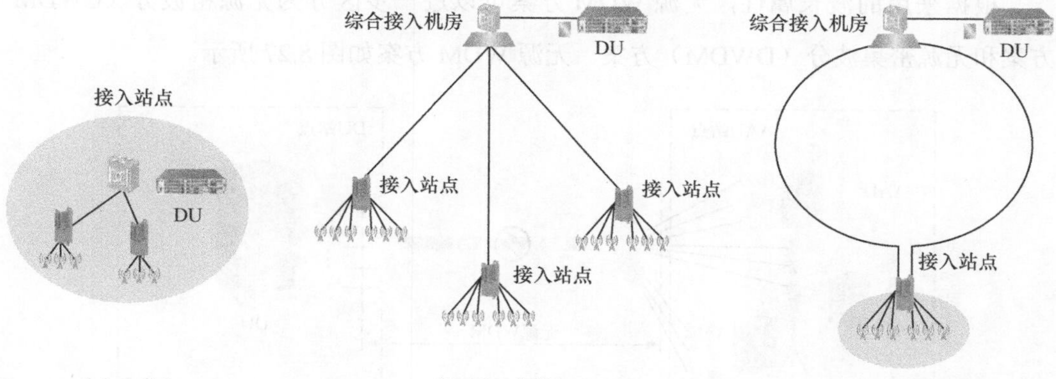

（a）小集中　（b）P2P 大集中　（c）环网大集中

图8.25　5G 前传的 3 种不同场景

2. 光纤直连方案

光纤直连方案（如图 8.26 所示）即 BBU 与每个 AAU 的端口全部采用光纤点到点直连组网。光纤直连方案实现简单，但最大的问题是占用很多光纤资源。5G 时代，随着前传带宽和基站数量、载频数量的急剧增加，光纤直连方案对光纤的占用量不容忽视。因此，光纤直连方案适用于光纤资源非常丰富的区域，在光纤资源紧张的地区，可以采用设备承载方案解决光纤资源紧缺的问题。

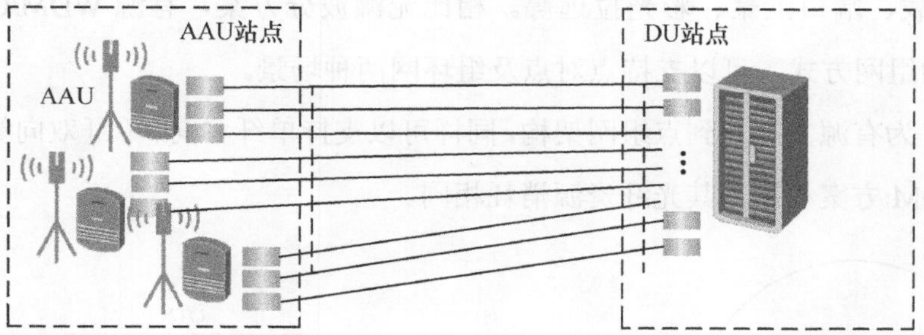

图8.26　光纤直连方案

3. 无源 WDM 方案

无源波分方案采用波分复用（WDM）技术，将彩光模块安装在无线设备（AAU 和 DU）上，通过无源的合、分波板卡或设备完成 WDM 功能，利用一对甚至一根光纤可以提供多个 AAU 到 DU 之间的连接。

根据采用的波长属性，无源 WDM 方案可以进一步区分为无源粗波分（CWDM）方案和无源密集波分（DWDM）方案。无源 WDM 方案如图 8.27 所示。

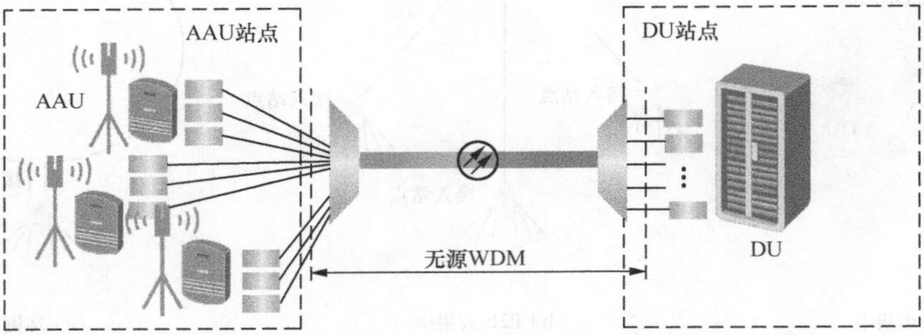

图8.27 无源WDM方案架构

相比光纤直连方案，无源波分方案显而易见的好处是节省了光纤，但是也存在一定的局限性，包括波长通道数受限、波长规划复杂、运维困难等。

4. 有源 WDM/OTN 方案

有源 WDM 方案在 AAU 站点和 DU 机房配置城域接入 WDM/OTN 设备，多个前传信号通过 WDM 技术共享光纤资源，通过 OTN 开销实现管理和保护，提供质量保证。

接入 WDM/OTN 设备与无线设备采用标准灰光接口对接，WDM/OTN 设备内部完成 OTN 承载、端口汇聚、彩光拉远等。相比无源波分方案，有源 WDM/OTN 方案有更加自由的组网方式，可以支持点对点及组环网两种场景。

图 8.28 为有源方案点到点组网架构，同样可以支持单纤单向、单纤双向等传输模式，与无源 WDM 方案相比，其光纤资源消耗相同。

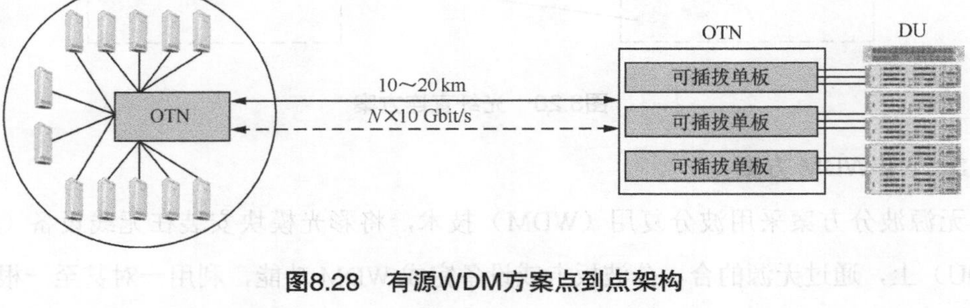

图8.28 有源WDM方案点到点架构

图 8.29 为有源 WDM 方案环网架构。除了节约光纤以外，有源 WDM/OTN 方案可以进一步提供环网保护等功能，提高网络可靠性和资源利用率。此外，基于有源 WDM 方案的 OTN 特性，还可以提供如下功能。

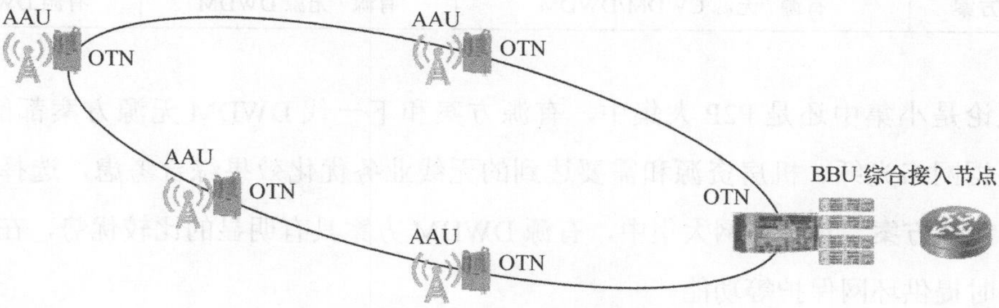

图8.29　有源WDM方案环网架构

（1）通过有源设备天然的汇聚功能，满足大量 AAU 的汇聚组网需求。

（2）拥有高效完善的 OAM 管理、保障性能监控、告警上报和设备管理等网络功能，且维护界面清晰，提高前传网络的可管理性和可运维性。

（3）提供保护和自动倒换机制，实现方式包括光层保护（如 OLP 光线路保护）和电层保护（如 ODU*k* SNCP 子网连接保护）等，通过不同管道的主 – 备光纤路由，实现前传链路的实时备份、容错容灾。

（4）具有灵活的设备形态，适配 DU 集中部署后 AAU 设备形态和安装方式的多样化，包括室内型和室外型。对于室外型，如典型的 FO 全室外解决方案能够实现挂塔、抱杆和挂墙等多种安装方式，且能满足室外防护（防水、防尘、防雷等）和工作环境（更宽的工作温度范围等要求）。

（5）支持固网移动融合承载，具备综合业务接入能力，包括固定宽带和专线业务。

当前有源 WDM/OTN 方案成本相对较高，未来可以通过采用非相干超频技术或低成本可插拔光模块来降低成本。同时，为了满足 5G 前传低成本和低时延的需求，还需要对 OTN 技术进行简化。

5. 5G 前传承载方案小结

5G 时代，考虑到基站密度的增加和潜在的多频点组网方案，光纤直连需要消耗大量的光纤，某些光纤资源紧张的地区难以满足光纤需求，需要设备承载方案作为补充。

针对 5G 前传的 3 个组网场景，前传场景与相应的承载方案见表 8.3。

表8.3 前传场景与相应的承载方案

组网场景	小集中	P2P 大集中	环网大集中
适用方案	有源 / 无源 CWDM/DWDM	有源 / 无源 DWDM	有源 DWDM

无论是小集中还是 P2P 大集中，有源方案和下一代 DWDM 无源方案都能满足，需要根据网络光纤、机房资源和需要达到的无线业务优化效果综合考虑，选择性价比最佳的解决方案。对于环网大集中，有源 DWDM 方案具有明显的比较优势，在节约光纤的同时提供环网保护等功能。

8.3.2 中传和回传组网方案

根据前面的需求分析，5G 中传和回传对于承载网在带宽、组网灵活性、网络切片等方面需求基本一致，因此，可以采用统一的承载方案。

中传 / 回传承载网络架构。

城域 OTN 网络架构包括骨干层、汇聚层和接入层。城域 OTN 网络架构与 5G 中传 / 回传的承载需求是匹配的，其中，骨干层 / 汇聚层与 5G 回传网络对应，接入层则与中传 / 前传对应。OTN 通过引入以太网、MPLS-TP 等分组交换和处理能力演进到分组增强型 OTN，这可以很好地匹配 5G IP 化承载需求，具体如图 8.30 所示。

基于 OTN 的 5G 中传 / 回传承载方案可以发挥分组增强型 OTN 高效的帧处理能力，通过 FPGA（现场可编程门列）、专用芯片、DSP（数字信号处理）等专用硬件完成快速成帧、压缩解压和映射功能，有效实现 DU 传输连接中对空中接口 MAC/PHY 等时延要求极其敏感的功能。同时，对于 CU，一方面分组增强型 OTN 构建了 CU、DU 间超大带宽、超低时延的连接，有效实现 PDCP 处理的实时、高效与可靠，支持快速的信令接入。分组增强型 OTN 集成的 WDM 能力可以实现到郊县的长距传输，并按需增加传输链路的带宽容量。

基于 OTN 的 5G 中传 / 回传承载方案可以细分为以下两种组网方式。

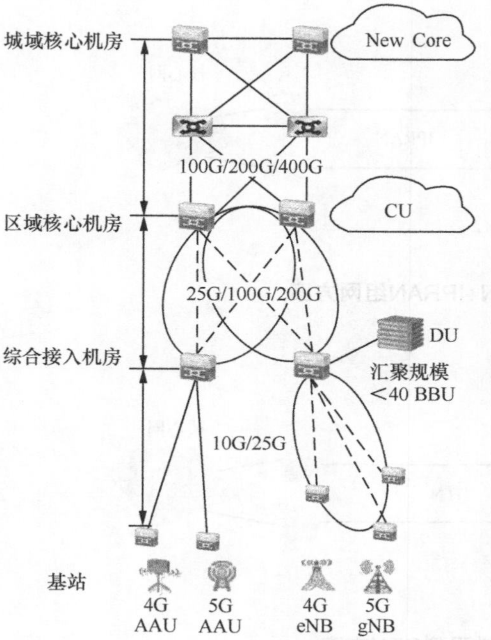

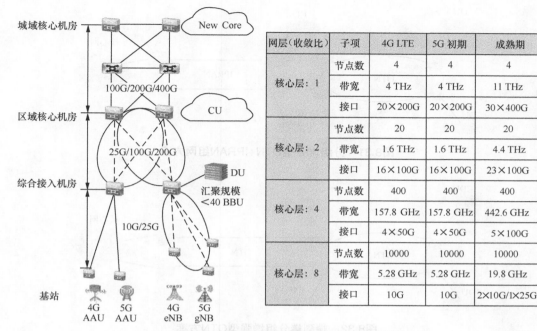

网层(收敛比)	子项	4G LTE	5G 初期	成熟期
核心层：1	节点数	4	4	4
	带宽	4 THz	4 THz	11 THz
	接口	20×200G	20×200G	30×400G
核心层：2	节点数	20	20	20
	带宽	1.6 THz	1.6 THz	4.4 THz
	接口	16×100G	16×100G	23×100G
核心层：4	节点数	400	400	400
	带宽	157.8 GHz	157.8 GHz	442.6 GHz
	接口	4×50G	4×50G	5×100G
核心层：8	节点数	10000	10000	10000
	带宽	5.28 GHz	5.28 GHz	19.8 GHz
	接口	10G	10G	2×10G/1×25G

图8.30　城域OTN网络架构匹配5G承载需求

（1）分组增强型 OTN+IPRAN 方案。

在该方案中（如图 8.31 所示），利用增强路由转发功能的分组增强型 OTN 设备组建中传网络，中间的 OTN 设备可根据需要配置为 ODU*k* 穿通模式，保证 5G 承载对低时延和带宽保障的需求。在回传部分，则继续沿用现有的 IPRAN 承载架构。分组增强型 OTN 与 IPRAN 之间通过 BGP 实现路由信息的交换。

为了满足 5G 承载对大容量和网络切片的承载需求，IPRAN 需要引入 25GE、50GE、100GE 等高速接口技术，并考虑采用 FlexE（灵活以太网）等新型接口技术实现物理隔离，提供更好的承载质量保障。

（2）端到端分组增强型 OTN 方案。

该方案（如图 8.32 所示）全程采用增强路由转发功能的分组增强型 OTN 设备实现。与分组增强型 OTN+IPRAN 方案相比，该方案可以避免分组增强型 OTN 与 IPRAN 的互联互通和跨专业协调的问题，从而更好地发挥分组增强型 OTN 强大的组网能力和端到端的维护管理能力。

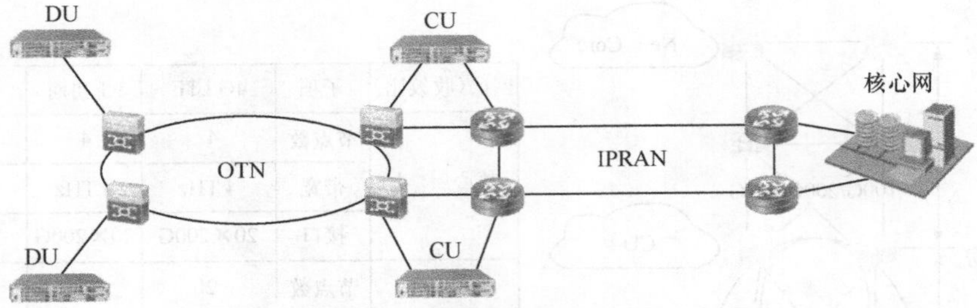

图8.31　分组增强型OTN+IPRAN组网方案

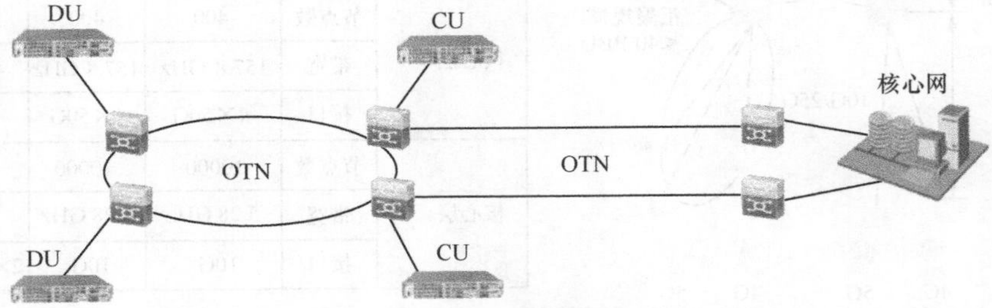

图8.32　端到端分组增强型OTN方案

| 8.4 |　5G 传送网部署策略

8.4.1　5G 初期的部署策略

5G 建设初期，接入层提供大带宽、低时延转发功能。利旧现有 PTN/IPRAN 网络核心汇聚层，核心层与 5G 核心网 NGC 对接。5G 初期传送网部署如图 8.33 所示。

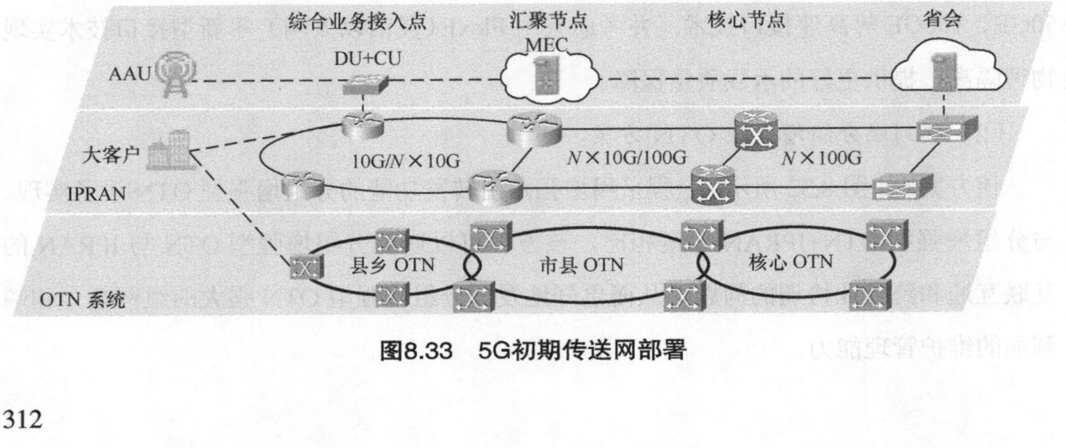

图8.33　5G初期传送网部署

前传以光纤直连为主，针对光纤资源不足的场景，以无源波分 /G.metro/PON 作为补充，回传在 PTN/IPRAN 系统上承载，系统组网 100G 长距电路需要 OTN 承载。

8.4.2　5G 中期的部署策略

5G 规模部署期，根据带宽需求，逐步建设大容量、高速率端口核心汇聚层，核心层实现与 EPC/NGC 互通，4G 基站业务逐步加载到综合承载平面。

8.4.3　5G 成熟期的部署策略

随着 5G 核心网及各业务网网关的逐步云化部署，未来网络将是围绕“三层 DC”的双集约型网络。“三层 DC”指的是区域、本地和边缘 3 层 DC 机房；“双集约”指的是数据中心集约和网络节点集约。数据中心集约指打造规模化 / 集中化的云数据中心基地；网络节点集约则是指通过局所合并和局房设备功能云化等手段精简网络节点，实现功能融合集中。IP+ 光传送网架构如图 8.34 所示。

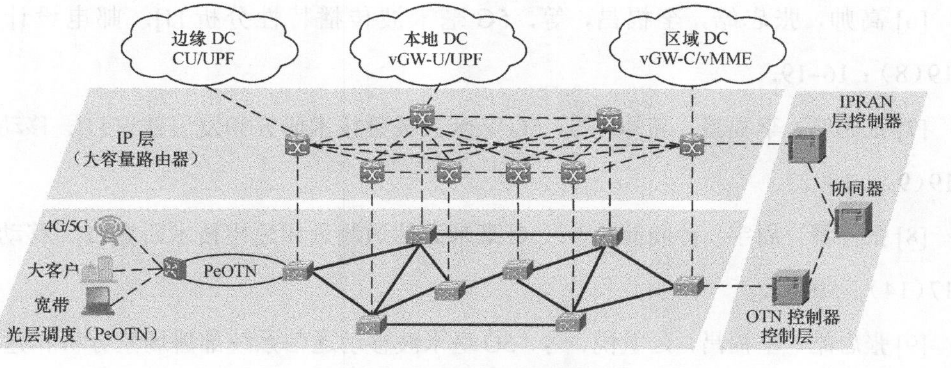

图8.34　IP+光传送网架构

随着未来网络带宽需求越来越大、大量低时延业务的出现以及网络的逐步云化部署，未来传送网将会基于 DC 节点 IP+ 光架构，这种新型架构主要有以下 3 个特点。

（1）云网协同：传送网构建 DC 为中心搭建的扁平化、极简网络。

（2）IP＋光：基于 SDN 打造 IP+ 光的大容量、低时延基础承载网。

（3）泛在连接：综合业务通过边缘 DC、综合业务接入点传输设备统一接入通信云。

参考文献

[1] 张传福，赵立英，张宇．5G 移动通信系统及关键技术 [M]．北京：电子工业出版社，2018．

[2] 岳胜，于佳，苏蕾，等．5G 无线网络规划与设计 [M]．北京：人民邮电出版社，2019．

[3] 张沛泽，庞帅，周宇，等．5G 高频段无线信道测量技术研究进展及发展趋势 [J]．移动通信，2017（18）：67–72．

[4] 钟科，郑毅，刘建军，等．5G 高频段技术研发与试验．移动通信，2017（18），40–47．

[5] 刘毅，张阳，郭宝，5G 高频对网络规划的影响研究 [J]．电信技术，2018（12）：26–29．

[6] 高帅，张忠皓，李福昌，等．5G 毫米波传播特性分析 [J]．邮电设计技术，2019（8）：16–19．

[7] 张忠皓，李福昌，高帅，等．5G 毫米波关键技术研究和发展建议 [J]．移动通信，2019（9）：18–23．

[8] 张沛泽，周宇，孙向前，等．5G 毫米波信道测量和建模技术研究 [J]．移动通信，2017（14）：59–63．

[9] 张忠皓，李福昌，延凯悦，等．5G 毫米波移动通信系统部署场景分析和建议 [J]．邮电设计技术，2019（8）：1–6．

[10] 丁海，徐佳琪．5G 毫米波在国内 FWA 市场应用分析．邮电设计技术 [J].2019（7）：19–22．

[11] 许黎．5G 毫米波在室内的应用及探讨 [J]．电信工程技术与标准化，2019（10）：16–18．

[12] 肖清华．高频段频谱特性及利用方法探讨 [J]．移动通信，2017（3）：18–21．

[13] 詹文浩，戴国华，王朝晖．高频段频谱现状与技术分析 [J]．移动通信，2016（3）：7–12.

[14] 何世文，黄永明，王海明，等．毫米波无线通信发展趋势及技术挑战 [J]．电信科学，2017(6)：11–20.

[15] 张长青．面向 5G 的毫米波技术应用研究 [J]．邮电设计技术，2016(6)：30–34.

[16] 王海猛．5G 超密集组网应用场景分析与实施方法研究 [J]．电信工程技术与标准化，2018(11)：82–86.

[17] 张建敏，谢伟良，杨峰义．5G 超密集组网网络架构及实现 [J]．电信科学，2016(6)：1–8.

[18] 黄劲安，梁广智，陆俊超，等．5G 超密集异构网络的上行性能提升方案 [J]．移动通信，2018(10)：52–57.

[19] 钱小康，王颖珏，吴万红．5G 密集组网给站点规划带来的挑战 [J]．电信技术，2017(8)：31–33.

[20] 陈国，蔡凤恩，成蕾，等．超密集网络中基于业务特征的干扰协调技术研究 [J]．电信工程技术与标准化，2016(3)：75–78.

[21] 张勍，盛煜，冯毅．超密集组网中的干扰管理技术研究 [J]．邮电设计技术，2019(9)：67–70.

[22] 刘旭，费强，白昱，等．超密集组网综述 [J]．电信技术，2019(1)：18–20.

[23] 刘毅，刘红梅．面向 5G 网络构架的密集组网实践与研究 [J]．移动通信，2018（1)：43–48.

[24] 刘永涛，王磊，李军，等．面向 5G 网络演进的超密集组网规划方案研究 [J]．电信工程技术与标准化，2019(8)：1–6.

[25] 黄陈横．3GPP 5G NR 物理层关键技术综述 [J]．移动通信，2018(10)：1–8.

[26] 崔新凯，李豪，高向川，等．2.6 GHz 下的 5G NR 覆盖能力分析 [J]．电信科学，2019(8)：104–110.

[27] 曹亘，吕婷，李轶群，等．3GPP 5G 无线网络架构标准化进展 [J]．移动通信，

2018（1）：7–14.

[28] 胡丹．4G/5G 无线链路及覆盖差异探讨 [J]．移动通信，2019（7）：82–85.

[29] 张建敏，谢伟良，杨峰义，等．5G MEC 融合架构及部署策略 [J]．电信科学，2018（4）：109–117.

[30] 张晓江．5G NR 基站部署规划研究 [J]．邮电设计技术，2019（3）：12–15.

[31] 王耀祖，张洪伟，吴磊．5G NR 语音解决方案分析 [J]．邮电设计技术，2019（10）：66–70.

[32] 黄蓉，王友祥，刘珊．5G RAN 组网架构及演进分析 [J]．邮电设计技术，2018（11）：1–6.

[33] 马洪源，肖子玉，卜忠贵，等．5G 边缘计算技术及应用展望 [J]．电信科学，2019（6）：114–123.

[34] 马洪源，肖子玉，卜忠贵．5G 标准及产业进展综述 [J]．电信工程技术与标准化，2018（3）：23–27.

[35] 江巧捷，林衡华，岳胜．5G 传播模型分析 [J]．移动通信，2018（10）：19–23.

[36] 朱颖，杨思远，朱浩，等．5G 独立组网与非独立组网部署方案分析 [J]．移动通信，2019（1）：40–45.

[37] 刘毅，郭宝，张阳，等．5G 独立组网与非独立组网浅析 [J]．电信技术，2018（9）：86–88.

[38] 徐珉，胡南，李男．5G 非授权频段组网技术 [J]．电信科学，2019（7）：8–16.

[39] 汤建东，肖清华．5G 覆盖能力综合分析 [J]．邮电设计技术，2019（6）：28–32.

[40] 吕婷，曹亘，张涛，等．5G 基站架构及部署策略 [J]．移动通信，2018（11）：72–77.

[41] 魏克军．5G 商用发展面临的机遇与挑战 [J]．信息通信技术与政策，2019（10）：60–63.

[42] 梁雪梅．5G 时代的切片技术浅析 [J]．电信工程技术与标准化，2018（3）：10–13.

[43] 吴俊卿．5G 通信系统深度覆盖分析与研究 [J]．移动通信，2019（3）：57–62.

[44] 曾昭才，孙地，袁鹏．5G 网络部署分析 [J]．邮电设计技术，2019(3)：7–11.

[45] 张晶，王海梅，程娜．5G 网络关键技术演进研究 [J]．信息通信技术与政策，2019(8)：6–10.

[46] 康宏建．5G 网络架构演进建议方案 [J]．电信技术，2019(7)：66–68.

[47] 王学灵．5G 网络架构与无线网虚拟化研究 [J]．邮电设计技术，2019(7)：33–37.

[48] 于佳．5G 网络切片及其应用 [J]．移动通信，2019(12)：27–31.

[49] 曹艳霞．5G 网络容量预测分析方法 [J]．邮电设计技术，2019(7)：23–27.

[50] 肖子玉．5G 网络应用场景及规划设计要素 [J]．电信工程技术与标准化，2018(7)：1–5.

[51] 马洪源，肖子玉，卜忠贵．5G 网络语音及短信解决方案 [J]．移动通信，2018(9)：22–27.

[52] 关皓，杨凡，孙静原，等．5G 无线接入网络部署的关键问题 [J]．邮电设计技术，2018(11)：17–22.

[53] 任小强，敬嘉亮，余树宝，等．5G 无线网规划部署的若干关键问题研究 [J]．电信工程技术与标准化，2019(8)：7–10.

[54] 周桂森．5G 无线网络 CU-DU 部署策略探讨 [J]．电信工程技术与标准化，2019(8)：12–15.

[55] 刘东升．5G 无线网络虚拟化演进研究 [J]．移动通信，2017(18)：48–53.

[56] 杜滢，朱浩，杨红梅，等．5G 移动通信技术标准综述 [J]．电信科学，2018(8)：2–9.

[57] 杨光，陈锦浩．5G 移动通信系统的传播模型研究 [J]．移动通信，2018(10)：28–33.

[58] 项弘禹，张欣然，朴竹颖，等．5G 移动通信系统的接入网络架构 [J]．电信科学，2018(8)：10–18.

[59] 许阳，高功应，王磊．5G 移动网络切片技术浅析 [J]．邮电设计技术，2016(7)：19–22.

[60] 刘博士，董丽华，桂霖．5G 用户语音业务解决方案 [J]．电信工程技术与标准化，2019（3）：55–60.

[61] 孟颖涛．5G 与 LTE 双连接技术架构选择 [J]．移动通信，2017（2）：27–31.

[62] 马金兰，杨征，朱晓洁．5G 语音回落 4G 解决方案探讨 [J]．移动通信，2019（4）：37–42.

[63] 王红线，赵杰．5G 语音解决方案初探 [J]．电信工程技术与标准化，2018（12）：83–86.

[64] 廖智军，李振廷，石胜林，等．LTE/5G 双连接关键技术 [J]．移动通信，2018（3）：21–26.

[65] 江巧捷，于佳．LTE-NR 双连接关键技术及应用 [J]．移动通信，2018（10）：34–39.

[66] 刘艳，罗怀瑾，潘磊，等．Massive MIMO 关键技术及应用 [J]．电信工程技术与标准化，2019（2）：75–79.

[67] 齐航，刘玮，任冶冰，等．Sub-6 GHz 频段无线传播特性研究 [J]．移动通信，2019（2）：19–24.

[68] 林文韬，许恒昌，王小月．边缘计算发展前景及电信运营商机遇分析 [J]．信息通信技术与政策，2019（9）：11–16.

[69] 李海民，何珂．持续演进的 5G 服务化网络架构 [J]．邮电设计技术，2018（11）：29–34.

[70] 颉斌．大规模天线技术在 5G 中的应用 [J]．电信工程技术与标准化，2019（7）：88–92.

[71] 孙晓文，陆璐，孙滔，等．端到端网络切片关键技术及应用 [J]．电信工程技术与标准化，2019（11）：47–54.

[72] 肖子玉．多模共存的 5G 网络部署关键问题探讨 [J]．电信工程技术与标准化，2019（11）：37–41.

[73] 王志勤，徐菲．关于 5G 组网技术路线的分析与建议 [J]．电信科学，2019（7）：3–7.

[74] 曾云光，黄陈横．基于 Uma-NLOS 传播模型的 5G NR 链路预算及覆盖组网方案 [J]．邮电设计技术，2019（3）：27–31．

[75]OVUM．美国各主要运营商 5G 部署计划 [J]．电信工程技术与标准化，2018（9）：23–25．

[76] 郑俊杰，王先峰，罗顺湖．面向 5G 移动通信的基站选址方法及优化策略研究 [J]．电信网技术，2017（11）：71–74．

[77] 邱东来，成立华．偏远地区 5G 无线网络精准选址评估方法的研究 [J]．移动通信，2018（10）：91–95．

[78] 魏垚，谢沛荣．网络切片标准分析与发展现状 [J]．移动通信，2019（4）：25–30．

[79] 贾海宇，陈佳，王铭鑫．无线接入网络中网络功能虚拟化研究综述 [J]．电信科学，2019（1）：97–112．

[80] 黄蓉，王友祥，唐雄燕，等．无线接入网虚拟化发展探讨 [J]．移动通信，2019（1）：52–56．

[81] 刘艳，罗怀瑾，潘磊，等．Massive MIMO 关键技术及应用 [J]．电信工程技术与标准化，2019（2）：75–79．

[82] 韩玉楠，李铁群，李福昌，等．Massive MIMO 关键技术和应用部署策略初探 [J]．邮电设计技术，2016（7）：23–27．

[83] 华为公司．5G 时代十大应用场景白皮书．2019．

[84] 李盼星，王静．利用 Wi-Fi 网络快速部署 5G 数字化室分 [J]．数字通信世界，2018（11）：73–74．

[85] 中国联通．中国联通 5G 数字化室分技术白皮书．2019．

[86] 华为公司．室内 5G 网络白皮书．2018 年 9 月．

[87] 华为公司．室内数字化面向 5G 演进白皮书．2017 年 11 月．

[88] 陈坚，卫慧锋，梁成业．面向 5G 演进的数字化室内分布系统研究 [J]．广西通信技术，2018（2）：004．

[89] 刘冰，周宗付，王雄滔．5G 技术对移动通信网络建设方式的影响 [J]．通信

电源技术，2018(3)：081.

[90] 黄伟峰. 5G 网络室内覆盖方案分析 [J]. 通信设计与应用，2019(4)：92-93.

[91] 傅一平. 深入浅出的理解 5G 在垂直行业的重要作用 [J]. 计算机与网络，2018(24)：37.

[92] 张宏宇. 5G 核心网网络架构及关键技术 [J]. 通信技术，2019(9).

[93] 施南翔，宋月，刘景磊，等. 5G 核心网标准化进展及 B5G 演进初探 [J]. 移动通信，2020(1).